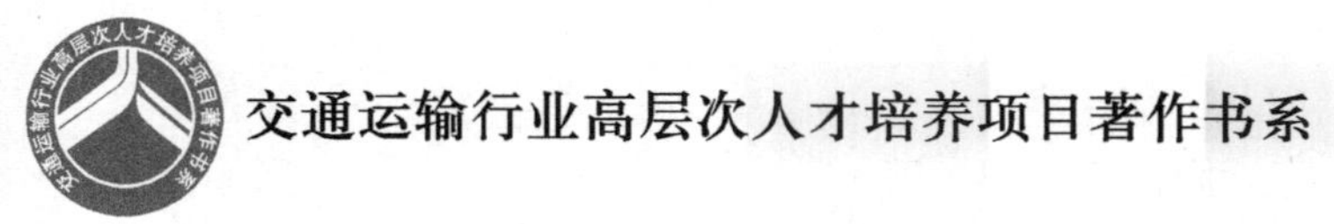

王　磊　张旭辉　张建仁　著

预应力混凝土桥梁服役性能退化及其评估方法

Performance Deterioration and Evaluation of Existing Prestressed Concrete Bridges

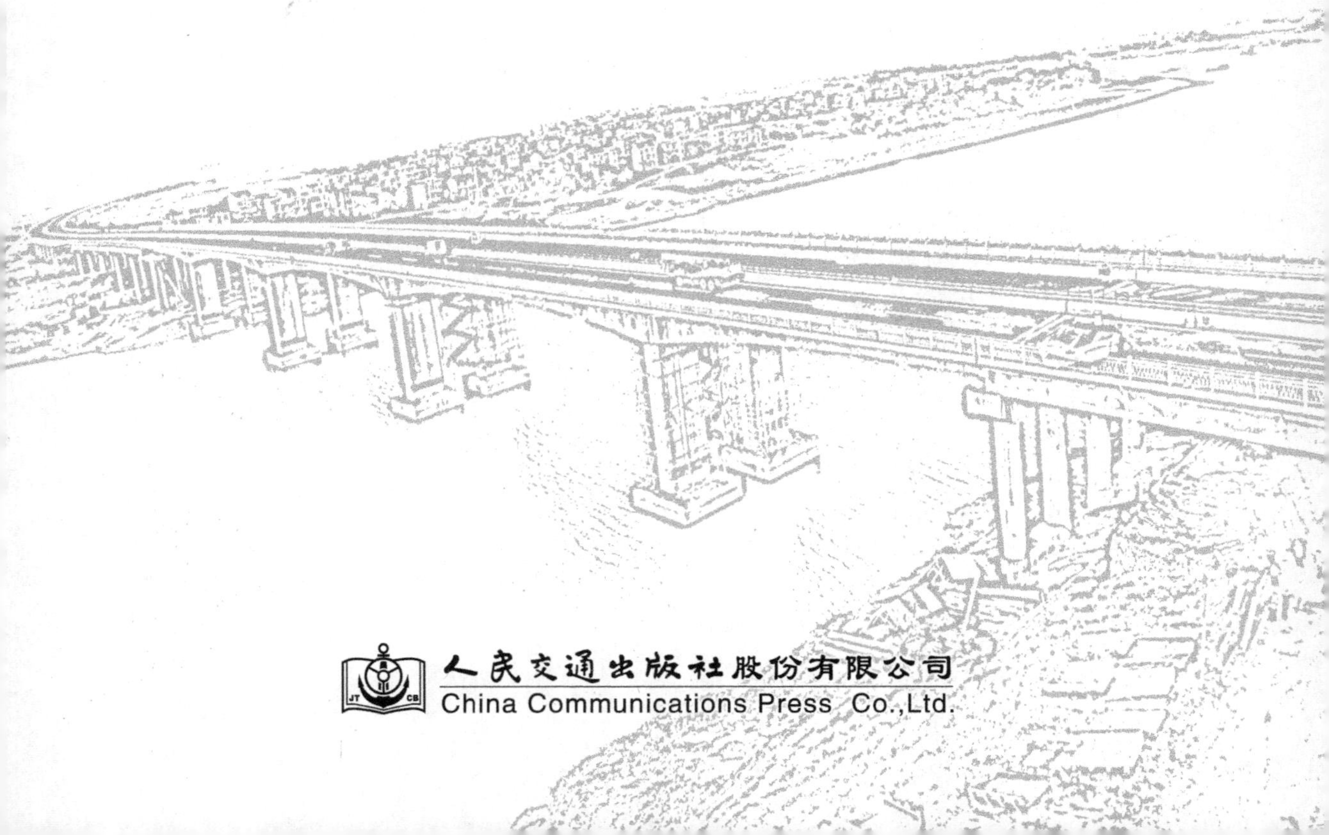

人民交通出版社股份有限公司
China Communications Press Co.,Ltd.

内 容 提 要

本书共9章,主要内容包括:预应力筋锈蚀特征及力学性能退化,锈蚀预应力筋表面蚀坑概率分布特征,预应力筋锈蚀引起混凝土保护层开裂机制,锈蚀钢绞线与混凝土黏结滑移模型,压浆不密实和预应力筋锈蚀影响下PC梁抗弯性能、缺陷压浆及预应力筋锈蚀影响下PC梁受弯响应全过程模拟,锈蚀PC梁裂缝宽度和刚度预测方法,锈蚀预应力筋与混凝土不协调变形及构件承载力计算方法。

本书可供从事桥梁管理及科研的技术人员使用,也可作为桥梁工程方向研究生的教材。

图书在版编目(CIP)数据

预应力混凝土桥梁服役性能退化及其评估方法 / 王磊,张旭辉,张建仁著. — 北京 :人民交通出版社股份有限公司,2018.9

ISBN 978-7-114-14854-5

Ⅰ.①预… Ⅱ.①王… ②张… ③张… Ⅲ.①预应力混凝土桥—结构性能—退化—评估方法 Ⅳ.①U448.35

中国版本图书馆CIP数据核字(2018)第144542号

交通运输行业高层次人才培养项目著作书系

书　　名:预应力混凝土桥梁服役性能退化及其评估方法
著 作 者:王　磊　张旭辉　张建仁
责任编辑:时　旭
责任校对:宿秀英
责任印制:张　凯
出版发行:人民交通出版社股份有限公司
地　　址:(100011)北京市朝阳区安定门外外馆斜街3号
网　　址:http://www.ccpress.com.cn
销售电话:(010)59757973
总 经 销:人民交通出版社股份有限公司发行部
经　　销:各地新华书店
印　　刷:北京虎彩文化传播有限公司
开　　本:787×1092　1/16
印　　张:12
字　　数:282千
版　　次:2018年9月　第1版
印　　次:2018年9月　第1次印刷
书　　号:ISBN 978-7-114-14854-5
定　　价:36.00元

交通运输行业高层次人才培养项目著作书系
编审委员会

书系前言

Preface of Series

进入21世纪以来，党中央、国务院高度重视人才工作，提出人才资源是第一资源的战略思想，先后两次召开全国人才工作会议，围绕人才强国战略实施做出一系列重大决策部署。党的十八大着眼于全面建成小康社会的奋斗目标，提出要进一步深入实践人才强国战略，加快推动我国由人才大国迈向人才强国，将人才工作作为“全面提高党的建设科学化水平”八项任务之一。十八届三中全会强调指出，全面深化改革，需要有力的组织保证和人才支撑。要建立集聚人才体制机制，择天下英才而用之。这些都充分体现了党中央、国务院对人才工作的高度重视，为人才成长发展进一步营造出良好的政策和舆论环境，极大激发了人才干事创业的积极性。

国以才立，业以才兴。面对风云变幻的国际形势，综合国力竞争日趋激烈，我国在全面建成社会主义小康社会的历史进程中机遇和挑战并存，人才作为第一资源的特征和作用日益凸显。只有深入实施人才强国战略，确立国家人才竞争优势，充分发挥人才对国民经济和社会发展的重要支撑作用，才能在国际形势、国内条件深刻变化中赢得主动、赢得优势、赢得未来。

近年来，交通运输行业深入贯彻落实人才强交战略，围绕建设综合交通、智慧交通、绿色交通、平安交通的战略部署和中心任务，加大人才发展体制机制改革与政策创新力度，行业人才工作不断取得新进展，逐步形成了一支专业结构日趋合理、整体素质基本适应的人才队伍，为交通运输事业全面、协调、可持续发展提供了有力的人才保障与智力支持。

“交通青年科技英才”是交通运输行业优秀青年科技人才的代表群体，培养选拔“交通青年科技英才”是交通运输行业实施人才强交战略的“品牌工程”之一，1999年至今已培养选拔282人。他们活跃在科研、生产、教学一线，奋发有为、锐意进取，取得了突出业绩，创造了显著效益，形成了一系列较高水平的科研成果。为加大行业高层次人才培养力度，“十二五”期间，交通运输部设立人才培养专项经费，重点资助包含“交通青年科技英才”在内的高层次人才。

人民交通出版社以服务交通运输行业改革创新、促进交通科技成果推广应用、支持交通行业高端人才发展为目的,配合人才强交战略设立"交通运输行业高层次人才培养项目著作书系"(以下简称"著作书系")。该书系面向包括"交通青年科技英才"在内的交通运输行业高层次人才,旨在为行业人才培养搭建一个学术交流、成果展示和技术积累的平台,是推动加强交通运输人才队伍建设的重要载体,在推动科技创新、技术交流、加强高层次人才培养力度等方面均将起到积极作用。凡在"交通青年科技英才培养项目"和"交通运输部新世纪十百千人才培养项目"申请中获得资助的出版项目,均可列入"著作书系"。对于虽然未列入培养项目,但同样能代表行业水平的著作,经申请、评审后,也可酌情纳入"著作书系"。

高层次人才是创新驱动的核心要素,创新驱动是推动科学发展的不懈动力。希望"著作书系"能够充分发挥服务行业、服务社会、服务国家的积极作用,助力科技创新步伐,促进行业高层次人才特别是中青年人才健康快速成长,为建设综合交通、智慧交通、绿色交通、平安交通做出不懈努力和突出贡献。

交通运输行业高层次人才培养项目
著作书系编审委员会
2014年3月

作者简介

Author Introduction

王磊，工学博士，长沙理工大学教授、博士生导师，教育部"长江学者奖励计划"青年学者，现任长沙理工大学科学研究部部长；先后入选教育部"新世纪优秀人才"、交通运输部"交通青年科技英才"、湖南省"湖湘青年英才"、湖南省普通高校学科带头人等支持计划；兼任中国公路学会青年专家委员会委员，美国土木工程师学会、国际桥梁与结构工程师协会等会员。主要从事桥梁可靠性、桥梁耐久性等领域的研究工作，主持国家973计划子项、国家自然科学基金、湖南省杰出青年基金、马来西亚碧桂园森林城市海相区路桥变形控制等纵横向科研课题20余项，在ACI Structural journal，Journal of Structural Engineering，Journal of Engineering Mechanics，Journal of Bridge Engineering，Structural Safety、Engineering Structures等期刊上发表论文100余篇，其中SCI收录论文30余篇，编写专著、标准3部，获国家科技进步二等奖，省部级科技进步一等奖、二等奖4项，并获全国百篇优秀博士学位论文奖、第九届中国公路学会青年科技奖。

前　　言

Foreword

桥梁是交通线路的咽喉，我国公路桥梁总数现居世界首位，已达80万座，其中预应力筋混凝土桥梁占有重要比重。然而，在不良施工质量、不利环境和持久应力等因素耦合作用下，这类桥梁的耐久性退化问题日渐显现，锈蚀成为影响桥梁安全的重要因素。预应力混凝土梁锈蚀后的力学行为极其复杂，受到很多因素的影响，准确对该类桥梁结构的残余抗弯性能进行评估，是进行维修加固决策的重要依据。

长沙理工大学桥梁结构耐久性课题组在张建仁教授的带领下，经过十余年的不懈努力，在服役期钢筋混凝土桥梁的检测与评定、时变可靠性分析和承载力测评等方面做了大量的、系统的研究工作。笔者近年来有幸参与其中，重点对既有预应力混凝土桥梁构件服役性能的演变特征与预测模型等问题进行了研究，本书即是对其中主要研究成果的总结和概括。

全书共9章。第1章介绍了预应力混凝土桥梁服役性能和评估方法的现状，论述了锈蚀影响下预应力混凝土桥梁性能退化和评估的发展动态。第2章开展了人工气候下快速锈蚀预应力筋拉拔试验，构建了锈蚀预应力筋本构关系。第3章统计了锈蚀预应力筋分布特征，建立了概率分布模型。第4章通过混凝土锈胀试验明确了预应力、铁锈膨胀率和混凝土损伤等对锈胀的影响，提出了混凝土锈胀开裂全过程预测模型。第5章开展了锈蚀预应力钢绞线和混凝土间的黏结拉拔试验，建立了锈蚀钢绞线局部黏结滑移退化预测模型。第6章研究了压浆缺陷和锈蚀等影响下预应力混凝土梁抗弯性能退化规律。第7章考虑锈蚀截面损失、力学性能退化以及缺陷压浆段不协调变形等影响，建立了压浆不密实锈蚀预应力混凝土梁抗弯性能全过程分析方法，提出了不对称变形下构件挠度预测方法。第8章提出了锈蚀预应力混凝土梁受荷裂缝宽度和短期刚度预测模型。第9章提出了锈蚀黏结退化下预应力筋与周围混凝土不协调变形解析量化方法，建立了锈蚀预应力混凝土梁抗弯承载力计算方法。

全书由长沙理工大学王磊教授、湘潭大学张旭辉博士和长沙理工大学张建仁教授所著。在写作本书过程中得到了课题组博士生戴理朝、袁平、吴兵辉，硕士生李双、佘强、陈宇翔提供的数据和资料支持。另外,本书还参阅、引用了大量国内外专家的有关文献资料,一并表示衷心感谢!

感谢国家重点基础研究发展计划(2015CB057705)、国家自然科学基金项目(51678069, 51708477)、湖南省杰出青年基金项目(14JJ1022)、中国博士后科学基金项目(2018T110837, 2017M620350)等对本研究工作的资助,感谢长沙理工大学学术著作基金的资助。

由于作者学术水平有限,加之时间仓促,书中难免存在不妥甚至错误之处,恳请广大读者批评指正。

王　磊

2018 年 5 月

目　　录

Contents

第1章　概　　述

1.1　研究意义

桥梁作为交通线路的咽喉要道,对交通的正常运营起着关键作用,是关系社会和经济协调发展的重要工程。近年来,我国的桥梁建设随着经济的腾飞而得到了飞速发展。截至2017年底,我国共建成公路桥梁80万余座,并以每年2万余座的速度递增。预应力混凝土桥梁由于其跨越能力大、受力性能好、使用性能优越、轻巧美观等优点一直受到桥梁建设者的青睐,在我国桥梁中占有很大的比重。

长期以来,预应力混凝土结构由于其混凝土强度高、密实好、裂缝小等特点而被认为具有较强的抵御环境影响的能力,其耐久性问题并没有得到足够重视。但是由于设计缺陷、不良施工等造成的预应力筋防腐措施不当,或结构长期处于不利环境(如大气环境、海洋环境以及除冰盐等化学物质的侵蚀环境)的影响下,预应力筋锈蚀问题已经逐步成为影响该类桥梁结构安全的重要隐患。

尤其是早期建设的预应力混凝土桥梁,由于施工标准低、工艺不完善等原因,不利环境下极易造成预应力筋的锈蚀,如图1-1所示。1980—1992年期间,英国的多座预应力混凝土桥梁因发生了严重的预应力筋腐蚀,不得不进行拆除、更换和重建。美国Niles Channel桥[1]、Mid-bay桥[2]、Bob Graham桥[3]、Varina-Enon桥[4]以及LIC-310桥[5]分别在建成第16年、第7年、第14年、第17年和第7年发现预应力筋严重锈蚀的现象,一些桥梁甚至进行了拆除重建。在瑞士,服役49年的Moesa桥被检测到存在严重的预应力筋锈蚀问题[6]。在斯洛文尼亚,一座运行22年的高架桥也发现了严重的预应力筋锈蚀现象[7]。报道称该锈蚀是由除冰盐导致,纵梁外围多处出现顺筋裂缝,有大量的锈蚀产物流出,预应力筋锈蚀十分严重,截面损失率在40%以上,部分预应力筋甚至已经锈断。

我国预应力混凝土桥梁建设起步较晚,但是预应力筋锈蚀问题已经逐渐在一些早期建设的桥梁上显露出来。例如,建于1976年的京广线百孔大桥,在仅服役24年以后即被发现预应力筋束整束锈断的严重问题[8]。广州海印大桥在建成仅仅11年之后,便发生了预应力索锈蚀断裂的严重事故。此外,我国的多座桥梁,如天津的子牙桥、杭州钱江三桥等,也都发现了预应力筋锈蚀的现象。

预应力筋锈蚀必然会对桥梁结构的安全带来隐患。首先,锈蚀会导致预应力筋截面积减小、预应力损失、力学性能退化。加之锈蚀过程中高应力的影响,预应力筋锈蚀后的受拉延性特征退化明显,较小的荷载即会引起预应力筋的脆性断裂;其次,锈蚀会影响预应力筋和混凝土之间的黏结性能,削弱两者间协同工作的能力,进而引起构件抗弯承载力的退化。尤其对于先张预应力混凝土构件,黏结退化将直接引起预应力筋锚固性能的退化,从而导致预应力筋的黏结锚固失效。

a)美国LIC-310桥　b)美国Bob Graham桥　c)美国Mid-Bay桥

d)瑞士Moesa桥　e)加拿大Sorell桥　f)中国天津子牙桥

图 1-1　桥梁中预应力筋锈蚀现象

世界范围内发生了多起由于预应力筋锈蚀引起的桥梁倒塌事故,如图 1-2 所示。1953 年,英国南威尔斯的一座预应力混凝土桥在建成 6 年后就因为预应力筋受到除冰盐的锈蚀而发生了倒塌[9]。1967 年,英国汉普郡的 Bickton Meadows 人行桥在运行仅 15 年后就发生倒塌,事故原因主要是预应力筋锈蚀[10]。1985 年,英国格拉摩根郡服役 32 年的 Ynys-Y-

a) 英国Ynys-Y-Gwas桥　b)意大利Saint Stefano桥　c) 美国Illinois桥

d) 美国Lake View公路桥　e) 美国Lowe's人行桥　f) 中国杭州钱江三桥

图 1-2　预应力筋锈蚀导致的桥梁倒塌

Gwas 桥由于预应力筋锈蚀，在自重作用下无任何征兆地发生倒塌，所幸没有造成人员伤亡[11]。此外，意大利 Saint Stefano 桥[12]，美国的 Lake View 公路桥[13]、Lowe's 人行桥[14-15]和 Illinois 桥[16]等也由于预应力筋的锈蚀分别在服役 40 年、42 年、5 年和 30 年后发生倒塌。近年来，国内也发生了一些桥梁结构耐久性失效而导致的桥梁倒塌事故，如杭州钱江三桥、辽宁盘锦田庄台大桥等的垮塌，其部分原因就是预应力筋的锈蚀失效引起的。随着时间的推移，锈蚀逐渐成为影响我国预应力混凝土桥梁结构安全的重要隐患，必须对其予以重视。

此外，对于后张预应力混凝土桥梁，由于其特殊的施工工艺，在预应力筋张拉后尚需进行孔道压浆。由于残余空气、水蒸发及施工缺陷等原因，在预应力筋孔道的锚固端、曲线管道的上凸段以及排气孔附近常常会存在大片的缺陷压浆现象。尤其对于早期修建的预应力混凝土桥梁，由于施工技术、工艺相对落后，以及对压浆的重视程度不够，多数桥梁存在严重的孔道压浆问题，如图 1-3 所示。

a)完全无压浆(1)　b)完全无压浆(2)　c)松散压浆　d)1/2无压浆

e)1/3无压浆　f)不同压浆情况　g)拆除箱梁左侧　h)拆除箱梁右侧

图 1-3 孔道压浆不密实

早在 1996 年伦敦举办的后张法预应力混凝土结构会议上，英国公路局的一份报告指出被检查的后张预应力混凝土桥梁中 80% 存在不同程度的缺陷，50% 的桥梁存在孔道压浆缺陷问题[17]。美国对一座服役 35 年的后张预应力混凝土梁桥进行了拆除，发现 23% 的预应力筋孔道存在不密实压浆的情况[18]。一些日本学者指出孔道压浆不密实也是该国桥梁普遍存在的问题[19]。

预应力筋孔道压浆不密实问题在我国也十分普遍。刘其伟等[20]对两座后张预应力混凝土连续箱梁桥的孔道压浆情况进行了调查，发现抽检的 1594 个孔道压浆饱满率仅为 72.2%，某些断面的压浆饱满率甚至刚超过 50%。朱坤宁等[21]发现金属波纹管预应力筋孔道压浆问题更为严峻，纵向预应力筋孔道密实压浆率仅占调查数量的 39.77%，横向预应力筋孔道密实压浆率更低，仅有 25.16%。吴文清等[22]的调查结果显示：3 座受检桥梁纵向预应力筋孔道 50% 以上压浆不饱满，横向预应力筋孔道 70% 以上压浆不饱满。

孔道压浆缺陷对桥梁结构的危害主要存在以下两个方面：一是降低了预应力筋和混凝土之间黏结，两者之间存在不协调的受力变形特征，共同工作性能退化；二是削弱了对预应力筋的保护，使得侵入的水、空气、氯离子等有害物质更容易接触到预应力筋，从而加速预应力筋的锈蚀，引起桥梁结构安全性能的退化，危害极大[23]。鉴于压浆不密实以及引起的锈蚀问题，英国曾在1992年下令暂停所有后张预应力混凝土桥梁的建设，引起了工程界的巨大震动，直到1996年颁布新标准后才予以恢复[24]。

我国预应力桥梁众多，在施工质量及外界环境的共同作用下，一些桥梁的耐久性问题已经日益显现。锈蚀和压浆缺陷影响下，预应力筋受力性能退化、黏结性能退化等必然会引起桥梁结构的使用性能退化和服务寿命缩减，阻碍经济的可持续发展。对于投资巨大的桥梁结构而言，准确评估其服务性能和使用寿命均具有重要的经济、社会效益。以往由于对桥梁中预应力筋的锈蚀的影响缺乏全面认识，盲目地进行桥梁结构的维修、加固和拆除重建等决策，必然会引起不堪的经济压力，甚至会诱发桥梁倒塌事故。

为此，本书针对既有预应力混凝土桥梁服役过程中存在的实际问题进行研究，审视预应力筋锈蚀特征、力学性能退化规律以及表面蚀坑分布特征，分析混凝土保护层锈胀开裂机制，明确压浆缺陷及预应力筋锈蚀影响下预应力混凝土梁抗弯性能退化规律，进而建立缺陷压浆和预应力筋锈蚀影响下混凝土抗弯性能预测模型以及相应的计算理论。研究成果可为桥梁健康评估提供依据，为现役桥梁维修、加固和重建决策作出正确指导，以最经济的手段保证桥梁在设计使用年限内正常使用。

1.2 国内外研究现状

1.2.1 预应力筋锈蚀机理

锈蚀介质、材料和工作应力的共同影响下，预应力筋的锈蚀机理十分复杂。首先，预应力筋会发生与普通钢筋一样的电化学锈蚀。由于桥梁结构中混凝土浇筑不密实、麻面、脱空等原因，使得一些有害介质（如氯离子、CO_2、氧气等）侵入到预应力筋周围，与混凝土空隙水中的 $Ca(HO)_2$溶液发生反应，导致预应力筋周围 pH 值下降，碱性降低，从而引起预应力筋表面致密钝化膜的破坏，预应力筋表面出现电位差，在氧气、有害离子和水等共同作用下，形成很多锈蚀微电池，引起预应力筋发生电化学锈蚀。

此外，预应力筋还会发生普通钢筋没有的应力锈蚀[25-28]。所谓应力锈蚀，是指特定环境中应力和锈蚀介质联合作用下的锈蚀。对于预应力筋，其高应力与锈蚀联合作用下通常会引起材料滞后开裂或断裂破坏[29]。与常规的电化学锈蚀不同，应力锈蚀预应力筋的破坏非常突然，在应力还远低于其抗拉强度时就会引起锈蚀裂纹的产生、发展，使预应力筋试件在毫无征兆的情况下发生脆性破坏，是一种极其危险的锈蚀形式。预应力筋应力锈蚀十分复杂，其机理还不十分清楚，存在多种解释。

目前，被较为广泛接受的应力锈蚀机理主要有以下两种：阳极溶解与氢致开裂。在应力锈蚀体系中，如果阳极溶解所对应的阴极是吸氧反应，或者虽然是析氢反应，但其氢不足以引起开裂，应力锈蚀裂纹的形成和扩展就由阳极溶解过程控制，即为阳极溶解；如果阳极溶解所对应的阴极是析氢反应，而且氢能控制裂纹的形成和扩展，则为氢致开裂[30]。然而，此两者之间并没有明显的界线。Parkins 等[31]发现锈蚀电位由 $-900\mathrm{mV}$ 以下升高到 $-600\mathrm{mV}$

时,应力锈蚀从氢致开裂转变成阳极溶解。Toribio 等[32-33]考虑裂缝尖端残余应力的影响,建立了两种应力锈蚀下的预应力筋破裂形态的微结构模型。

预应力筋锈蚀过程复杂,其影响因素也十分繁杂。预应力混凝土构件中氯离子和二氧化碳浓度、温度、湿度、应力水平、保护层厚度等都可能会对预应力筋的锈蚀造成影响。Trejo 等[34]发现缺陷压浆区预应力筋的锈蚀明显重于密实压浆区,其锈蚀程度受湿度、氯离子浓度、压浆缺陷类型和应力水平影响很大,但受压浆区水泥类别影响很小。Hansen 等[4]发现对缺陷压浆区再修补后的新旧压浆混凝土交界面是预应力筋锈蚀的活跃区域。Sagüés 等[35]指出 CO_2 浓度是影响预应力筋锈蚀的重要因素之一。一些学者发现钢绞线各钢丝缝隙、钢绞线和波纹管接触缝隙极易导致局部环境物质恶化,使得 pH 值降低、氯离子浓度升高,发生缝隙锈蚀,局部锈蚀严重导致钢绞线断裂[36-37]。

预应力筋的应力水平对加速锈蚀速率的影响已基本明确,但对其影响程度尚未达成共识。Vu 等[28]发现应力作用下预应力筋的锈蚀速率比无预加应力时快 15% 左右,应力水平由 0.8 倍屈服应力增大到 1.0 倍屈服应力,将直接导致预应力筋使用寿命缩短 37.8%。李富民[29]指出 0.6 倍屈服应力作用下预应力筋的锈蚀速率比无应力时提高达 27%。Trejo[34]发现 0.56 倍屈服应力作用下锈蚀预应力筋的极限拉力值较无应力锈蚀时快 18.7%。吴振等[38]指出预应力筋在应力状态下锈蚀速率约是无应力状态锈蚀时的 1.7 倍,但当预应力筋都存在应力锈蚀时,应力水平的提高对加速锈蚀速率影响减小,锈蚀速率会随着应力增加而递增,但不是简单的线性增加关系。

1.2.2　锈蚀预应力筋力学性能

锈蚀必然引起预应力筋受力性能的改变。一方面,预应力筋特有的材料组成、晶体结构以及表面的微宏观形态,使其具有典型的坑蚀特征,且锈蚀程度越大,坑蚀特征越明显[39-43]。González 等[44]的研究表明,预应力筋坑蚀状态下的最大锈蚀深度大约是均匀锈蚀 4 ~ 8 倍。Darmawan 等[41]对预应力筋锈坑数据进行了统计分析,发现钢绞线钢丝表面最大锈坑深度适合于极值-Ⅰ型分布。可见,轻微的锈蚀即可导致预应力筋的剩余截面积局部发生突变,产生应力集中现象,引起其受力性能的退化。

另一方面,应力和锈蚀环境耦合作用下,伴随锈坑的形成,预应力筋表面和内部的微裂纹以及微空洞不断扩展连通贯穿,导致预应力筋微观结构受损[27-28]。微裂纹不仅加剧了应力锈蚀影响,还会导致预应力筋延性的退化。一些学者指出锈蚀钢绞线延脆性断裂形态由锈蚀裂纹尖端珠光体团的位向决定:当裂纹尖端珠光体团的位向与钢丝纵轴线间的夹角较小时,会形成宏观延性断口;否则当夹角较大时会形成宏观脆性断口[45-47]。大量微裂纹的存在增加了出现较大夹角的概率,钢绞线出现脆性断裂的概率必然增大。

一些学者对预应力筋锈蚀后的力学性能进行了研究。郑亚明等[42]指出,钢绞线锈蚀后的拉伸力实质上取决于单根钢丝的最大锈蚀程度,钢绞线的名义极限强度、名义弹性模量、极限延伸率和塑性变形能力随锈蚀率的增加迅速衰减。罗小勇等[48]发现锈蚀预应力筋力学性能退化比普通钢筋更为显著,锈蚀对钢绞线名义极限强度、塑性变形影响很大。当锈蚀率大于 9.9% 时,钢绞线不再具备塑性特征。李富民等[49]指出氯盐环境下预应力筋典型的坑蚀特征对其断口形式和受拉变形能力影响很大,但对其名义弹性模量影响较小。研究表明,0 ~ 0.185% 的锈蚀率水平导致钢绞线最大承拉力和极限平均应变分别退化 9% ~ 23% 和

50%～80%。上述研究中预应力筋的锈蚀都是在无应力状态下进行的，与其实际的锈蚀状况有所差异。

应力作用下锈蚀预应力筋的力学性能退化规律可能会更加复杂。Vu 等[28]发现应力作用下锈蚀预应力钢丝的弹性模量和屈服强度退化明显，但在无应力作用时锈蚀对其弹性模量和屈服强度影响很小。曾严红等[50]基于电化学快速锈蚀情况试验研究了应力作用下锈蚀预应力钢绞线的力学特征，并建立了锈蚀预应力筋应力应变关系模型。研究发现，随着锈蚀率的增大，预应力筋极限强度与极限应变退化；锈蚀对预应力钢丝弹性模量影响不大，但对钢绞线弹性模量有一定影响；锈蚀使预应力筋双折线本构关系模型向单直线模型退化。

一些学者对实桥锈蚀预应力筋的力学性能进行了研究。刘其伟等[51]测试了两座服役10年的预应力混凝土桥梁中低锈蚀率钢绞线（平均锈蚀率小于1%）的力学性能，发现钢绞线的弹性模量与极限强度均略有降低。Naito 等[39]从美国倒塌的 Lake View 公路桥获取钢绞线进行研究，发现锈蚀钢绞线的抗拉强度退化严重，轻度坑蚀时（截面锈蚀率小于20%）下降20%，中度坑蚀时（截面锈蚀率大于20%）下降29%。Vehovar[7]发现除冰盐影响下，预应力筋应力锈蚀和氢脆产生的脆性劈裂区明显增多，其脆性特征十分明显，钢绞线的抗拉强度和伸长率也均有明显的退化。

预应力筋锈蚀后的极限抗拉力值是决定结构安全的重要因素。一些学者分别考虑预应力筋锈蚀后的截面减少和屈服强度的退化，将两者的乘积作为锈蚀后的抗力值[52]；也有学者回避了锈蚀后剩余面积的计算，直接对锈蚀后的抗力进行研究。李富民等[53]根据 Mises 应变断裂准则，基于试验和 ANSYS 模拟，得到了锈蚀钢绞线断裂抗力的分布模型。美国德克萨斯 A&M 大学回避了锈蚀率的概念，建立起与时间、氯离子浓度等参量直接相关的锈蚀钢绞线抗力时变概率模型[54-55]，可以方便用于结构可靠度计算分析。

一些学者对预应力筋锈蚀后的疲劳性能进行了研究。吴振等[38]发现有无应力状态下锈蚀的钢绞线抗疲劳性能退化都非常严重，尤其是应力状态下锈蚀的情况，不到10%的锈蚀会导致钢绞线疲劳寿命下降多达92%。Li 等[56]对斜拉桥拉索钢丝和钢丝束锈蚀后的疲劳寿命进行了研究，指出锈蚀增大了缺陷存在的风险，影响钢丝疲劳寿命，钢丝束的疲劳失效概率取决于钢丝的数量，但其平均疲劳寿命受钢丝数量影响很小。余芳等[57]发现锈蚀钢绞线的疲劳寿命与名义应力幅在双对数坐标系下符合线性关系，相同荷载下钢绞线的疲劳寿命随锈蚀率增长呈指数衰减，给出了锈蚀钢绞线疲劳曲面方程。

高应力下预应力筋的锈蚀复杂，存在应力锈蚀等多种锈蚀形态，受锈蚀介质和锈蚀条件的影响较大，常用的试验室通电快速锈蚀方法可能会与其实际的锈蚀有一定差异。不同锈蚀环境下，预应力筋的锈蚀特征和力学行为必然也会存在一定的差异。准确模拟实际的锈蚀状况是进行预应力筋力学性能研究的重要前提。

1.2.3 表面蚀坑概率分布特征

钢筋锈蚀后的力学性能受到其坑蚀的影响[58-60]，钢筋锈蚀后强度、延性都会减弱；但也有少数学者认为锈蚀对于钢筋强度的影响较弱[61-62]。钢筋锈蚀形态多为局部锈蚀，往往从局部的锈坑开始不断向外发展。这些局部蚀坑的存在将会引起受力状态下的钢筋在蚀坑周围应力集中，导致钢筋受力性能的退化。已有学者采用有限元方法[63]，针对蚀坑进行了二维模型的分析，发现蚀坑宽度对钢筋力学性能影响较小，而蚀坑深度是影响钢筋力学性能退化的主要因素。

预应力筋在环境锈蚀和力学疲劳共同作用下,会使结构发生锈蚀疲劳耦合损伤乃至破坏。锈蚀程度与疲劳应力幅大小对钢绞线的损伤存在显著影响,随着疲劳应力幅的增大,钢绞线的锈蚀速率也会增大,其影响趋势呈指数函数关系[64]。疲劳作用也影响着预应力钢绞线坑蚀的发展,随疲劳应力幅的增大钢绞线蚀坑的长度、宽度和深度均会增大。另外,对锈蚀疲劳损伤的钢绞线进行静力拉伸试验,发现钢绞线最大承载力和极限平均应变均随着应力幅的增大而降低。

预应力筋由于材料的不均匀性、锈蚀环境的差异性以及预应力筋各部位受力大小不一等因素的影响,锈蚀预应力筋蚀坑的几何形状及尺寸也不尽相同。锈蚀预应力筋表面的蚀坑形状总体上可分为4 种典型的形状,即马鞍形、椭球形、圆槽形和直切形[65]。蚀坑形状会伴随着锈蚀程度的增加而发生改变,在锈蚀程度较小时,容易形成椭球形或马鞍形的蚀坑,随着锈蚀程度增大,已有的蚀坑会不断发展并在纵向融合起来,形成较深的圆槽形蚀坑或直切形蚀坑。也有学者认为,钢绞线的蚀坑几何形状只有椭球形和马鞍形两种典型形状[40,66],随着锈蚀率增大,蚀坑总个数增大,椭球形蚀坑出现的概率呈先增后减趋势,马鞍形蚀坑出现概率呈先减后增趋势,但最后的变化幅度都不大。

现有的锈蚀钢筋屈服强度、极限强度及延伸率随锈蚀率变化的规律,大多通过对不同锈蚀程度钢筋的拉伸试验结果进行回归分析得到,其中涉及的锈蚀程度指标多以平均锈蚀率为参数,忽略了锈蚀的不均匀性和随机性,导致建立的力学性能模型与实际存在着一定的差异。为了建立更加符合实际的力学模型,Wang 等人[41,67-68]探讨了钢筋表面最大锈蚀深度的分布规律,发现钢筋表面最大蚀坑深度服从 Gumbel 分布。另外,也有学者发现随锈蚀率的增大,蚀坑密度总体上有所增大,蚀坑的长度、宽度、深度都较好地呈对数正态分布。综合分析认为,随锈蚀率的增大,钢绞线上各蚀坑的尺寸渐趋接近[40,66]。

现有的锈蚀预应力筋试件获取多基于通电加速锈蚀的方法,这与自然环境中预应力筋锈蚀形态存在明显的不同。因此,本书通过人工气候试验箱模拟自然锈蚀环境,开展预应力钢绞线加速锈蚀试验。采用截面损失率表征钢绞线锈蚀程度指标,统计蚀坑的几何形状和尺寸分布规律。同时,对表征蚀坑处应力集中的参数进行分析,以期得到锈蚀预应力筋蚀坑尺寸参数的概率分布函数。

1.2.4 混凝土保护层锈胀开裂机制

锈蚀产物体积膨胀会导致混凝土保护层开裂,即所谓的锈胀开裂。锈胀裂缝的出现又会进一步为有害物质进入结构内部提供通道,进而加快预应力筋的锈蚀,造成结构性能的提早退化,大大影响结构耐久性。因此,保护层锈胀开裂作为混凝土结构耐久性极限状态的标志,明确其开裂机理,建立其预测模型,具有重要的理论和工程意义。

目前,国内外学者对混凝土结构锈胀开裂展开了大量研究,大致可分为试验研究、理论分析和数值模拟三方面。锈胀试验研究多采用电化学快速锈蚀方法,系统研究钢筋直径、混凝土强度、锈蚀电流密度、保护层厚度、钢筋位置和类型等因素对锈胀产物和裂缝开展的影响。目前,锈胀开裂的试验研究已经取得大量成果,锈胀程度随混凝土强度、保护层厚度的增加而增大,随钢筋直径的增大而降低。对比自然锈蚀环境与快速锈蚀条件下锈胀开裂的试验结果,快速锈蚀条件下混凝土表面开裂前,铁锈不会填入锈胀裂缝中;而自然锈蚀环境下铁锈的累积与填充是同时进行的[69]。箍筋能有效抑制锈胀裂缝的发展,也有学者研究了箍筋锈蚀与箍筋无锈蚀锈胀开裂形式的区别[70]。由于试验研究只能考虑部分因素对锈胀开裂的影响,如何采用统一试验方法,获得有效试验数据是今后研究的重点。

锈胀开裂理论模型大多以钢筋均匀锈蚀为前提,根据锈蚀产物的变形特性以及锈胀裂缝开展过程中锈蚀产物进入裂缝的情况[71],考虑或不考虑开裂混凝土的剩余强度以及钢筋和锈蚀产物共同作用下刚度的变化,引入弹性力学、断裂力学或损伤力学等理论,采用单层圆筒或双层圆筒力学模型建立混凝土保护层锈胀开裂时钢筋锈蚀率及锈胀开裂时间的计算公式[72]。弹性力学模型假定钢筋周围混凝土为均质线弹性材料,钢筋为均匀锈蚀;锈蚀产物引起的体积膨胀呈均匀增加;当锈胀力达到混凝土抗拉强度时,混凝土保护层完全开裂。弹性力学模型能较好地描述理想圆柱体钢筋混凝土结构在均匀钢筋锈胀力作用下的锈胀开裂行为,但混凝土作为多种材料混合而成的准脆性材料,采用弹性力学理论模型分析必然存在不合理性。为此,后期模型引入断裂力学、损伤力学等理论。断裂力学可以考虑混凝土截面中原始裂纹与缺陷,裂纹在钢筋锈蚀膨胀作用下的起裂、扩展等情况;损伤力学可以较好地考虑混凝土保护层的损伤情况,进而更好地分析混凝土保护层锈胀开裂过程。也有学者通过考虑刚度退化因子对混凝土保护层的刚度退化进行模拟,利用能量原理对该退化因子进行计算[73]。均匀锈蚀的假定会低估锈蚀产物产生的内部应力。随着理论研究的进一步深入,部分学者研究了钢筋非均匀锈蚀及荷载等因素影响下混凝土结构纵向开裂的全过程[74]。理论模型可以定量地对锈胀开裂的各参数进行分析,但如何准确地考虑材料特性、力筋非均匀锈蚀以及荷载作用等因素依旧是目前研究的难点之一。

钢筋与混凝土交界面处钢筋锈胀力的正确模拟,是实现混凝土锈胀开裂过程数值模拟的关键所在。为得到保护层因钢筋锈胀力产生的力学响应和裂缝开展状况,通过虚拟的内部压力、温度膨胀环或径向位移来模拟锈胀力,而非均匀锈蚀模型中则采用了假设的非均匀荷载/位移分布形式,利用有限元分析方法得到混凝土结构锈胀开裂过程。一些学者考虑了混凝土各向异性,通过二维晶格模型和嵌入式有黏结裂纹有限元模型来模拟开裂过程[75]。也有学者利用高斯函数对非均匀锈蚀的状态进行描述,有限元模型参数包括不均匀系数、扩散系数和均匀系数,该模型可以更好地描述非均匀锈层[76]。目前,有限元模拟基本采用混凝土内部带有圆孔的二维模型,如何更加真实地模拟锈胀开裂过程仍然是研究难点。

现有研究主要针对普通钢筋混凝土结构的锈胀开裂,关于预应力混凝土构件的锈胀开裂问题鲜有报道。预应力混凝土结构中,预应力筋长期处于高应力状态,侵蚀环境下其锈蚀速率要大于普通钢筋。再者,通常预应力筋直径较大,这使其锈蚀更易导致结构锈胀开裂。开展预应力混凝土结构锈胀开裂研究,明确锈胀开裂机理,对于完善混凝土结构耐久性研究具有重要意义。

1.2.5 锈蚀预应力筋与混凝土黏结性能研究

锈蚀导致的混凝土保护层开裂和剥落、预应力筋面积损失、锈蚀产物填充等都会引起钢绞线与混凝土间黏结性能的改变[77-79]。对于预应力混凝土结构,尤其是先张预应力混凝土结构,有效的黏结对其发挥正常的使用性能至关重要。首先,先张预应力筋通过其与混凝土之间的黏结力实现锚固。锈蚀黏结退化必然会引起预应力筋锚固性能的退化。其次,黏结退化会削弱预应力筋和混凝土间共同工作的能力,进而导致桥梁结构承载力的退化[80]。

目前,关于普通钢筋与混凝土间锈蚀后的黏结性能,国内外广泛关注,并进行了大量的试验研究,就锈蚀对钢筋与混凝土间黏结性能的影响已经基本达成共识[81-84]。锈蚀初期,由于锈蚀产物的膨胀加强了混凝土对钢筋的约束,钢筋与混凝土界面间的摩擦系数也因钢筋蚀坑的存在略有增大,从而导致两者间的黏结性能有所增强;随着锈蚀程度的加深,钢筋与混凝土界面上生成疏松锈蚀层,不仅破坏了原有的化学胶着力,降低了两者间的摩擦系数,还会因为钢筋截面积减小损失部分机械咬合力,引起黏结力的退化,尤其是保护层混凝土胀裂剥落后,黏结力退化更加明显。

一些学者致力于钢筋与混凝土间锈蚀后残余黏结力的评估分析,建立了一些预测模型[85-91]。总体而言,钢筋与混凝土间锈蚀黏结力受到锈蚀程度、钢筋表面状态(光圆钢筋或螺纹钢筋)、混凝土强度、保护层厚度、相邻钢筋间距和有无箍筋的影响,尤其是锈蚀程度的影响。有学者指出对于普通钢筋混凝土构件,2%的钢筋直径损失会引起黏结性能退化多达80%[92]。类似的,预应力筋严重锈蚀时也必然会导致黏结性能的退化,对构件的受力性能产生影响。然而,预应力筋和普通钢筋不仅在材质和形状方面存在差异,在混凝土构件中的布置和保护层的要求上也有所不同,现有的基于普通钢筋的锈蚀黏结退化规律和预测模型未必适用于预应力筋。

一些学者对比分析了未锈蚀预应力筋和普通钢筋与混凝土间黏结性能的差异。王英等[93]发现单根15.2mm钢绞线比16mm带肋钢筋与混凝土间的黏结性能要差,但比钢绞线束的黏结性能好。徐有邻等[94]指出三丝捻制钢绞线与混凝土间的黏结性能介于带肋钢筋和光圆钢筋之间,但具有良好的延性特征。杜毛毛等[95]发现钢绞线与混凝土间的黏结强度差于带肋钢筋,但其最大滑移值却远大于后者,并且带肋钢筋试件多发生劈裂破坏,而钢绞线试件则是因旋转而拧出。李方元等[96]指出与普通钢筋相比,钢绞线与高强混凝土的黏结-滑移曲线具有明显的上升段和屈服段,存在明显的延性滑移段。Chao等[97]发现在混凝土开裂后,钢绞线由于其特有的捻制形态能够提供有效的摩擦力和咬合力,其残余黏结力较普通钢筋要好。

一些学者对非锈蚀预应力筋和混凝土之间的黏结性能进行了研究。Morcous等[98]的研究发现,18mm七丝捻制非锈蚀钢绞线和混凝土间的黏结强度与混凝土抗压强度成正比。欧洲规范[99]给出预应力筋与混凝土间平均黏结应力的计算公式,认为黏结力的大小与预应力筋类型、浇筑时预应力筋位置及混凝土抗压强度等因素相关。Dang等[100]指出预应力筋黏结性能受到混凝土强度、预应力筋表面状况及Hoyer效应等因素的影响,并基于试验建立了预应力筋与混凝土间黏结-滑移模型,发现黏结应力在有效黏结长度内是非均匀或非线性分布的。

目前,鲜有学者对预应力筋构件锈蚀后的黏结性能进行研究。Morcous等[98]探究了钢绞线表面蚀坑对黏结性能的影响。研究发现,小滑移时蚀坑对黏结力具有促进作用,而大滑移时蚀坑的存在会引起黏结力的退化。然而,该试验中钢绞线先进行锈蚀,随后再进行混凝土浇筑,这与实际的锈蚀构件存在一定的差异。Li等[101]对锈蚀钢绞线的局部黏结滑移模型进行了试验研究。结果表明,锈蚀导致最大黏结应力后的应力平台的退化,局部黏结滑移曲线由原来的上升段—水平段—下降段退化成上升段—下降段。该试验中,拉拔试件较短。

与普通钢筋不同,过短的试件必然会对钢绞线捻制效应存在一定的影响。此外,暂未给出具体的锈蚀黏结退化预测模型。

1.2.6 钢筋锈蚀影响下预应力混凝土梁抗弯性能试验研究

目前,国内外很多学者对钢筋锈蚀后普通钢筋混凝土受弯构件的破坏形态、承载能力以及变形性能进行了大量的研究,得到了基本一致的定性结论。不同钢筋锈蚀程度对受弯构件具有不同的影响。钢筋锈蚀初期,混凝土保护层胀裂之前(锈蚀率小于2%),由于钢筋力学性能及其与混凝的土黏结性能无明显变化,钢筋锈蚀构件的抗弯性能与钢筋无锈蚀构件几乎无异;锈胀裂缝出现后,当锈蚀率不大时(锈蚀率小于10%),构件尚能保持延性破坏,但由于钢筋截面积减小、屈服强度降低以及黏结力退化,构件承载力随锈蚀加深不断退化,同时,其弯曲裂缝数量减小,间距和宽度增大,抗弯刚度减小,挠度增大;当锈蚀率较大时(锈蚀率大于10%),由于钢筋和混凝土间黏结性能退化过大,两者间的共同工作能力明显下降,钢筋不能发挥其强度与塑性性能,构件的破坏由延性转向脆性,并引起承载力和变形性能的进一步退化。此外,锚固区钢筋严重锈蚀还会引起构件的锚固失效。

上述有关普通钢筋混凝土受弯构件的研究和结论值得参考,但由于预应力筋的高应力工作状态对锈蚀效应更为敏感,其受弯性能的退化特征将与普通钢筋混凝土构件不尽相同。目前,一些学者对锈蚀预应力混凝土梁的抗弯性能进行了试验研究。余芳等[102]采用电化学方法对后张有黏结部分预应力混凝土梁跨中局部区域预应力筋进行了锈蚀,并对其进行了抗弯试验。研究表明:随腐烛率的增加,钢绞线锈蚀后的部分预应力混凝土梁的破坏形态向脆性破坏发展,导致裂缝数量减小、裂缝平均间距增大,试验梁由适筋破坏逐渐向少筋破坏转变,承载能力及延性系数均发生了不同程度的降低,延性系数的下降尤为明显,但锈蚀率的大小对开裂荷载的影响不大。

Rinaldi 等[103]对先张预应力混凝土梁预应力筋锈蚀后的抗弯性能进行了研究。结果表明:预应力筋锈蚀对预应力混凝土梁抗弯承载力及破坏模式均有很大影响。轻度锈蚀时(锈蚀率为7%),构件承载力下降不大,其破坏在混凝土压碎的同时出现钢绞线断裂现象,导致延性的退化;随着锈蚀程度的加深,构件承载力退化明显,20%的预应力筋锈蚀可导致抗弯承载力下降67%,并且其破坏模式由混凝土压碎转变成预应力筋断裂。尤其是严重锈蚀时(锈蚀率大于15%),非均匀坑状锈蚀使得一些钢丝在较小荷载作用下即发生断裂,混凝土构件表现出与普通钢筋构件相近的受力形态,发生与普通少筋梁类似的破坏形式。

李富民等[104]通过掺盐加速锈蚀分别研究了先张构件、后张构件预应力筋锈蚀后的抗弯性能。研究发现:钢绞线锈蚀的预应力混凝土梁存在两种破坏形式,即适筋破坏和断丝破坏。前者由于锈蚀尚未影响到预应力筋强化到混凝土压碎的完整过程,因而不会导致梁的极限承载力和变形能力降低,后者在混凝土压碎前锈蚀钢绞线钢丝率先被拉断,导致梁的极限承载力和变形能力发生不同程度的降低;锈蚀率较小时(小于2.87%),锈蚀对预应力混凝土梁的开裂弯矩、初始强化弯矩、极限弯矩以及初始强化挠度的影响都不显著,但会导致断丝破坏,梁的极限挠度明显减小。此外,研究中发现锈蚀后先张梁的延性系数普遍小于后张梁。然而,该研究中预应力筋的锈蚀率过低,最大不超过3%,未能反映实际工程存在的锈蚀较严重的情况。

预应力筋在锈蚀的同时存在较为明显的坑蚀特征,蚀坑的存在势必会对混凝土构件的抗弯性能产生影响。关于坑蚀对普通钢筋混凝土构件的影响,学者们已经展开了大量研究[105],在预应力混凝土方面也进行了初步探讨。蔺恩超[106]通过钻孔来模拟预应力筋坑蚀对构件抗弯性能的影响,发现蚀坑导致抗裂性能退化,裂缝数量和分布与蚀坑数量和位置相关,但与其深度关系不大;一定深度坑蚀对承载力影响稳定,但较大深度时会导致承载力迅速下降,引发脆性破坏。Coronelli 等[107]通过锯断模拟预应力筋局部坑蚀断裂对构件抗弯性能的影响,发现预应力筋断裂引发局部损伤,导致裂缝迅速扩展和钢筋应变突增等,但其对构件整体性能的影响取决于断点位置,支点附近断裂对构件影响很少,跨中区域断裂导致承载力严重退化,尤其是弯剪段断裂时会引起脆性受剪破坏。这些研究中单一强调坑蚀的影响,忽略了可能伴随的均匀锈蚀,与工程实际预应力筋锈蚀略有偏差。

一些学者对压浆缺陷下预应力筋锈蚀构件的抗弯性能进行了研究。Zeng 等[108]发现锈蚀极易造成压浆缺陷下预应力筋和混凝土之间的黏结失效滑移,导致构件开裂荷载、抗弯刚度和承载力的退化。Minh 等[109-110]指出密实的压浆能够有效减轻预应力筋的锈蚀,缺陷压浆的存在导致锈胀力释放,锈胀裂缝不明显;缺陷压浆区锈蚀预应力筋剩余预加力退化明显快于密实压浆段。金属波纹管锈蚀是引起混凝土梁抗弯性能退化的重要影响因素之一。该研究中忽视了缺陷压浆对构件抗弯性能的影响,将承载力退化单一地归结为波纹管锈蚀的影响,压浆缺陷和锈蚀各自对构件抗弯承载力的影响有待进一步明确。

上述研究中试验构件均采用电化学快速锈蚀或一些其他的锈蚀模拟手段,与实际工程结构中预应力筋的自然锈蚀可能会存在一定差异。朱尔玉等[8]对我国某铁路大桥预应力钢丝束严重锈蚀后的梁体进行了弹性静载试验,并通过调整材料弹性模量等考虑锈蚀影响进行了有限元分析。结果表明:截面削弱及预应力钢丝束锈蚀使梁体刚度减低,梁跨中挠度增大 15%;腹板和下缘应力分布向内侧转移,削弱截面内侧应力增大 26.8%。Harries 等[13]对美国因预应力筋锈蚀断裂而拆除的 Lake View 公路桥其他未断梁体进行了抗弯试验,发现钢绞线断裂是预应力混凝土梁锈蚀后主要破坏形式,破坏时梁体受弯区裂缝宽而疏,受压区混凝土相对完好。Kiviste 等[111]获取了 28 根服役 25 年以上的先张、预制带肋混凝土板进行了抗弯试验,发现轻微锈蚀对构件承载力影响不大,但会导致端锚失效和受剪等破坏形式,增加了构件脆性失效的风险。由于从实际结构中获取的预应力筋锈蚀构件在数量上有限,其锈蚀程度具有局限性,不同锈蚀率下构件抗弯性能需进一步明确。

1.2.7 钢筋锈蚀影响下混凝土梁受荷裂缝宽度和刚度预测

由于服役预应力混凝土结构长期受到外界环境的侵蚀,结构内部预应力筋会受到不同程度的锈蚀,进而造成预应力损失,因此,在外荷载作用下结构必然产生裂缝和变形,既降低构件的承载能力,又加速预应力筋的锈蚀,使其耐久性严重降低。一般而言,裂缝越宽,锈蚀越快,其宽度直接关系到结构的耐久性。

20 世纪 30 年代以来,为研究裂缝形成的主要原因、有关钢筋混凝土构件裂缝工作机理及裂缝宽度计算方法,国内外学者在试验的基础上已提出许多相应的理论。经历了几十年的深入研究,这些理论已部分应用于工程实践中,其中已得到认可的理论有黏结滑移理论、无滑移理论、综合理论、数理统计方法。

黏结滑移理论是由 R. Saliger[112]于 1936 年在钢筋混凝土构件轴心受拉试验的模型上得出的,也是最早提出的理论。经过后续学者的发展丰富,该理论已被视为一种经典的理论。

黏结滑移理论假定钢筋位置处混凝土的裂缝宽度等于构件表面处裂缝的宽度。在裂缝截面处,由于钢筋与混凝土材料的属性不同,当达到混凝土的临界应力时,钢筋与混凝土之间就会出现相对滑动,钢筋与混凝土的应变差即为构件裂缝宽度。

20 世纪 60 年代,由 Broms 和 Base[113-114] 在大量试验分析的基础上第一次提出无滑移理论。Broms 通过向加载梁的裂缝中灌入树脂,待树脂干硬后卸载测量树脂厚度发现了与黏结滑移理论不符的试验现象。钢筋处的裂缝宽度与构件表面的裂缝宽度并不相等,且构件表面处明显大于钢筋处。试验还发现,钢筋处的裂缝宽度非常小,可见钢筋与混凝土之间的滑移很小,计算时可不加以考虑。以上试验现象与经典理论并不相符,在此基础上引出无滑移理论。该理论假设裂缝处钢筋与混凝土截面之间的滑移量可忽略,只考虑裂缝处内外的差值。

由于黏结滑移理论和无滑移理论均是建立在假设条件基础上的,而且裂缝宽度在实际试验中裂缝截面钢筋位置处与构件表面处相差较大,钢筋与混凝土之间的滑移量相对于裂缝截面钢筋处的宽度也是不可忽略的。在以上研究的基础上,部分学者将两者结合发展出综合理论。综合理论考虑钢筋与混凝土之间黏结滑移的影响,考虑钢筋至构件表面混凝土厚度的影响,从根本上反映了裂缝机理的全部本质。

归纳总结各种裂缝宽度计算理论,发现从裂缝发展机理上来研究对于工程实践没有必要。同时由于钢筋混凝土构件是组合材料,材料性能的离散型较大,在进行原理推导时会忽略某些重要参数。学者以工程实践意义为出发点,采用数理统计方法形成的计算公式可能对于工程实际更加实用。1968 年,Gergely 和 Lutz[115] 基于试验结果,通过回归分析提出 Gergely-Lutz 公式,首次提出了数理统计方法。

各国规范也对正常使用极限状态下的裂缝宽度提出了相应的计算公式。与普通混凝土结构不同,预应力混凝土结构中的预应力会限制其裂缝的发展。当预应力筋锈蚀时,其抗拉承载力的下降也会影响最大裂缝的宽度。现有规范中对于正常使用极限状态下的最大裂缝宽度计算公式并没有考虑预应力筋锈蚀的影响,其相关的研究工作仍有待深入。

预应力筋的锈蚀会导致有效预应力减少,进而造成预应力混凝土梁开裂荷载减小及挠曲变形增大[104],因此,研究预应力筋锈蚀对构件刚度的影响是评估结构变形能力重要的一步。目前,对于无损伤预应力混凝土构件的变形计算各国均有相应的技术标准,而对锈蚀后的预应力混凝土构件的变形计算仍处于初步研究阶段。变形计算的关键是确定构件的刚度。通常预应力混凝土梁开裂前,构件处于弹性受力状态,刚度可按照传统的方法,采用换算截面惯性矩来计算。对于开裂后预应力混凝土构件的刚度,目前主要有刚度折减分析法、直接双线性法、有效惯性矩法、刚度解析法和曲率积分法[116]。

一些学者对开裂预应力混凝土的刚度退化进行了研究,叶见曙等[117] 基于非线性有限元分析提出了预应力混凝土箱梁开裂后的刚度退化模型。Sato 等[118] 假设钢筋与混凝土间应力线性分布,提出了预应力混凝土梁长期刚度方程。胡志坚等[119] 通过预应力混凝土梁缩尺模型开裂荷载试验得出我国技术标准对于截面刚度考虑不足的问题。李进洲等[120] 通过预应力混凝土梁的疲劳试验建立了疲劳荷载下预应力混凝土梁刚度退化模型。Zeng 等[108] 通过预应力混凝土梁人工锈蚀试验得出锈蚀会造成预应力混凝土梁截面刚度的显著降低,但未涉及具体的计算模型。曾严红等[121] 假设刚度降低系数在有黏结与无黏结之间随着锈蚀率线性变化,基于现有技术标准推荐算式提出了锈蚀预应力混凝土梁短期刚度计算式。目前,国内外关于预应力混凝土构件刚度的研究并不多,尤其是关于其预应力筋锈蚀后的刚度研究更少。

1.2.8 既有预应力混凝土梁抗弯性能计算方法

如前所述,既有预应力混凝土梁面临着压浆缺陷和预应力筋锈蚀等的多重问题,对其进行抗弯性能计算评估时应同时考虑锈蚀预应力筋面积损失、材料力学性能退化、压浆缺陷或预应力筋锈蚀造成的黏结退化等多个因素的影响。这些因素中,预应力筋面积损失和材料力学性能退化可以通过锈蚀率和修正材料本构关系进行考虑,较为复杂的问题是如何考虑黏结退化的影响。黏结退化降低了预应力筋和混凝土之间的协同工作能力,进而导致构件抗弯性能的退化。一些学者指出,准确地考虑黏结性能退化的影响是保证抗弯承载力计算精度的重要前提[80,122-123]。压浆缺陷和预应力筋锈蚀都会引起黏结性能退化,但其对构件抗弯性能的影响和计算方法存有差异,下面将分别进行介绍。

关于压浆缺陷引起的黏结退化方面,后张无黏结预应力混凝土构件可以作为一种特殊的缺陷压浆结构,其抗弯承载力的计算已经受到国内外学者的广泛关注。Castel[52]和Vu[124]等通过修正裂缝间构件的平均抗弯刚度,采用有限元方法对无黏结构件的抗弯响应,包括开裂前后的挠度、极限抗弯承载力等进行了计算,指出考虑无黏结钢绞线的伸长及相应的应力增长对于抗弯性能的准确评估影响重大。与有黏结构件不同,无黏结预应力筋与周围混凝土协同工作性退化,其应变增量不再等同于周围混凝土的应变增量,而是取决于整个无黏结段的混凝土变形,受到混凝土强度、普通钢筋面积、无黏结预应力筋面积、构件跨高比和有效预应力等多个因素的影响[125]。

很多学者致力于极限状态时无黏结预应力筋应力增量的研究,建立了很多预测模型。Baker[126]引入了一个黏结退化系数用以表征无黏结预应力筋周围混凝土平均应变和最大应变的关系。Naaman 和 Alkhairi[127]在此基础上建立了无黏结预应力筋应力增量计算模型,被证实具有较高的计算精度。然而,这些研究中的黏结退化系数均是基于试验数据的经验公式,其适用范围有限。Lee 等[128]基于构建的整体变形关系,并考虑塑性铰长度的影响建立了应力增量计算模型,发现应力增量还受到加载方式的影响。Au[129]和 Pannell[130]等通过引入塑性铰等效高度和中性轴的比值考虑塑性变形的影响建立了应力增量计算方法。此外,ACI[131]和 AASHTO[132]等规范也给出了无黏结预应力筋应力增量的计算公式。对于完全无黏结构件的抗弯承载力计算,虽然现有模型形式上略有差异,但在基本思路上已经达成共识。

对于缺陷压浆的情况,后张黏结构件抗弯承载力的计算比完全无黏结构件将更加复杂。由于缺陷压浆位置、长度以压浆饱满率等的随机性,其对构件的抗弯性能的影响必然有很大的差异,压浆状况千差万别,无法建立与完全无黏结类似的、对应于每一种缺陷压浆状况的预应力筋预应力增量计算公式。一些学者针对缺陷压浆的特征,对构件承载力计算进行了初步探索。Cavell 等[133]考虑构件局部无压浆区黏结退化、预应力筋的锈断以及锈断后的重锚固问题影响,通过建立局部无压浆区预应力筋和混凝土的整体变形协调关系对构件的残余抗弯承载力进行了计算。然而,该模型没有明确对不同缺陷压浆类型的适用性,只针对锈断、未断预应力筋进行计算,没有考虑锈蚀引起的预应力筋性能退化等问题。缺陷压浆及其与锈蚀共同影响下混凝土梁的抗弯性能计算有待进一步研究。

锈蚀黏结退化下构件抗弯性能退化计算方面,目前多数的研究集中在普通钢筋混凝土构件。一些学者通过有限元方法对锈蚀黏结退化影响进行考虑[134]。Li 等[135]同时将锈蚀黏结强度和刚度的退化量化为锈蚀率的函数,通过在钢筋和混凝土间添加接触单元,采用有限元软件对锈蚀钢筋混凝土板的抗弯性能进行了分析。Coronelli 和 Gambarova[136]采用非线性有限元方法,分别考虑锈蚀引起的钢筋截面减小、坑蚀和受拉刚度退化,混凝土锈胀截面损失、受压强度和延性退化,以及黏结力的退化,对钢筋锈蚀混凝土构件抗弯性能进行了分析,再次指出黏结力退化是影响构件残余抗弯承载力计算的重要因素。Val 和 Chernin[137]采用非线性有限元方法对钢筋锈蚀抗弯构件的正常使用性能进行了分析,发现锈胀裂缝导致构件正常使用失效的概率大于变形超限失效。

一些学者也通过修正系数对锈蚀黏结退化的影响进行考虑。目前存在两种类型的修正系数:一是整体修正系数,即对不考虑协同工作能力退化的承载力直接乘以修正系数;二是对受拉钢筋应变乘以修正系数。Azad 等[138]基于钢筋直径、锈蚀电流密度和锈蚀时间等参数,建立了钢筋锈蚀抗弯构件整体修正系数计算公式。Torres-Acosta 等[139]也给出了整体修正系数计算模型,并指出钢筋局部锈坑深度对整体修正系数的影响强于钢筋平均直径减小量。张建仁等[140]基于试验建立了锈蚀黏结退化下钢筋与周围混凝土不协调变形经验预测模型,研究发现当锈蚀率达到 10% 时,锈蚀钢筋的受拉应变仅为周围混凝土受压应变按平截面假定计算值的 30% 左右。这些修正系数均是由根据试验数据给出的经验拟合模型得到的,受到试验条件和参数的影响,其适用范围必然受到限制。

也有学者考虑锈蚀黏结退化的影响,对构件抗弯承载力进行了理论分析,建立了一些计算模型。Eyre[141]和 Cairns[142]等完全忽略锈蚀后钢筋的残余黏结力,将构件视为无黏结构件,对其抗弯承载力进行计算。Bhargava 等[88]通过对比纯弯段和弯剪段交界处钢筋所受拉力和黏结力的大小,以钢筋初始滑移作为构件失效准则,对抗弯承载力进行计算。上述几种计算方法与实际情况略有差异,必然导致较为保守的预测结果。Maaddawy 等[143]考虑相邻裂缝间混凝土和钢筋黏结退化不协调变形的影响对构件抗弯承载力进行了计算,但是忽略了钢筋在裂缝间滑移的影响,其计算精度必然会受到影响。

目前,对于普通钢筋混凝土构件而言,除有限元方法外,尚无有效的考虑锈蚀黏结退化的抗弯承载力计算模型。对于预应力结构,高应力作用下其黏结退化对抗弯性能的影响可能更为复杂,亟须建立有效的考虑黏结退化的抗弯承载力计算方法。此外,对于预应力结构而言,明确的应力状态是其承载力计算的重要前提。锈蚀引起预应力筋截面积的减少,必将导致预加力的损失,其作用下混凝土和预应力筋的预加弹性变形状态必然发生改变,进而影响剩余预应力筋有效预应力。锈蚀预加力损失引起预应力筋及周围混凝土弹性变形的改变,其对预应力筋有效应力的影响及其锈蚀后预应力筋的残余预加力计算尚未明确。

1.3 本书内容体系

针对现有研究和应用的不足,本书围绕氯盐环境中预应力筋锈蚀影响下预应力混凝土桥梁服役性能退化及其评估方法开展了系列研究。内容体系如下:

(1)锈蚀钢绞线力学行为和本构关系

通过人工气候模拟锈蚀环境,对预加应力作用下钢绞线进行锈蚀,采用拉伸试验和电镜扫描试验对不同锈蚀程度钢绞线的力学性能和锈蚀形态进行研究,明确锈蚀对钢绞线变形、强度以及弹性模量等参数的影响,探究其破断机理,进而建立锈蚀钢绞线简化本构关系模型。

(2)锈蚀预应力筋表面蚀坑概率分布特征

通过人工气候箱快速锈蚀试验获取锈蚀预应力钢绞线试件。结合蚀坑几何形状的观测结果和钢丝蚀坑深度、宽度及深宽比等参数,探讨锈蚀预应力筋蚀坑几何尺寸的分布规律。将钢丝锈蚀最严重部位的蚀坑作为研究对象,对蚀坑几何尺寸的概率分布特征进行了研究。

(3)预应力筋锈蚀引起混凝土保护层锈胀开裂机制

开展不同预应力状态下混凝土锈胀开裂试验,明确锈蚀产物在开裂混凝土中的填充规律,建立铁锈填充率与裂缝宽度之间的关系,揭示预应力钢绞线锈蚀产物的膨胀及混凝土开裂规律,分析预应力对混凝土锈胀开裂的影响。综合考虑预应力、铁锈膨胀率和混凝土开裂损伤等因素,建立开裂初始和发展全过程的锈胀裂缝预测模型。分析混凝土锈胀开裂对预应力、混凝土强度、铁锈膨胀率和钢绞线直径等因素的敏感性。

(4)锈蚀钢绞线和混凝土间黏结滑移模型

设计具有较长黏结长度的拉拔试件,通过快速锈蚀得到不同的锈蚀率,进而开展拉拔试验。探究钢绞线锈蚀对试件混凝土保护层崩裂、钢绞线滑移旋转、破坏模式以及荷载-滑移性能等的影响。在此基础上,对钢绞线局部黏结滑移特征进行探究,给出了局部黏结滑移模型,进而建立锈蚀钢绞线黏结滑移退化模型。

(5)压浆缺陷、预应力筋锈蚀及其共同影响下预应力混凝土梁抗弯性能试验研究

设计预应力混凝土梁进行试验,分别研究缺陷压浆类型、压浆缺陷下预应力筋锈蚀和密实压浆下预应力筋锈蚀对预应力混凝土梁抗弯性能的影响。探究缺陷压浆类型、位置和长度等对裂缝开展、刚度变化和承载力退化的影响。锈蚀方面,各试件间设计较大的锈蚀率间隔,重点考察预应力筋严重锈蚀时构件抗弯性能退化规律。此外,对锈蚀过程中构件的刚度变化规律、锈蚀黏结退化下预应力筋和混凝土的变形协调性以及对承载力的影响等也分别进行了研究。

(6)缺陷压浆及预应力筋锈蚀影响下预应力混凝土梁(简称PC梁)受弯响应全过程模拟方法

分析锈蚀预应力筋和混凝土的弹性变形改变对锈蚀预加力损失的影响,提出锈蚀剩余预加力计算方法,进而明确预应力筋锈蚀后PC梁的预受力状态。在此基础上,考虑锈蚀预应力筋面积损失、力学性能退化以及缺陷压浆段预应力筋与混凝土变形不协调等影响,建立缺陷压浆及预应力筋锈蚀后PC梁抗弯性能全过程分析方法,提出了不对称变形下构件挠度预测方法。

(7)预应力筋锈蚀影响下PC梁裂缝宽度和刚度预测模型

通过PC梁预应力筋锈蚀和抗弯性能试验,研究了试验梁的裂缝分布规律、裂缝宽度、挠度、预应力筋的应变、截面的破坏形式等,深入分析预应力筋锈蚀对梁裂缝宽度、截面刚度的影响,建立预应力筋锈蚀影响下PC梁裂缝宽度计算模型及短期刚度计算模型,并对其计算精度进行了验证。

(8)锈蚀黏结退化下预应力筋与混凝土不协调变形量化和承载力计算方法

基于前面建立的预应力筋锈蚀黏结退化模型,将锈蚀黏结退化表示为锈蚀率的函数,对比预应力筋所受拉力与有效黏结力的相对关系,确定锈蚀预应力筋黏结滑移区的范围,通过建立滑移区的整体变形协调关系对其不协调变形进行量化,进而应用于PC梁锈蚀黏结退化后的抗弯承载力计算评估。

第 2 章　预应力筋锈蚀特征及力学性能退化

在长期不利环境作用下,易导致预应力筋的锈蚀[144]。由于高应力的影响以及其特有的材料组成和构造形式,预应力筋的锈蚀较普通钢筋更为复杂。除常规的电化学锈蚀外,预应力筋还存在应力锈蚀、缝隙锈蚀等多种形式,不仅加快了其锈蚀速率,导致较为明显的坑蚀特征,还使得预应力筋表面出现很多微裂纹,使其微观结构受损[27-28]。预应力筋锈蚀后,力学行为退化明显,极易发生脆性断裂,对桥梁结构的服役性能十分不利[145-146]。近年来,国内外出现了多起预应力筋锈蚀导致的桥梁倒塌事故[11-16,147]。准确把握预应力筋锈蚀后力学性能是进行桥梁抗力评估、避免事故发生的重要前提。

目前,一些学者对预应力筋锈蚀后的力学性能开展了试验研究。研究表明:钢绞线锈蚀后的拉伸力实质上取决于单根钢丝的最大锈蚀程度,钢绞线的名义极限强度、名义弹性模量、极限延伸率和塑性变形能力随锈蚀率的增加迅速衰减,尤其是塑性变形退化明显,当锈蚀率大于 9.9% 时,钢绞线不再具备塑性特征[42,48]。李富民等[49]发现氯盐环境下预应力筋具有典型的坑蚀特征,对断口形式和受拉变形能力影响很大,但对其名义弹性模量影响较小。上述研究中预应力筋的锈蚀都是在无应力状态下进行的,与其实际的锈蚀状况有所差异。

应力作用下锈蚀预应力筋的力学性能退化规律可能会更加复杂。Vu 等[28]发现应力作用下锈蚀预应力钢丝的弹性模量和屈服强度退化明显,但在无应力作用时锈蚀对其弹性模量和屈服强度影响很小。曾严红等[50]基于电化学快速锈蚀情况下试验研究了应力作用下锈蚀预应力钢绞线的力学特征,并建立了锈蚀预应力筋应力应变关系模型。该试验中的钢绞线采用通电快速锈蚀的方法进行锈蚀,与预应力筋的服役环境下的锈蚀状况略有差异。

高应力下预应力筋的锈蚀复杂,存在应力锈蚀等多种锈蚀形态,受锈蚀介质和锈蚀条件的影响较大,常规的试验室通电快速锈蚀可能会与其实际的锈蚀有一定差异。不同锈蚀环境下,预应力筋的锈蚀特征和力学行为必然也会存在一定的差异。准确把握预应力筋实际的锈蚀状况是进行其力学性能研究的重要前提。一些学者通过实桥拆除获取锈蚀预应力筋对其受力性能进行研究[39,51],但由于可获取的样本量有限,其锈蚀率通常较为集中,无法全面了解不同锈蚀程度下预应力筋力学性能退化规律。

为此,通过人工气候环境模拟锈蚀环境喷洒盐雾,对预加应力作用下钢绞线进行锈蚀,获取了 24 根不同锈蚀率预应力钢绞线样本,采用拉伸试验和电镜扫描试验对其力学性能和锈蚀形态进行研究,明确锈蚀对钢绞线变形、强度以及弹性模量等参数的影响,探究其破断机理,进而建立锈蚀钢绞线简化本构关系模型。

2.1 预应力筋锈蚀形式及特点

2.1.1 预应力筋锈蚀特征

设计24根试件,包括3根未锈蚀钢绞线对比试件和21根锈蚀钢绞线试件。试验钢绞线采用直径为15.2mm、强度为1860MPa的7丝捻制钢绞线。钢绞线生产商为湖南湘辉金属制品有限公司,其最大张拉力为267kN,非比例延伸力为257kN,极限抗拉强度为1910MPa,屈服强度为1830MPa,弹性模量为193GPa,伸长率为5.5%,每延米质量为1109g。

为模拟实际工程中高应力工作状态,钢绞线被张拉在一个专门设计的钢框架上,如图2.1所示。该框架由工字钢焊接组成,可以同时张拉两根预应力钢绞线。为防止钢框架的锈蚀及其对钢绞线锈蚀存在原电池效应等影响,通过多层涂刮防锈漆和环氧树脂等方法对钢框架进行了防腐、隔缘处理。同时,为了方便钢绞线锈蚀后的放张取出,设计了一个专门的钢绞线放张装置,如图2-1所示。装置的中腔填满细沙,放张时只需将螺柱拧开放出细沙,操作十分方便。

a)钢绞线张拉钢框架

b)放张装置

图2-1 钢绞线锈蚀试件

钢绞线穿过放张装置、压力传感器和钢框架,一端采用挤压锚,另一端采用可二次张拉锚具进行张拉。通过压力传感器和二次张拉锚具可对张拉应力进行精确控制。钢绞线的控制张拉应力为$0.75f_{py}$(f_{py}为钢绞线屈服强度)。预加力作用下,放张装置中的细沙压实会导致一定的预应力损失。因此,钢绞线张拉后,需静置一段时间,带压力传感器读数稳定后,通过二次张拉锚具再次进行应力调整。

张拉钢绞线试件应力稳定后,将其置于人工气候环境下模拟试验室,进行人工环境下钢绞线快速,如图2-2所示。通过人工气候环境模拟试验室,控制气候模拟试验室的温度保持在20℃左右,使用质量浓度为5%的NaCl水溶液,进行间隔性盐雾喷洒。盐雾由试验室顶部喷头喷出,每间隔2h喷洒2h,整个喷洒过程由计算机自动控制。

24根试件共分为8个批次进行人工气候环境下快速锈蚀试验,分别设计不同的锈蚀时间,根据锈蚀时间的不同进行编号,试件的锈蚀时间和编号见表2-1。试件的编号均有S加两个数字组成,其中S表示试件,第一个数字表示锈蚀的时间(月),第二个数字表示锈蚀时间相同的不同钢绞线编号。

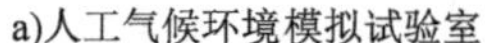

a)人工气候环境模拟试验室

b)中心控制室

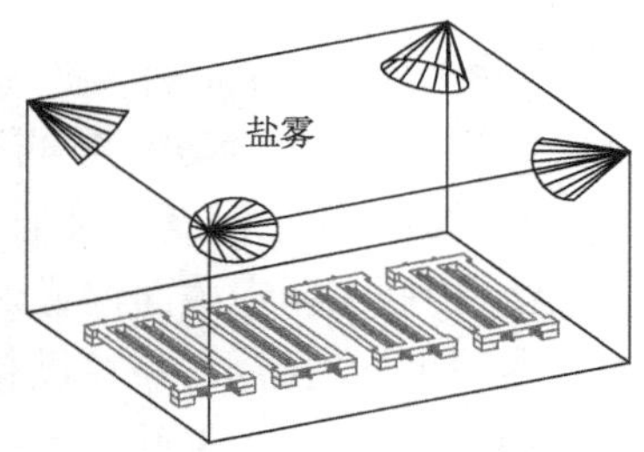

c)试件锈蚀简图

图 2-2　人工气候环境下钢绞线快速锈蚀

试件编号及锈蚀时间　　表 2-1

试件编号	S01,S02,S03	S11,S12,S13	S21,S22,S23	S31,S32,S33	S41,S42,S43	S51,S52,S53	S61,S62,S63	S71,S72,S73
锈蚀时间(月)	0	1	2	3	4	5	6	7

在试验过程中,要定期检查喷洒盐雾的喷头是否堵塞。如堵塞,需及时疏通,每天按时对锈蚀钢绞线便面进行观察。不同时期,钢绞线的锈蚀形态如图 2-3 所示。随着锈蚀时间的推移,钢绞线的锈蚀逐渐加深,然而各阶段具有各自的锈蚀特点。初期,钢绞线的锈蚀首先发生在各钢丝的间隙之间,各钢丝的接触面之间存在较为明显的缝隙锈蚀,钢绞线表面仅存在少量的局部锈蚀点。随着锈蚀时间的增加,钢绞线的各钢丝表面的锈蚀变得更为强烈,而各钢丝缝隙间的锈蚀逐渐削弱,其主要原因可能是锈蚀产物在缝隙间的堆积阻隔有害离子的传播途径,而有害离子在钢绞线表面则更容易传播。该阶段钢绞线表面锈蚀较为均匀,锈蚀产物均附在钢绞线表面。随着锈蚀时间的进一步增加,钢绞线表面锈蚀产物覆盖层剥离,直接导致钢绞线表面锈蚀速率加剧,出现明显的条状锈蚀痕迹,此时,钢绞线表面的局部区域锈蚀较为明显。

a) 锈蚀0d

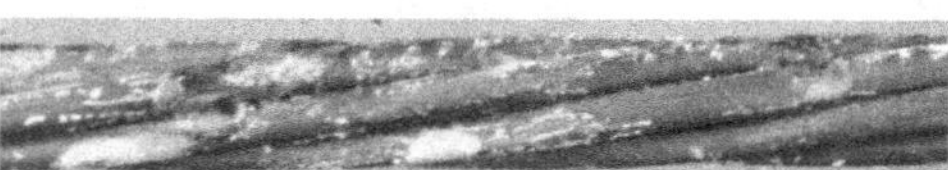

b) 锈蚀15d

c) 锈蚀60d

d) 锈蚀120d

图 2-3　锈蚀过程中钢绞线形态

待钢绞线锈蚀到设计的锈蚀时间,将钢框架整体移出。拧松放张装置螺柱,放出其中腔细沙进行钢绞线放张。放张后,用切割机切掉钢绞线两端锚具,将其取出进行清洗。首先采用浓度为 12% 的盐酸溶液进行浸泡刷洗,随后用石灰水溶液进行酸碱中和,再用清水清洗干净;用吸水纸吸取表面液体,吹风机加速蒸发,随后置于通风处进一步晾干;然后对钢绞线的长度和质量进行力精确的测量,用以测定其质量锈蚀率。上述步骤完成后,将钢绞线至于密封干燥袋中,以备拉伸试验。

拉伸试验完成后,将钢绞线取下拆出各钢丝进行检查,发现在钢绞线个钢丝缝隙之间还夹杂着一些锈蚀产物无法被清理干净。可见,拉伸试验前所称取的钢绞线质量必然还包含着部分锈蚀产物,由此计算得到的质量锈蚀率必然比实际值偏小。为此,试验中采用截面轮廓法对钢绞线锈蚀率进行了再次测定。

所谓截面轮廓法是一种通过锈蚀钢绞线断面轮廓测定其剩余截面积的方法。首先,将钢绞线/钢筋在测定截面位置处截断,在断面上涂抹颜料;其次,将断面轮廓拓印至方格纸或印有参照坐标的纸上,并经过扫描等手段输入计算机;最后,通过计算机辅助软件,如 CAD 等,借助方格尺寸或参照坐标对拓印轮廓截面积进行测定,进而计算得到较为精准的截面损失率。

试验中,对每根钢绞线都进行了 3 个断面的锈蚀率测点,其测试位置位于引伸仪标距范围内。钢绞线拉伸试验之前,在相应测点位置处各钢丝上画出标记;拉伸试验完成后,取下钢绞线,采用线切割技术对标记处各钢丝进行切割,保证切割方向与各钢丝轴向垂直;钢丝切断后,对端口附近进行再次清洗,移除钢丝内部残留锈蚀物。考虑到钢绞线的极限荷载由最不利截面控制,故采用三个测试结果中的最小值作为钢绞线的表征截面锈蚀率。各钢绞线试件的质量锈蚀率和截面锈蚀率见表 2-2。

钢绞线试件锈蚀率　　表 2-2

试件编号	锈蚀时间(月)	质量锈蚀率 η_m(%)	截面锈蚀率 η_s(%)	试件编号	锈蚀时间(月)	质量锈蚀率 η_m(%)	截面锈蚀率 η_s(%)
S11	1	1.23	4.34	S43	4	8.03	10.7
S12	1	1.21	3.39	S51	5	9.45	11.5
S13	1	2.21	5.23	S52	5	9.04	12.1
S21	2	4.45	7.34	S53	5	9.89	13.3
S22	2	4.08	8.04	S61	6	14.2	21.3
S23	2	4.23	7.99	S62	6	15.4	18.7
S31	3	6.31	9.12	S63	6	16.1	18.9
S32	3	5.67	8.78	S71	7	17.5	27.5
S33	3	5.99	9.03	S72	7	16.4	24.6
S41	4	8.41	10.4	S73	7	16.3	25.4
S42	4	7.89	10.3				

各钢绞线试件的质量锈蚀率均较截面锈蚀率小。捻制钢绞线各钢丝的缝隙间填充有较多的锈蚀产物无法清除,这是导致上述两个锈蚀率不同的主要原因。因此,试验采用截面锈蚀率对钢绞线的锈蚀程度进行衡量。在对钢绞线钢丝的切割过程中发现钢丝缝隙间的锈蚀程度比钢丝表面的锈蚀程度要低,其原因可能是由于锈蚀产物在缝隙中的填积而导致锈蚀介质无法达到缝隙内部钢丝表面。

2.1.2　预应力筋锈蚀微观损伤

拉伸试验后,取出钢绞线边丝断口处的一小段试样,采用 S-3000N 电子显微镜进行电镜扫描(SEM),如图 2-4 所示。试验共取出 4 个试样,分别来自未锈蚀的对比试件 S01 和锈蚀时间分别为 2 个月、5 个月和 7 个月的 S21、S51 和 S71。试样长约 10mm,平铺置入电子显微镜扫描舱中,以观察锈蚀对钢绞线表面形态的影响。

各锈蚀试样的电镜扫描结果如图 2-5 所示。对于未锈蚀的对比试样 S01,其表面相对光滑,而其他锈蚀试样钢丝表面均发现了不同形式的微裂纹。可见,高应力下钢绞线在常规的截面积锈蚀的同时,还伴随着应力锈蚀和氢脆等其他的锈蚀形式,使得钢绞线表面出现微裂纹。一些学者研究发现:在特定条件下,钢绞线锈蚀存在应力锈蚀和氢脆现象,金属发生了闭塞电池锈蚀,锈蚀过程中会在析出氢,释出的氢进入金属引起氢脆,进而导致氢致开裂[29]。

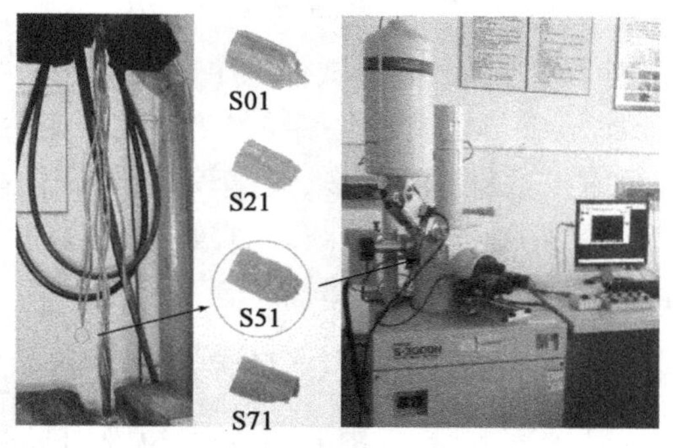

图 2-4　电镜扫描(SEM)试验

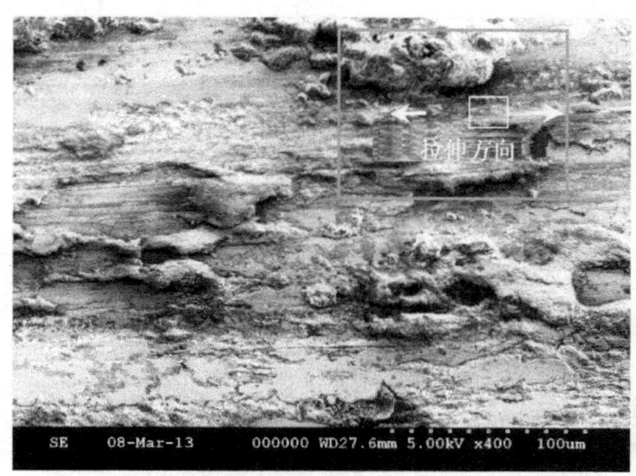

a)未锈蚀试件S01,×400

b)锈蚀试件S21,×400

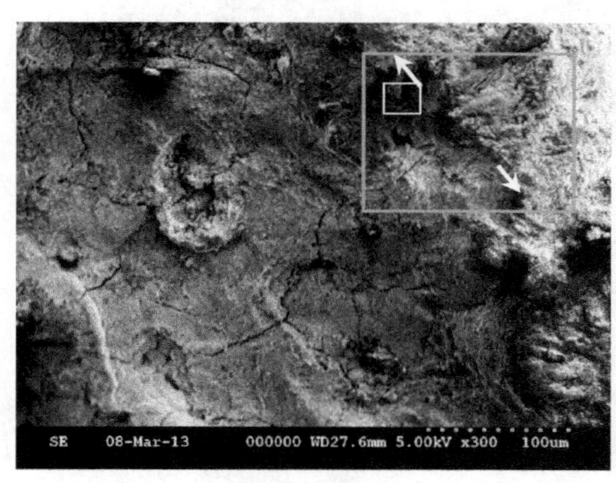

c)锈蚀试件S51,×300

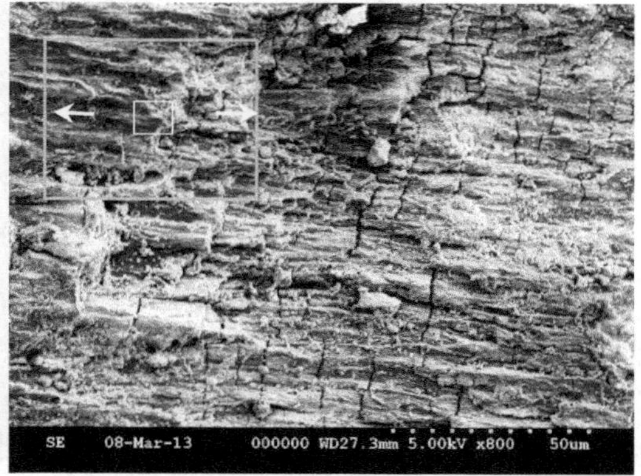

d)锈蚀试件S71,×800

图 2-5　电镜扫描结果

钢绞线表面微裂纹的存在可能会使得钢绞线在荷载作用下发生应力集中,导致钢绞线发生脆性破坏。此外,锈蚀介质可能沿着这些微裂纹到达钢丝内部,增大了锈蚀介质与钢丝的接触面积,从而加快钢绞线的锈蚀速率。一些学者发现相同锈蚀媒介下,高应力下钢丝质量锈蚀率比无应力作用时快 10% ~15%[28]。

不同锈蚀率下,钢丝表面的裂缝形态略有不同。对于锈蚀时间为两个月的试件 S21,其表面微裂纹数量少,长度较短,约 30μm,裂缝基本浮于构件表面,并且裂纹走向不规则;对于锈蚀时间为 5 个月的试件 S51,其表面裂缝较试件 S21 更为明显,数量较多,长度变长,约 80um,裂缝较宽,较深,裂缝发展方向规则性较差。对于锈蚀时间为 7 个月的试件 S71,其表面微裂纹数量明显增多,裂缝较宽,较深,缝长约 40μm,其扩展方向基本与应力防线垂直。随着锈蚀的增加,钢绞线表面微裂纹在宽度和深度上增加明显,但在裂纹的长度和扩展方向上没有发现明显的规律性。

2.2 锈蚀钢绞线力学性能

锈蚀完成后,采用 LAW-600 电液伺服钢绞线拉力试验机对钢绞线进行拉伸试验,如 2-6 所示。试验过程中,以位移控制加载速度,按 1mm/min 的速率进行加载。试验机自动读取荷载数据,采用 JZ-73 引伸仪对其伸长量进行测量。根据《预应力混凝土用钢绞线》(GB/T 5224—2014)的规定,伸长量测定标距取为 500mm,如图 2-6c)所示。为防止引伸仪的损坏,当钢绞线出现第一根断丝时即认为钢绞线达到极限拉力,取下引伸仪,并获取该阶段之前的钢绞线拉伸荷载-挠度曲线。随后按 2mm/min 的速率继续试验,直至钢绞线各丝管断裂后,以观察锈蚀对钢绞线断裂形态的影响。

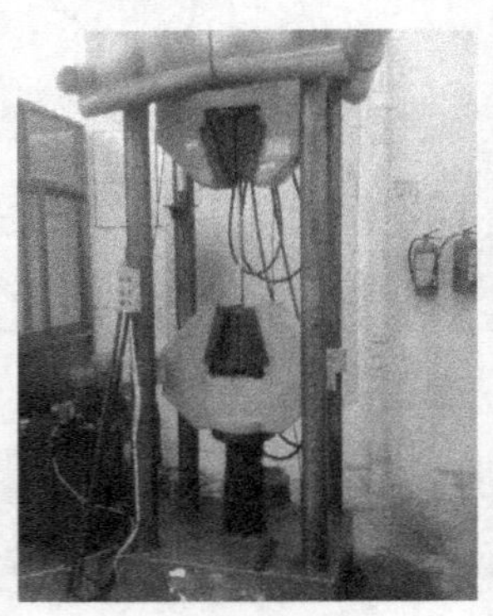

a)拉力试验机

b)钢绞线安装

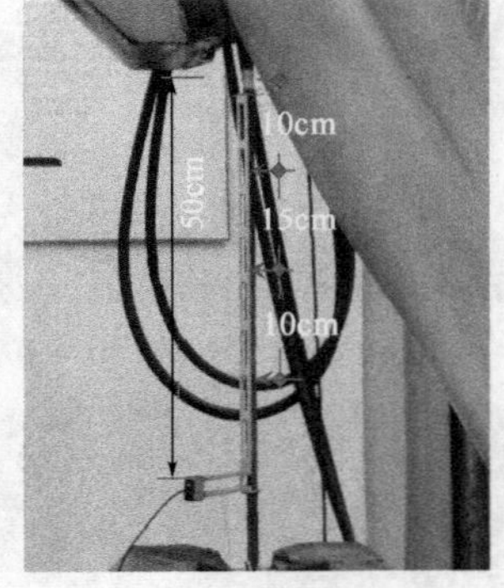

c) 引伸仪安装

图 2-6 钢绞线拉伸试验

拉伸试验中,不同锈蚀率的钢绞线试件表现出不同的断裂形态。对于未锈蚀或轻微锈蚀的钢绞线,其拉伸变形性能良好,屈服后会经历较大的塑性变形,随后钢绞线所有的 7 根钢丝几乎同时断裂,伴随着震耳的响声和大量的能量损失,各丝断口位置相对集中。对于锈蚀较为严重的钢绞线,拉伸变形能力明显退化,其断裂通常开始于锈蚀较为严重的一根或几根钢丝,发出的声音也比较小,同时引起荷载的降低。随着试验的继续进行,荷载值又逐渐增大,变形也继续增加,相继又会有新钢丝断裂,直至所有钢丝断裂,各丝端口位置较为分散。

试验完成后,根据试验机读取荷载数据和引伸仪测得的伸长量绘制得到各试件荷载-变形曲线,如图 2-7 所示。由于试验样本较多,数据较为繁杂,为使图形清晰,将未锈蚀钢绞线以及各批次中锈蚀时间相同的钢绞线分别绘制在不同的图中。观察图 2-7a)可以发现:三根未锈蚀钢绞线的荷载-变形曲线基本一致,极限变形略有差异,这表明试验所用钢绞线力学性能离散性低。为方便比较，仅选用其中一根（编号为 S01）作为未锈蚀对比试件进行分析。

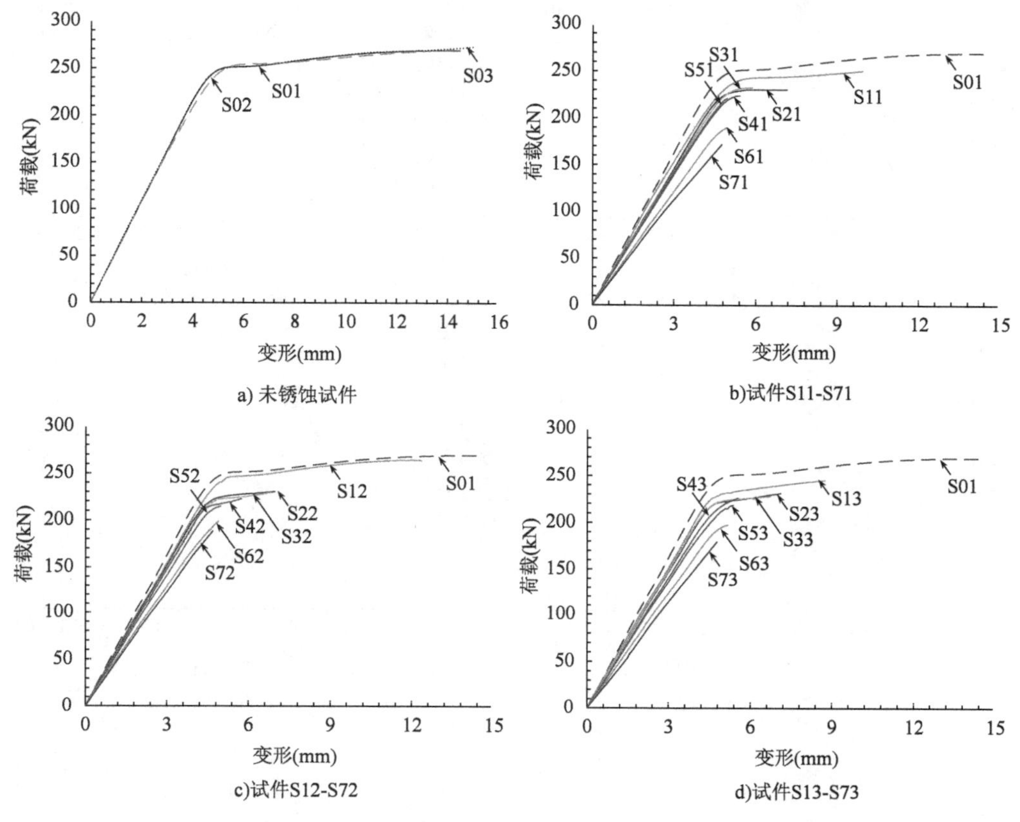

a) 未锈蚀试件　b)试件S11-S71　c)试件S12-S72　d)试件S13-S73

图 2-7　钢绞线荷载-变形曲线

对于锈蚀钢绞线试件，其荷载-变形曲线受锈蚀影响较大。随着锈蚀时间的增加，钢绞线的极限荷载和变形均有一定程度的降低。对于锈蚀时间较短的试件，其荷载-变形曲线分为明显的两个阶段：屈服前的弹性变形阶段和屈服后的弹塑性变形阶段。锈蚀钢绞线试件的极限变形随着锈蚀率的增加而减小。对于锈蚀时间较长的试件，尤其是当其锈蚀时间超过 5 个月时，钢绞线的荷载-变形曲线仅存在弹性变形阶段。达到屈服荷载时，钢绞线将会立即断裂，其极限变形明显降低。锈蚀导致钢绞线的破坏模式由延性破坏向脆性破坏转变。

2.2.1　应力-应变曲线

通过拉伸试验荷载-变形曲线以及钢绞线试件的实测锈蚀率，对钢绞线试件荷载作用下的应力、应变值进行计算，得到相应的应力-应变曲线，如图 2-8 所示。由于试验样本较多，数据较为繁杂，为使图形清晰，分别将各批次中锈蚀时间相同的钢绞线应力-应变曲线分别绘制，并将锈蚀时间为 1 ~4 个月的试件以及 5 ~7 个月的试件也分开进行绘图。需要指出的是，本书中钢绞线应力为拉伸实测荷载与钢绞线锈蚀后剩余截面积的比值；钢绞线应变为引伸仪实测伸长量与其测量标距的比值。

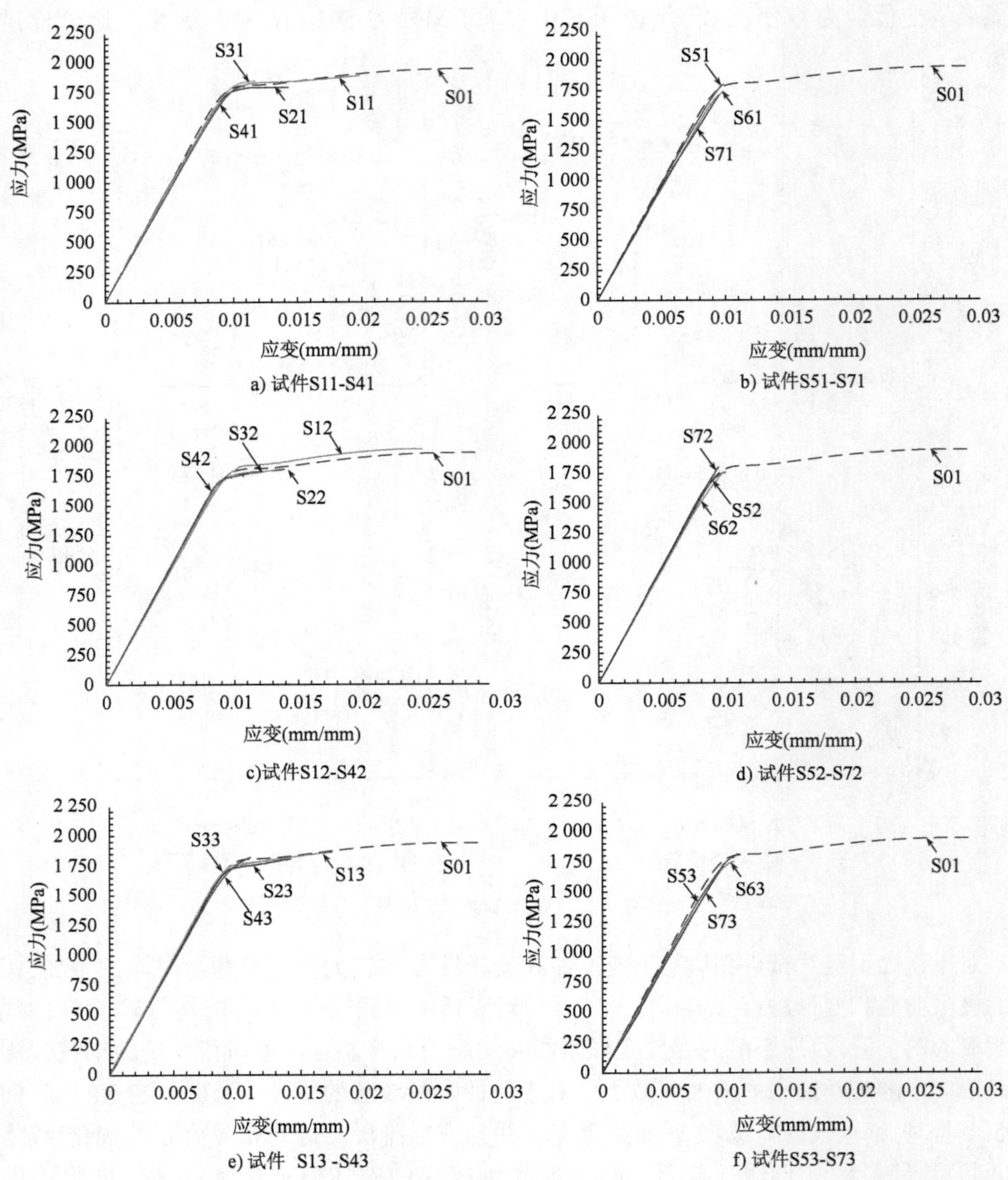

图 2-8　钢绞线应力-应变曲线

所有试件的应力应变曲线在其弹性变形阶段基本形同，其差异主要表现在钢绞线屈服之后。对于未锈蚀的对比试件 S01，其应力应变曲线分为明显的三个阶段：弹性变形阶段、屈服阶段和强化阶段。对于锈蚀时间在 1 ~4 个月之间的试件 S1N - S4N(N = 1,2,3,4)，其应力应变曲线也分为较为明显的多个阶段。钢绞线在弹性变形后尚能进入屈服阶段或强化阶段，但其极限应变较未锈蚀试件退化明显。钢绞线锈蚀率越大，极限应变退化越明显。对于锈蚀时间在 5 ~7 个月的试件 S5N-S7N，其应力应变仅存在弹性变形阶段，所有的钢绞线几乎都在屈服点附近断裂，试件的极限应变与屈服应变基本相同。

可见，锈蚀对钢绞线的屈服之前的弹性模量影响较小，对极限变形影响较大。对于轻度锈蚀的构件，其极限应变随着锈蚀率的增加而逐渐减小；当锈蚀率达到一定的临界值时，钢绞线几乎在屈服点附近断裂，其极限应变与屈服应变相等。本书以应力-应变曲线进入屈服平台时作为钢绞线的屈服状态，以钢绞线断裂作为其极限状态，以弹性阶段应力-应变曲线的斜率作为弹性模量，对各试件的屈服应变、极限应变、屈服强度、极限强度和弹性模量等力学参数进行了确定，见表 2-3。现将锈蚀对上述各参数的影响进行详细分析。

钢绞线各项力学性能指标　　表 2-3

试件编号	锈蚀率 η_s（%）	屈服应变 ε_{py}	极限应变 ε_{pu}	屈服强度 f_{py}（MPa）	极限强度 f_{pu}（MPa）	弹性模量 E_p（ 10^5 MPa）
S01	0	0.009 9	0.028 9	1 781	1 938	1.95
S02	0	0.010 3	0.028 4	1 785	1 944	1.89
S03	0	0.010 4	0.029 8	1 812	1 956	1.94
S11	4.34	0.010 3	0.019 9	1 785	1 884	1.89
S12	3.39	0.010 1	0.024 7	1 798	1 967	1.92
S13	5.23	0.010 3	0.017 5	1 760	1 862	1.92
S21	7.34	0.010 2	0.014 3	1 768	1 790	1.88
S22	8.04	0.009 9	0.013 9	1 756	1 803	1.98
S23	7.99	0.009 7	0.014 2	1 734	1 811	1.92
S31	9.12	0.010 5	0.011 7	1 823	1 841	1.89
S32	8.78	0.009 8	0.013 6	1 755	1 809	1.95
S33	9.03	0.009 6	0.013 4	1 757	1 804	1.96
S41	10.4	0.010 1	0.010 8	1 774	1 798	1.86
S42	10.3	0.009 6	0.011 5	1 736	1 785	1.97
S43	10.7	0.010 5	0.011 1	1 795	1 822	1.90
S51	11.5	0.009 9	0.009 9	1 797	1 797	1.90
S52	12.1	0.009 9	0.009 9	1 756	1 756	1.93
S53	13.3	0.010 7	0.010 7	1 814	1 814	1.88
S61	21.3	0.009 9	0.009 9	1 734	1 734	1.85
S62	18.7	0.009 8	0.009 8	1 759	1 759	1.89
S63	18.9	0.010 3	0.010 3	1 752	1 752	1.83
S71	27.5	0.009 5	0.009 5	1 706	1 706	1.82
S72	24.6	0.009 4	0.009 4	1 799	1 799	1.96
S73	25.4	0.009 5	0.009 5	1 735	1 735	1.84

2.2.2　屈服应变和极限应变

各钢绞线试件的屈服应变、极限应变与锈蚀率的关系如图 2-9 所示。钢绞线锈蚀对其屈服应变和极限应变表现出不同的影响。锈蚀对钢绞线屈服应变影响较小。随着锈蚀的增加，钢绞线的屈服应变略有减小，基本保持在 0.01 附近波动。钢绞线的极限应变随着锈蚀率的增加表现出不同的变化规律。当锈蚀程度较低时，钢绞线的极限应变对锈蚀率的增加几乎呈线性减小；当钢绞线锈蚀率大于 11% 左右时，其极限应变与屈服应变相等，钢绞线极限应变退化明显减缓，随着锈蚀率的增加略有减小。锈蚀对钢绞线屈服应变退化的影响很小；锈蚀钢绞线的极限应变随着锈蚀率的增加而呈线性递减，直至退化至某一临界值后保持稳定。

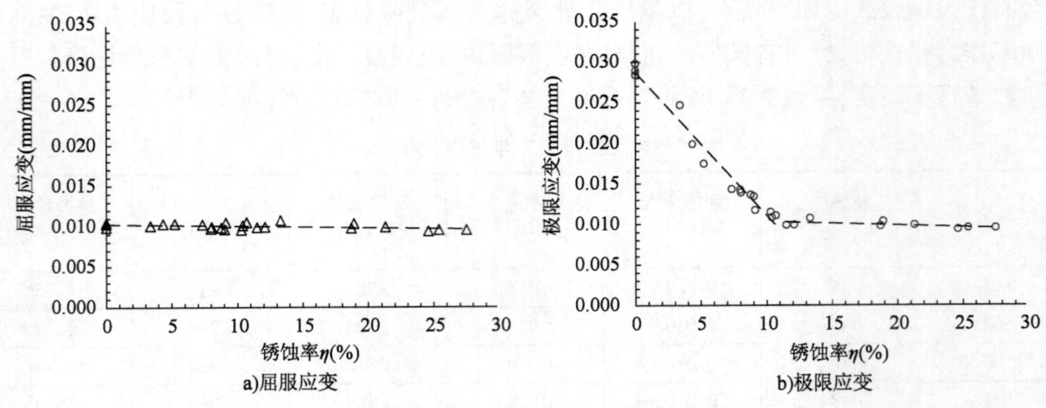

图 2-9 钢绞线屈服应变和极限应变与锈蚀率的关系

2.2.3 屈服强度和极限强度

各钢绞线试件的屈服强度、极限强度与锈蚀率的关系如图 2-10 所示。钢绞线锈蚀对其屈服强度的影响较小。随着锈蚀率的增加，钢绞线屈服强度略有降低，但降低的幅度并不明显。钢绞线的极限应变，随着锈蚀率的变化表现出不同的变化规律。当钢绞线锈蚀率较低时，其极限应变退化较为明显，几乎呈线性递减；但当锈蚀率超过 11% 左右时，各钢绞线的极限应变基本保持相等，其值随着锈蚀率的增长而退化缓慢。不同锈蚀率下，钢绞线的极限应变值拟合趋势线具有明显的双折线特征。锈蚀对钢绞线屈服强度退化的影响很小；钢绞线的极限强度随着锈蚀率的增加而逐渐减少，但当锈蚀率大于某一临界值时，其对钢绞线极限应变的影响基本保持不变。

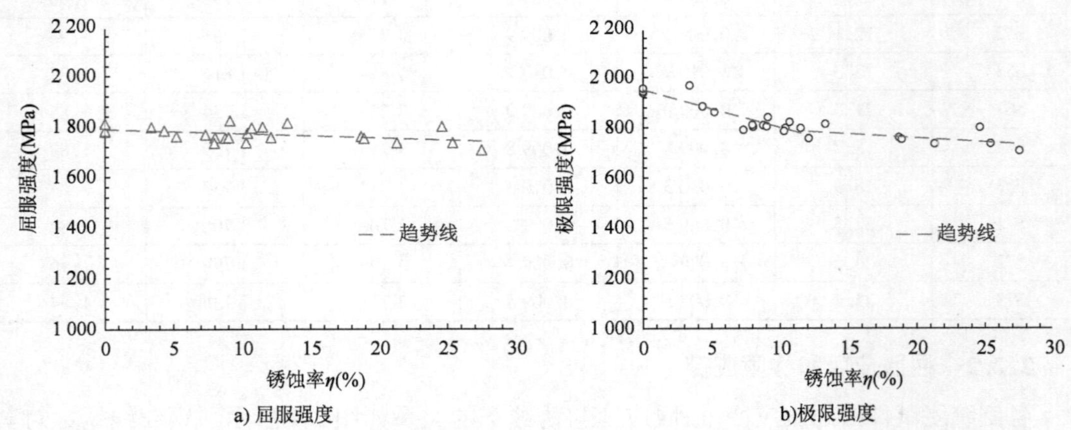

图 2-10 钢绞线屈服强度和极限强度与锈蚀率的关系

2.2.4 弹性模量

不同锈蚀率钢绞线的弹性模量如图 2-11 所示。钢绞线锈蚀对其弹性模量影响较小。随着钢绞线锈蚀率的增加，其弹性模量略有降低，但降低的幅度很少。未锈蚀 3 根对比试件的平均弹性模量值为 1.925　10^5MPa，与此相比，弹性模量退化最明显的试件 S71，其弹性模量约减小 5.33%，其他锈蚀试件的弹性模量退化值均在这个范围以内。对于锈蚀试件 S22、S32、S33、S42、S52 和 S72 其弹性模量值较对比试件平均弹性模量值甚至略有增加，当然这也不排除材料性能不确定性以及试验测试误差的影响。

2.2.5　锈蚀影响机理分析

锈蚀对钢绞线弹性阶段的力学行为影响较小，其引起的钢绞线屈服强度、屈服应变和弹性模量等退化很少。锈蚀对钢绞线屈服之后的力学行为影响较大，导致钢绞线发生脆性破坏。钢绞线的极限应变和极限强度随着锈蚀率的增加而呈线性减少，严重锈蚀钢绞线几乎在屈服点后就发生破坏，此时钢绞线的极限应变、极限强度分别与屈服应变、屈服强度相等。锈蚀钢绞线的应力-应变曲线由双向性模型逐渐向单线性模型转变。

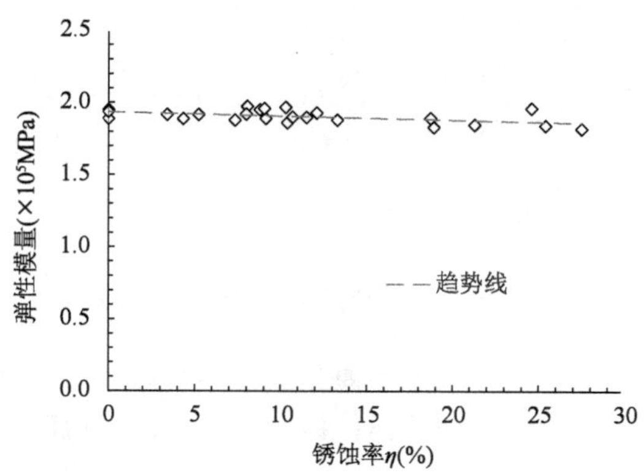

图 2-11　钢绞线弹性模量与锈蚀率的关系

锈蚀对钢绞线上述力学性能的影响，可以通过钢绞线的锈蚀特征及表面微裂纹来解释。首先，锈蚀虽然导致钢绞线截面积减少以及微观结构损伤，但并未引起钢绞线材料组成的改变。其次，锈蚀钢绞线的捻制形态尚未破坏。钢绞线的锈蚀虽然开始于钢丝间的缝隙，但随着锈蚀的增加而逐渐发生改变，最后的锈蚀截面损伤主要集中在外钢丝表面。钢绞线中丝以及和各边丝的接触面锈蚀轻微，钢丝之间不存在明显缝隙，锈蚀对钢绞线捻制特征影响很小，荷载作用下各钢丝能够共同受力。因此，锈蚀对钢绞线弹性模量退化影响很少。

钢绞线表面微裂纹的存在是引起钢绞线脆性破坏，极限变形和极限强度退化的直接原因。正如前文所述，高应力下锈蚀钢绞线的表面存在微裂纹。线弹性阶段，钢绞线应变随荷载增长缓慢，此时微裂纹尚未能扩展联通，对钢绞线力学行为影响很少。钢绞线屈服后，其应变随荷载增长十分迅速，此时极易导致表面微裂纹的扩展联通，从而产生应力集中，导致钢绞线发生脆性破坏，使得极限强度和极限应变的减少。尤其是对于锈蚀较为严重的钢绞线，其表面微裂纹较宽、较深，一旦钢绞线屈服，微裂纹会立即扩展联通，引起脆断。

2.3　锈蚀钢绞线简化本构关系模型

锈蚀对钢绞线弹性阶段的应力-应变曲线影响较小，但对屈服后的应力-应变曲线影响较大。未锈蚀钢绞线的应力-应变曲线可采用弹性-硬化双线性模型表征。锈蚀钢绞线应力-应变曲线随着锈蚀率的增加存在一个明显的变化。对于轻微锈蚀的钢绞线，其应力-应变曲线亦可以采用双折线模型表示，但其极限应变需随着锈蚀率的增长而减少；当锈蚀率超过某一临界值时，钢绞线到达屈服荷载即发生断裂，其应力-应变曲线退化成单线性模型。忽视锈蚀钢绞线屈服强度、屈服应变以及弹性模量的退化，假设锈蚀钢绞线具有和未锈蚀钢绞线相同的屈服强度、屈服应变以及弹性模量。此外，假设其极限应变随锈蚀率的增长而线性递减，直至其值退化至屈服应变大小。根据上述试验结果和假设，可建立一个锈蚀钢绞线简化本构关系模型，如图 2-12 所示。

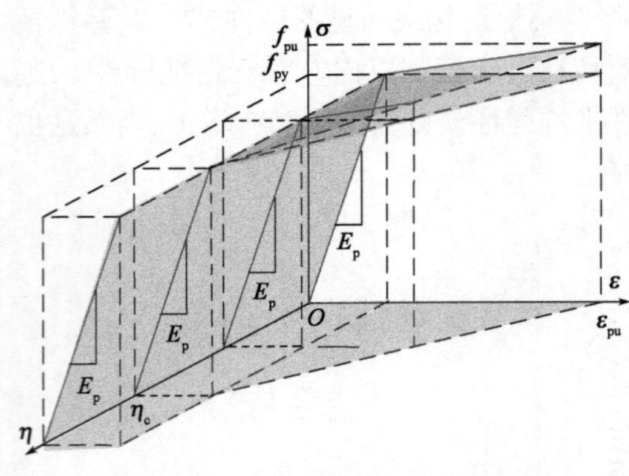

图 2-12　锈蚀钢绞线简化本构关系模型

三维示意图 2-12 中，x 轴表示应变，y 轴表示应力，z 轴表示锈蚀率，该图表示了钢绞线本构关系模型随锈蚀率的变化规律。为方便表述，本书定义引起锈蚀钢绞线应力-应变曲线由双线性模型退化成单线性模型的最小锈蚀率为临界锈蚀率 η_c，根据试验的观测结果，临界锈蚀率取值约为 11%。钢绞线的构模型随着锈蚀率的增加而发生改变。当锈蚀率小于临界锈蚀率时，钢绞线本构关系模型采用双线性模型，钢绞线的极限应变和极限强度随锈蚀率的增加而呈线性递减；当锈蚀率超过临界锈蚀率时，钢绞线本构关系模型退化成单线性模型。根据前文的观察结果，假设锈蚀钢绞线具有与未锈蚀钢绞线相同的弹性模量、屈服强度和屈服应变。因此，不同锈蚀率下钢绞线的本构关系模型可以表示为：

$$\sigma = \begin{cases} E_p\varepsilon & (\varepsilon \leqslant \varepsilon_{py}) \quad (\eta \leqslant \eta_c) \\ f_{py} + E_{pp}(\varepsilon - \varepsilon_{py}) & \left[\varepsilon_{py} < \varepsilon \leqslant \varepsilon_{pu} - \dfrac{\eta}{\eta_c}(\varepsilon_{pu} - \varepsilon_{py})\right] \quad (\eta \leqslant \eta_c) \\ E_p\varepsilon & (\varepsilon \leqslant \varepsilon_{py}) \quad (\eta > \eta_c) \end{cases} \tag{2-1}$$

式中：σ 为钢绞线应力；ε 为钢绞线应变；ε_{py}、ε_{pu}、f_{py}、f_{pu}、E_p 和 E_{pp} 分别为未锈蚀钢绞线的屈服应变、极限应变、屈服强度、极限强度、弹性模量和屈服后的强化模量；η_c 为对应锈蚀钢绞线本构关系退化的临界锈蚀率。

式(2-1)给出的本构关系表达式是一个通用公式。不同厂家、同一厂家不同批次生产的钢绞线之间，其弹性模量、屈服强度和极限强度等参数可能会存在一定的偏差。为此，本构关系模型中不便给出各参数的具体数值。实际应用时，只需测知未锈蚀钢绞线的弹性模量、屈服强度、极限强度等力学参数，带入式(2-1)即可得到相应钢绞线锈蚀后的本构关系表达式。

为验证锈蚀钢绞线简化本构关系模型的适用性，采用试验实测的本构关系曲线与简化模型预测结果进行了对比分析。简化模型中所需的未锈蚀钢绞线的弹性模量、屈服强度、极限强度等力学参数均采用试验中 3 根对比试件的相关取值的平均值。这些参数的取值分别为：弹性模量，1.925　10^5MPa；屈服强度，1 793MPa；极限强度，1 946MPa；屈服应变，0.0093；极限应变，0.029 0。此外，根据前文的讨论，取临界锈蚀率 11%。将上述参数带入式(2-1)，可以得到试验钢绞线锈蚀后的简化本构关系模型为：

$$\sigma = \begin{cases} 192\,500\varepsilon & (\varepsilon \leqslant 0.009\,3) \quad (\eta \leqslant 11\%) \\ 1\,720 + 7\,758\varepsilon & (0.009\,3 < \varepsilon \leqslant 0.029 - 0.18\eta) \quad (\eta \leqslant 11\%) \\ 192\,500\varepsilon & (\varepsilon \leqslant 0.009\,3) \quad (\eta > 11\%) \end{cases} \tag{2-2}$$

式中，将钢绞线应变值代入，即可得到钢绞线的应力值 σ，其单位为 MPa。

采用简化本构关系模型式(2-2)对试验试件 S01 ~ S71 的应力-应变曲线进行预测，并与其实测曲线进行对比，如图 2-13 所示。所有的试件，其应力-应变实测曲线和预测曲线吻合较好。对于未锈蚀试件 S01 和轻微锈蚀的钢绞线试件 S11 ~ S41，其应力-应变曲线由双折线组成，随着锈蚀率的增加，钢绞线屈服后极限应变和极限强度随着锈蚀率的增加而减少，其预测结果与试验结果吻合较好。对于锈蚀率超过 11% 的钢绞线试件 S51 ~ S71，其应力-应变曲线退化成单线性模型，所有试件具有相同的应力应变预测曲线。为方便对比，将这些试件的应力-应变曲线同时绘制于图 2-13f）。对比分析表明，这些试件的应力-应变实测曲线非常接近，与预测曲线吻合良好。

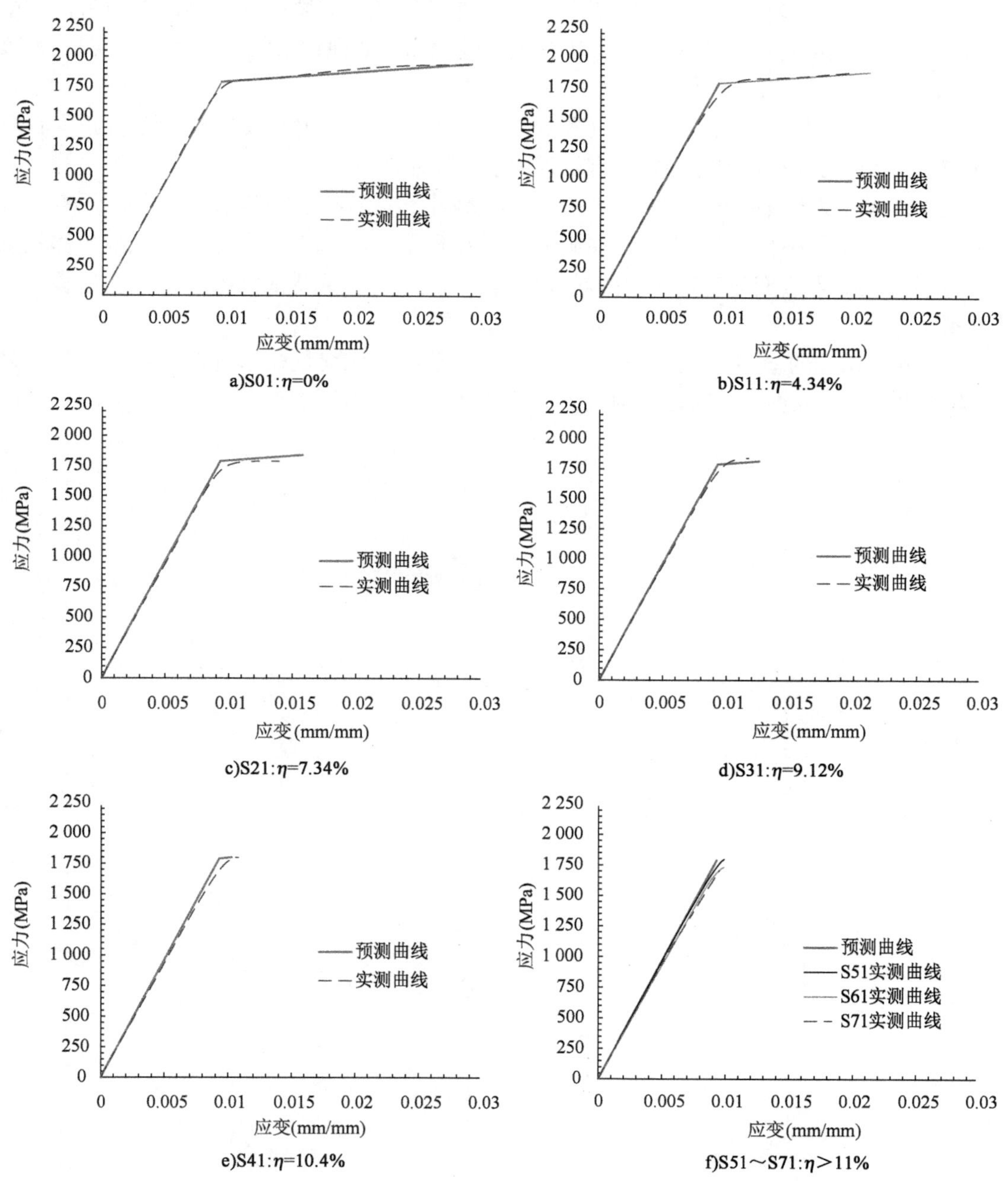

图 2-13　钢绞线应力-应变曲线预测值与实测值对比

2.4 本章小结

钢绞线锈蚀会引起其力学性能的退化,进而影响结构的使用性能。本章通过人工气候环境得到了不同锈蚀率钢绞线试件,并通过拉伸试验和电镜扫描试验对其锈蚀后的力学性能和锈蚀形态进行了研究,明确了锈蚀钢绞线力学性能退化规律,进而建立了锈蚀钢绞线简化本构关系模型,具体结论如下:

(1)人工气候环境下钢绞线的锈蚀首先发生在各钢丝的间隙之间,缝隙锈蚀特征明显,随后锈蚀向钢绞线表面转移,并主要集中在钢绞线表面。锈蚀钢绞线外表面坑蚀明显,而其内部钢丝缝隙面间锈蚀相对轻微。

(2)高应力下锈蚀钢绞线存在一些微裂纹。随着锈蚀率的增加,这些微裂纹宽度和深度逐渐增加,但其长度和扩展方向上没有发现明显的规律性。

(3)锈蚀对钢绞线弹性阶段的力学行为影响较小,其引起的钢绞线屈服强度、屈服应变和弹性模量等退化很少,但对钢绞线屈服之后的力学行为影响较大,导致钢绞线发生脆性破坏。钢绞线的极限应变随着锈蚀率的增加而呈线性减少,严重锈蚀钢绞线几乎在屈服后即发生破坏。

(4)随着锈蚀的增加,锈蚀钢绞线的应力-应变曲线由双向性模型逐渐向单线性模型转变,本书建立的锈蚀钢绞线简化本构关系模型具有较高的预测精度。

第3章 锈蚀预应力筋表面蚀坑概率分布特征

钢筋锈蚀是引起钢筋混凝土结构提前破坏的主要因素。历史上发生的一些工程事故，其中大部分与钢筋锈蚀相关。另外，由于钢筋埋设于混凝土内部，一些情况下可能混凝土外观十分完好，但其内部钢筋却已严重锈蚀，从而导致混凝土结构性能退化，使结构耐久性与承载力降低，甚至引起结构突然破坏，为结构的使用带来了隐患。

目前，一些学者已对钢筋锈蚀后的力学性能开展了试验研究[58-60]，发现钢筋锈蚀后强度、延性都会减弱；但也有少数学者认为锈蚀对于钢筋强度的影响较小[61-62]。钢筋锈蚀形态多为局部锈蚀，这些局部蚀坑的存在将会引起受力状态下的钢筋在蚀坑周围应力集中，导致钢筋受力性能的退化。已有学者采用有限元方法[63]，针对蚀坑进行了二维模型的分析，发现蚀坑宽度对钢筋力学性能影响较小，而蚀坑深度是影响钢筋力学性能退化的主要因素。

预应力筋由于材料的不均匀性、锈蚀环境的差异性以及预应力筋各部位受力大小不一等因素的影响，导致锈蚀预应力筋蚀坑的几何形状及尺寸也不尽相同。锈蚀预应力筋表面的蚀坑形状总体上可分为 4 种典型的形状，即马鞍形、椭球形、圆槽形和直切形[65]。蚀坑形状会伴随着锈蚀程度的增加而发生改变，在锈蚀程度较小时，容易形成椭球形或马鞍形的蚀坑，随着锈蚀程度增大，已有的蚀坑会不断发展并在纵向融合起来，形成较深的圆槽形蚀坑或直切形蚀坑。

锈蚀钢筋屈服强度、极限强度及延伸率随锈蚀率变化的规律，大多通过对不同锈蚀程度钢筋的拉伸试验结果进行回归分析得到，其中涉及的锈蚀程度指标多以平均锈蚀率为参数，忽略了锈蚀的不均匀性和随机性。为了建立更加符合实际的力学模型，Wang 等人[41,67-68]探讨了钢筋表面最大锈蚀深度的分布规律，发现钢筋表面最大蚀坑深度服从 Gumbel 分布。另外，也有学者发现随锈蚀率的增大，蚀坑密度总体上有所增大，蚀坑的长度、宽度、深度都较好地呈对数正态分布。综合分析认为，随锈蚀率的增大，钢绞线上各蚀坑的尺寸渐趋接近[40,66]。

现有的锈蚀预应力筋试件的获取多基于通电加速锈蚀的方法，这与自然环境中预应力筋锈蚀形态存在明显的不同。因此，本书通过人工气候试验箱模拟自然锈蚀环境，开展预应力钢绞线加速锈蚀试验。采用截面损失率表征钢绞线锈蚀程度指标，统计蚀坑的几何形状和尺寸分布规律。同时，对表征蚀坑处应力集中的参数进行分析，以期得到锈蚀预应力筋蚀坑尺寸参数的概率分布函数。

3.1 预应力筋蚀坑形状

3.1.1 蚀坑的选取

通过人工气候下的锈蚀试验共获取了 119（17 ×7）根钢丝。为了方便描述，将每根预应力筋的钢丝进行编号，边丝编号为 1 ~6，中丝编号为 7。在每根钢丝锈蚀最严重的部位选取一个能直观、较好反映钢丝锈蚀严重程度的蚀坑进行研究分析。

蚀坑的长度对钢丝的最大截面损失影响不大,故对锈蚀钢丝的力学性能影响可以忽略。因此,蚀坑的关键参数只量取了蚀坑最大深度及最大宽度。每个蚀坑最大宽度 L(mm)、最大深度 H(mm)分别通过数显卡尺、改进后的千分尺进行测量并记录,具体数据见表 3-1。表 3-1 中钢丝的锈蚀率为其截面损失率,而非质量损失率,其测定方式具体见第 2 章的 2.1.1 小节。

在相同的截面损失率下,不同蚀坑的最大深度与最大宽度也存在着较大的差异(图 3-1)。而蚀坑处的应力集中现象主要体现在蚀坑形状引起的损失截面突变程度。若损失截面突变尖锐,则此处应力集中现象明显;如损失截面突变较圆滑,则应力集中现象较弱。蚀坑最大深度与最大宽度的比值(简称深宽比,记为 B)能较好地反映损失截面突变程度,故蚀坑关键参数也应选取蚀坑的深宽比,所有样本蚀坑的深宽比见表 3-1。

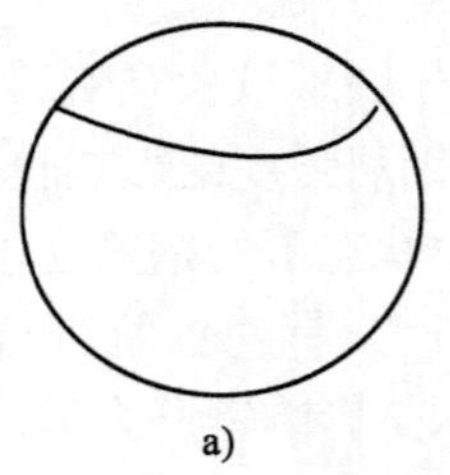

a)

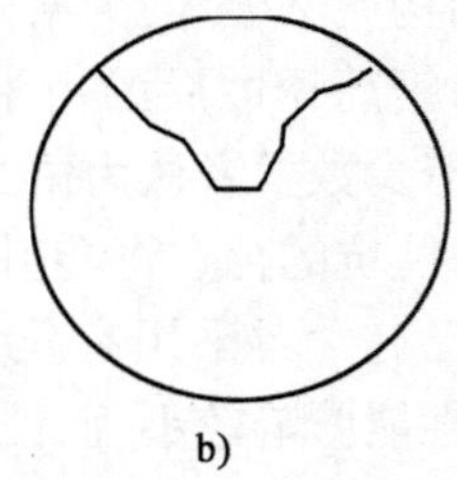

b)

图 3-1 相同锈蚀率下不同损失截面的突变程度

蚀坑几何形状参数 表 3-1

试件	钢丝编号	锈蚀率 ρ(%)	最大深度 H(mm)	最大宽度 L(mm)	深宽比 B	几何形状类型
R1	1	0.78	0.25	2.08	0.12	2
	2	1.22	0.12	0.75	0.16	1
	3	5.96	0.38	0.79	0.48	3
	4	6.32	0.3	0.33	0.91	2
	5	2.83	0.67	3.19	0.21	1
	6	3.37	0.45	3.46	0.13	3
	7	2.64	0.27	1.08	0.25	2
R2	1	1.33	0.46	2.60	0.17	1
	2	3.8	1.16	3.04	0.38	3
	3	9.62	1.07	1.81	0.59	1
	4	5.14	0.26	0.62	0.42	3
	5	7.89	0.27	0.57	0.47	2
	6	8.22	1.02	2.76	0.37	2
	7	3.53	0.42	2.00	0.21	1
R3	1	6.42	0.34	0.37	0.93	3
	2	4.53	0.38	0.63	0.60	2
	3	4.67	0.46	1.53	0.30	3

续上表

试件	钢丝编号	锈蚀率 ρ(%)	最大深度 H(mm)	最大宽度 L(mm)	深宽比 B	几何形状类型
R3	4	10.18	0.84	2.40	0.35	2
	5	3.47	1.17	1.70	0.68	2
	6	11.36	0.32	0.56	0.57	3
	7	9.78	0.71	3.55	0.20	3
R4	1	4.72	1.16	2.83	0.41	1
	2	11.97	0.85	1.55	0.55	3
	3	8.73	1.25	1.42	0.88	2
	4	15.63	1.41	1.91	0.74	3
	5	16.3	0.5	0.77	0.65	2
	6	14.5	0.93	1.48	0.63	1
	7	12.08	1.52	3.23	0.47	3
R5	1	10.12	1.12	3.48	0.32	1
	2	8.5	1.22	2.65	0.46	3
	3	6.89	1.46	1.83	0.80	3
	4	12.43	1.88	4.00	0.47	2
	5	12.55	2.17	1.79	1.21	1
	6	15.41	1.89	2.39	0.79	3
	7	10.53	1.24	2.53	0.49	3
R6	1	7.78	1.03	3.96	0.26	2
	2	12.4	1.68	2.37	0.71	1
	3	18.21	0.93	1.66	0.56	3
	4	16.75	1.43	1.13	1.27	1
	5	17.13	1.09	0.96	1.13	2
	6	15.24	1.42	2.33	0.61	3
	7	13.33	1.2	2.35	0.51	2
R7	1	14.35	1.22	2.22	0.55	2
	2	16.67	1.15	2.61	0.44	3
	3	8.56	2.38	3.93	0.60	1
	4	18.96	2.39	2.29	1.04	2
	5	19.31	1.18	2.36	0.50	3
	6	12.43	1.2	3.08	0.39	1
	7	16.43	1.18	2.46	0.48	3
R8	1	20.47	1.17	3.25	0.36	2
	2	21.35	1.24	1.77	0.70	2
	3	11.68	2.03	3.49	0.55	1

续上表

试件	钢丝编号	锈蚀率 ρ(%)	最大深度 H(mm)	最大宽度 L(mm)	深宽比 B	几何形状类型
R8	4	18	1.53	3.83	0.40	3
	5	21.36	1.55	1.72	0.90	2
	6	22.14	1.67	3.04	0.55	3
	7	17.56	1.36	3.58	0.38	1
R9	1	22.69	1.38	2.71	0.51	1
	2	17.35	2.79	4.45	0.60	3
	3	27.36	1.27	1.74	0.73	2
	4	19.25	1.43	3.40	0.42	3
	5	31.42	2.09	2.94	0.71	1
	6	18.56	2.13	3.74	0.57	3
	7	20.43	2.16	2.54	0.85	2
R10	1	33.4	2.53	2.81	0.90	3
	2	29.37	2.57	3.34	0.77	1
	3	29.66	1.43	2.31	0.62	3
	4	27.13	2.09	2.52	0.83	2
	5	28.43	1.82	2.80	0.65	3
	6	24.1	2.03	3.63	0.56	1
	7	26.4	1.47	1.71	0.86	3
S1	1	5.64	1.52	2.67	0.57	2
	2	7.56	1.02	2.68	0.38	3
	3	2.79	0.32	3.20	0.10	3
	4	9.49	1.42	3.84	0.37	1
	5	6.67	0.82	2.83	0.29	3
	6	6.72	0.38	3.17	0.12	2
	7	4.22	1.2	1.52	0.79	1
S2	1	7.35	1.27	3.85	0.33	3
	2	2.46	0.61	1.20	0.51	2
	3	6.64	0.5	3.13	0.16	2
	4	9.78	0.94	3.62	0.26	3
	5	11.74	1.96	2.97	0.66	1
	6	7.57	0.67	3.72	0.18	3
	7	4.36	0.89	1.51	0.59	2
S3	1	3.66	0.68	2.27	0.30	3
	2	7.72	1.22	3.21	0.38	3
	3	10.7	1.29	3.15	0.41	2

续上表

试件	钢丝编号	锈蚀率 ρ(%)	最大深度 H(mm)	最大宽度 L(mm)	深宽比 B	几何形状类型
S3	4	11.39	1.55	3.97	0.39	2
	5	9.88	1.22	3.13	0.39	1
	6	6.32	1.18	1.17	1.01	3
	7	7.57	0.67	3.72	0.18	2
S4	1	7.34	1.82	2.28	0.79	3
	2	4.28	0.61	1.74	0.35	2
	3	10.89	1.23	1.54	0.80	3
	4	12.83	1.44	1.64	0.88	3
	5	11.34	1.83	3.39	0.54	1
	6	13.22	0.82	2.56	0.32	3
	7	11.1	1.82	2.72	0.67	2
S5	1	12.86	2.01	3.19	0.63	3
	2	13.16	1.79	2.27	0.79	3
	3	12.36	0.84	3.11	0.27	2
	4	5.3	1.39	2.73	0.51	3
	5	12.11	1.46	2.65	0.55	1
	6	15.47	1.07	2.33	0.46	2
	7	12.62	1.82	2.49	0.73	3
S6	1	9.1	0.68	2.34	0.29	3
	2	12.76	1.34	2.53	0.53	2
	3	10.82	1.12	2.43	0.46	3
	4	14.09	1.89	3.71	0.51	1
	5	8.3	1.53	2.64	0.58	2
	6	15.11	2.05	2.83	0.72	3
	7	14.26	1.2	3.24	0.37	1
S7	1	13.48	2.01	3.04	0.66	2
	2	7.39	1.79	3.17	0.29	3
	3	12.79	1.25	2.72	0.46	3
	4	16.32	1.43	3.18	0.45	1
	5	11.44	2.25	3.63	0.62	2
	6	10.23	0.87	2.56	0.34	1
	7	14.1	2.08	2.36	0.88	3

3.1.2　蚀坑的几何形状及尺寸

对所有蚀坑的形状进行观察发现，锈蚀预应力筋蚀坑的几何形状大致可归纳为 3 种类型,即棱锥型、椭球型、类圆锥型(图3-2),分别用1、2、3代表相应类型。各蚀坑几何形状类型列入表3-1中,由其序号表示。

(1)棱锥型蚀坑:最大深度较大,深宽比也较大,损失截面突变尖锐。这可能是单个微观晶体团被锈蚀,形成一个孤立的蚀坑。

(2)椭球型蚀坑:最大深度小,最大宽度大,深宽比很小,损失截面突变不明显。这可能因为微观晶体呈片层,锈蚀导致晶体层成片区脱落,形成一个向内表面凹进,沿钢丝纵向发展的椭球型蚀坑。

(3)类圆锥型蚀坑:最大深度处于棱锥型蚀坑、椭球型蚀坑之间,深宽比较椭球型蚀坑大,损失截面突变较圆滑。其形成原因类似于棱锥型蚀坑。

a)棱锥型

b)椭球型

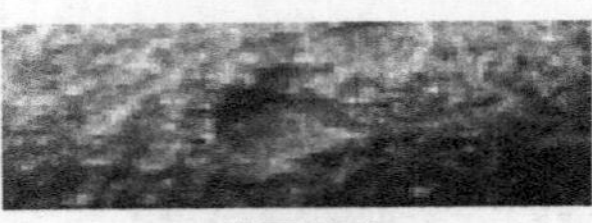
c)类圆锥型

图3-2 蚀坑的几何形状

对所有的蚀坑进行统计分析,如图3-3所示。棱锥型、椭球型和类圆锥型蚀坑分别有29、38、52个,占总数的24.37%、31.94%、43.69%。相对而言,类圆锥型蚀坑数量较多。这可能是因为预应力筋的锈蚀一般都是由点到面顺序进行。当某个点被锈蚀时,在环境及预应力筋表面材质未发生突变时,锈蚀会继续以它为中心向四周扩展,在预应力筋表面形成一个类圆形的形态。由于已经产生的锈蚀产物对蚀坑内部有一定的保护作用,锈蚀向蚀坑内部的扩展会受到一定的阻碍。锈蚀的难度增加会在预应力截面方向形成一个锥形的锈蚀形状。

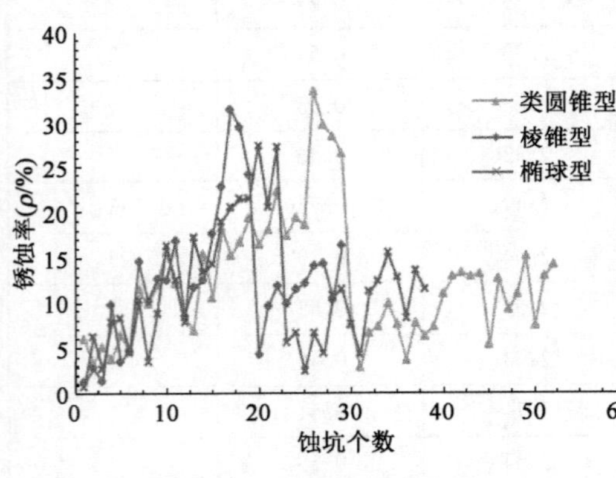

图3-3 蚀坑几何形状分布规律

由图3-3可以看出,由于材质、环境等因素影响,蚀坑发展速度具有一定的随机性,其几何形状与锈蚀率并无明显相对应的线性关系。

3.2 锈蚀预应力筋蚀坑尺寸分布规律

3.2.1 锈蚀预应力筋蚀坑参数概率分布

对表3-1中的数据进行分析可知,锈蚀预应力筋钢丝在锈蚀率0.78%~33.4%时,其蚀坑最大深度的最小值为0.12mm,最大值为2.79mm;最大宽度的最小值为0.33mm,最大值为4.45mm;深宽比的最小值为0.10,最大值为1.27。为了进一步分析蚀坑尺寸参数的分布规律,将119个蚀坑的最大深度、最大宽度及深宽比用频数直方图表示出来,如图3-4至图3-6所示。

由图3-4至图3-6可知,蚀坑最大深度的概率分布接近于极值Ⅰ型分布,与文献[41]得出的结论相似;最大宽度与常用的数据分析曲线(如正态分布曲线、对数正态分布曲线及威布尔分布曲线等)拟合性较差,其分布主要集中在中等宽度区间[2mm,4mm]上,在其余区间的分布率不到20%[148];深宽比的概率分布与正态分布曲线吻合较好。

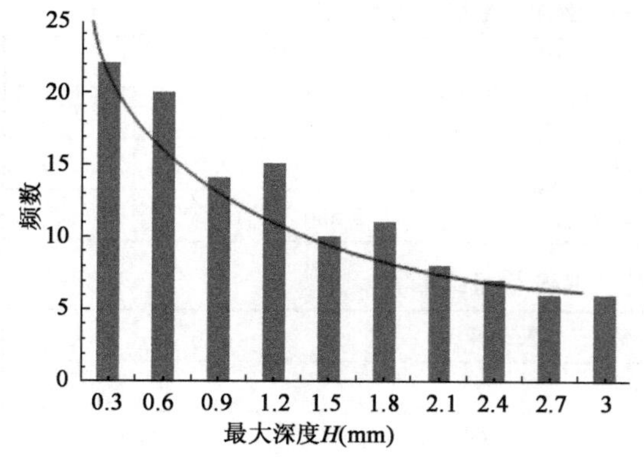

图3-4　蚀坑最大深度频数直方图

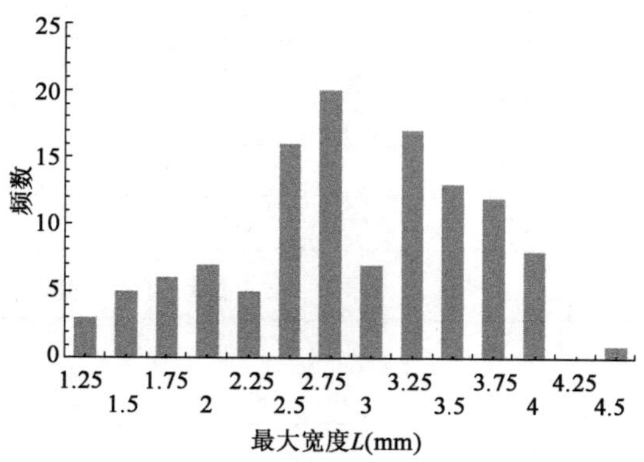

图3-5　蚀坑最大宽度频数直方图

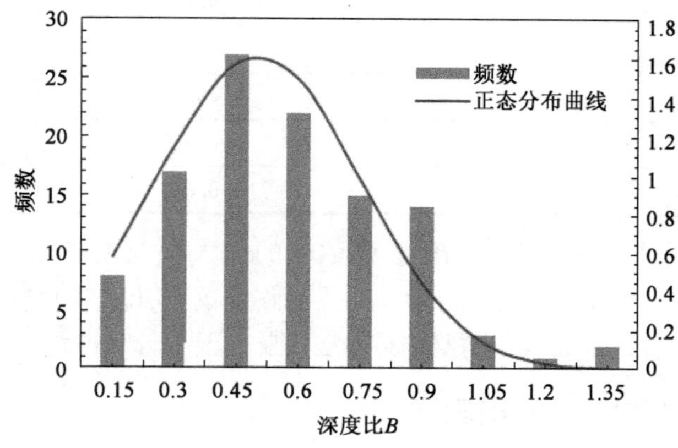

图3-6　蚀坑深宽比频数直方图

锈蚀的发展具有一定的随机性。在锈蚀初期，预应力筋表面较光滑容易被锈蚀，形成大量蚀坑。随着锈蚀的进行，预应力筋表面被初期的蚀坑占据大部分面积之后，新蚀坑的发展受到一定的限制，锈蚀主要在老蚀坑上继续进行。由于受到限制，新的蚀坑扩展的速度较初期时扩展的慢，其锈坑宽度超过老锈坑的概率较小。而老蚀坑在经过初期的快速发展之后，其已经产生的锈蚀产物会对后期的锈蚀其阻碍作用，老蚀坑的锈蚀速率减慢，其快速发展贯穿预应力筋表面的难度较大。故蚀坑的最大宽度以中等宽度居多。

3.2.2　蚀坑最大深度及深宽比分布规律的 K-S 检验

仅通过蚀坑尺寸参数的频数直方图分析还不足以说明其概率分布的类型，还需要通过假设检验的方式对其进行验证。与传统的检验法相比（如χ^2检验法），K-S 检验法对小样本（$n \geqslant 5$）具有更好的适应性。因此，为了验证极值Ⅰ型曲线对锈蚀预应力筋蚀坑最大深度及正态分布曲线对锈蚀预应力筋蚀坑深宽比分布规律具有较好的适应性，本书通过 SPSS 软件的 K-S 检验函数对其进行分析验证。

在 K-S 检验中，选定显著性水平α为0.05。若 SPSS 软件中 K-S 检验的结果小于0.05，则认为"锈蚀预应力筋蚀坑最大深度概率分布呈极值Ⅰ型"或"锈蚀预应力筋蚀坑深宽比概率分布呈正态分布"这一假设被拒绝，即不成立；若检验结果大于或等于0.05，则证明假设成立。蚀坑最大深度及深宽比的K-S 检验结果见表3-2、表3-3。

蚀坑最大深度及深宽比的 **K-S** 检验参数统计分析 表 3-2

项目	N	均值	标准差	极小值	极大值	百分位		
						第 25 个	第 50 个	第 75 个
最大深度	10	11.900 0	5.724 22	6.00	22.00	6.750 0	10.500 0	16.250 0
深宽比	9	12.111 1	9.225 57	1.00	27.00	2.500 0	14.000 0	19.500 0

蚀坑最大深度及深宽比的 **K-S** 检验结果 表 3-3

N		最大深度	深宽比
		10	9
正态参数(a,b)	均值	11.900 0	12.111 1
	标准差	5.724 22	9.225 57
最极端差别	绝对值	0.162	0.172
	正	0.162	0.172
	负	-0.151	-0.137
Kolmogorov-Smirnov Z		0.329	0.515
将近显著性(双侧)		0.637	0.824

由表 3-3 可知,锈蚀预应力筋蚀坑尺寸参数中的最大深度及深宽比 K-S 检验的两侧显著性水平分别为 0.637、0.824,均大于 0.05。证明假设成立,即锈蚀预应力筋蚀坑最大深度概率分布服从极值Ⅰ型分布曲线,深宽比概率分布服从正态分布曲线。

3.3 蚀坑尺寸的概率分布函数

3.3.1 锈蚀预应力筋蚀坑深宽比的概率分布函数

正态分布的概率分布函数为:

$$f(x) = \frac{1}{\sqrt{2\pi}\sigma}\exp\left[-\frac{(x-\mu)^2}{2\sigma^2}\right] \tag{3-1}$$

式中,σ 为标准差;μ 为均值。

由图 3-6 给出的数据,可以确定其概率分布函数的标准差(σ)及均值(μ)。利用 SPSS 软件对深宽比的数据进行统计分析,得到:$\sigma = 9.225\,6$,$\mu = 12.11$。

故锈蚀预应力筋蚀坑深宽比的概率分布函数为:

$$f(x) = \frac{1}{\sqrt{2\pi}\sigma}\exp\left[-\frac{(x-\mu)]^2}{2\sigma^2}\right] = 0.745\,9\exp\left[-\frac{(x-12.11)]^2}{170.223\,4}\right] \tag{3-2}$$

3.3.2 锈蚀预应力筋蚀坑最大深度的概率分布函数

极值Ⅰ型概率分布函数为:

$$f(x) = \exp\left[-\exp\left(\frac{x-a}{b}\right)\right] \tag{3-3}$$

式中,b 为Ⅰ型极值分布的尺寸参数;a 为Ⅰ型极值分布的位置参数。

极值Ⅰ型概率分布函数的参数估计一般有三种方法:矩法、耿贝尔法及极大似然法。本书选用在数学计算上较为简单,参数估计精度较高的矩法来估算。位置参数(a)及尺寸参数

(b)与矩的关系为：

一阶矩：

$$E(x) = b\gamma + a \tag{3-4}$$

式中，γ 为欧拉常数，约等于 0.577 2。

二阶矩：

$$\sigma^2 = \frac{\pi^2}{6}b^2 \tag{3-5}$$

由式(3-4)、式(3-5)可以解出：

$$b = 0.780\,1\sigma \tag{3-6}$$

$$a = E(x) - 0.577\,2b \tag{3-7}$$

一般在样本数量有限的情况下，数学计算中将样本的均值及标准差近似地作为 $E(x)$ 和 σ 的估计值。通过 SPSS 软件对图 3-4 最大深度数据的统计分析，得到其均值及标准差分别为 11.9、5.724 2，故可解出：$b = 4.465\,4$，$a = 9.322\,6$。

故锈蚀预应力筋蚀坑深宽比的概率分布函数为：

$$f(x) = \exp\left[-\exp\left(\frac{x - 9.322\,6}{4.465\,4}\right)\right] \tag{3-8}$$

3.4　蚀坑尺寸随锈蚀率的变化规律

为了研究锈蚀预应力筋的蚀坑尺寸参数最大深度、最大宽度及深宽比与锈蚀率之间的关系，由表 3-1 描绘出蚀坑的尺寸参数随锈蚀率的变化规律，如图 3-7 ~ 图 3-9 所示。

由图 3-6 至图 3-9 可以回归得到蚀坑最大深度、深宽比与锈蚀率之间的关系式为：

$$H(\rho_s) = 0.543\ln(\rho_s) + 0.006 \quad R^2 = 0.396 \tag{3-9}$$

$$B(\rho_s) = 0.177\rho_s^{0.428} \quad R^2 = 0.322 \tag{3-10}$$

式中，$H(\rho_s)$ 为蚀坑最大深度函数，mm；$B(\rho_s)$ 为蚀坑深宽比函数，mm；ρ_s 为预应力筋的锈蚀率。

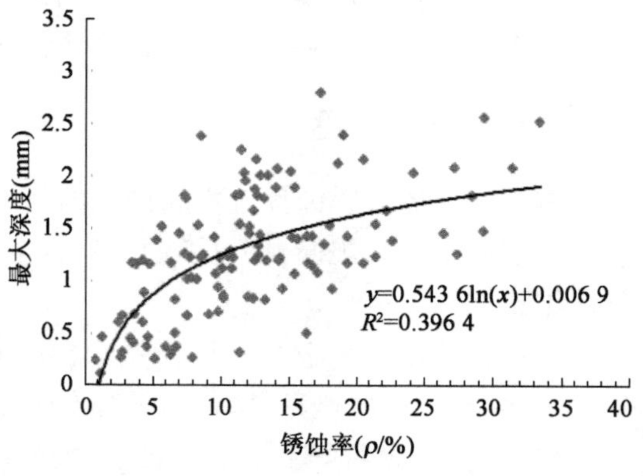

图 3-7　最大深度与锈蚀率之间关系

由图 3-7 可知，随着锈蚀率的增加，蚀坑的最大深度也随之增大。当锈蚀率较小时，蚀坑最大深度增长速度较快；当锈蚀率较大时，蚀坑最大深度增长速度逐渐变缓。这是因为锈蚀率较小时，蚀坑的发展时间较短，还处于初期的发展阶段。在形成蚀坑之后，锈蚀可以向四周任意扩展，所受限制小，扩展速度较快，故蚀坑最大深度的增长速度较快。当锈蚀率较大时，蚀坑经过了初期的快速发展阶段，蚀坑已经锈蚀出一定的几何形状。初期累积的锈蚀产物存于蚀坑内，逐渐阻碍了锈蚀的扩展速度，却不能阻止锈蚀的深入，故此时蚀坑的最大深度的增长速度减小，但最大深度还是缓慢地随着锈蚀率的增大而增加。

图 3-8 表示的是蚀坑最大宽度与锈蚀率之间的关系，常用的回归方程式对它们之间的

变化规律没有较好的适用性。图示的是确定系数 R^2 最大的幂函数形式回归方程式,但其值只有 0.064,这表明此回归曲线的离散型太大。从图 3-8 可以看出,蚀坑的最大宽度并未因锈蚀率的增大而产生太大变化,其值主要处于中等宽度区间[2mm,4mm]上,这表明锈蚀率对蚀坑最大宽度的影响并不大。

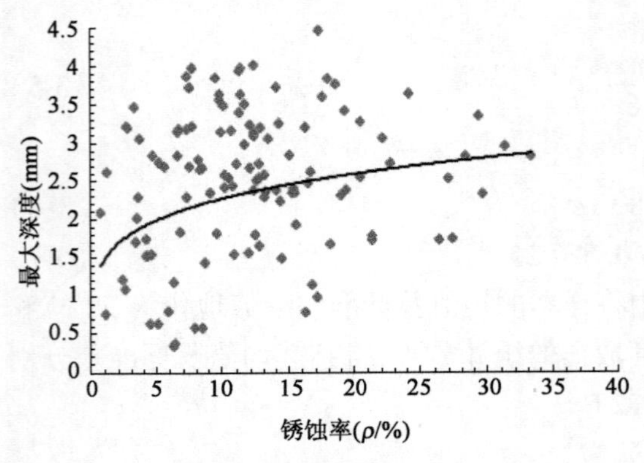

图 3-8　最大宽度与锈蚀率之间关系

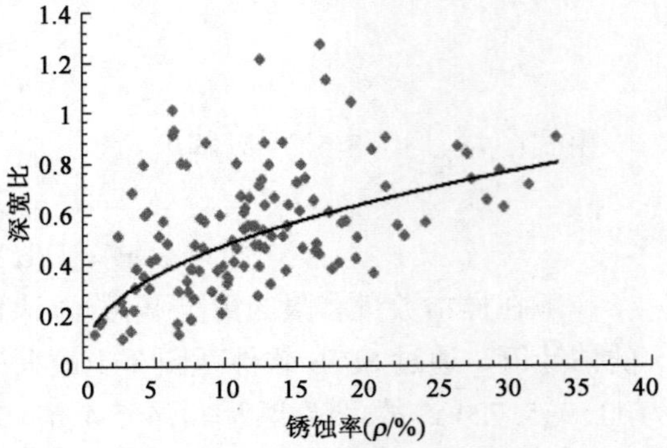

图 3-9　深宽比与锈蚀率之间关系

蚀坑深宽比与锈蚀率之间的变化规律可以回归成幂函数方程式,其确定系数 R^2 为 0.322,如式(3-10)所示。从图 3-9 可以看出,随着锈蚀率的增长,蚀坑的深宽比也逐渐增大。深宽比是蚀坑的最大深度与最大宽度的比值,由于最大深度随着锈蚀率增长而增大,最大宽度在中等宽度区间内表现出一定的随机性,与锈蚀率无明显对应关系。故深宽比随锈蚀率的增长而增大。

深宽比反映的是预应力筋损失截面的突变程度,突变程度越高,其损失截面就越尖锐,该处应力集中现象越明显。换而言之,随着锈蚀率的增大,蚀坑处的应力集中现象加剧。

3.5　本章小结

本章主要通过锈蚀预应力筋蚀坑的特征参数(最大深度、最大宽度及深宽比)研究了蚀坑尺寸的概率分布规律,探讨了蚀坑特征参数与锈蚀率之间的关系,描述了蚀坑几何形状。具体结论如下:

(1)在不同截面损失率下,对锈蚀预应力筋蚀坑的尺寸进行统计分析,发现蚀坑的几何形状主要分 3 类:棱锥型、椭球型及类圆锥型。这 3 类蚀坑中,以类圆锥型数量相对较多。

(2)通过数据推导和假设验证,锈蚀预应力筋蚀坑的尺寸参数最大深度的概率分布为极值Ⅰ型分布;最大宽度无明显的概率分布规律,主要集中在中等宽度区间[2mm,4mm]上;深宽比呈正态分布。这可为锈蚀预应力筋力学性能退化规律的评估提供参考。

(3)随着锈蚀率的增加,蚀坑的最大深度也随之增大。当锈蚀率较小时,蚀坑最大深度增长速度较快;当锈蚀率较大时,蚀坑最大深度增长速度逐渐变缓。蚀坑的最大宽度与锈蚀率之间无明显相对应的线性关系。蚀坑的深宽比随着锈蚀率的增加而增大,蚀坑处的应力集中现象也随之加剧。

第4章　预应力筋锈蚀引起混凝土保护层开裂机制

预应力混凝土(PC)具有跨越能力大、力学性能好等特点,目前已广泛应用于桥梁工程[149]。然而,随着服役时间的增长,在一些不利环境下预应力混凝土结构性能劣化问题逐渐显现。其中,钢绞线锈蚀是造成结构性能劣化主要因素之一。通常钢绞线具有较大的直径,一旦发生锈蚀极易造成混凝土的开裂和剥落,改变钢绞线与混凝土界面间的黏结性能,进而降低结构的承载力和安全性[150-152]。保护层锈胀开裂是评估结构耐久性退化主要指标之一。

锈蚀产物的膨胀会导致混凝土的开裂。铁锈膨胀率定义为锈蚀产物体积与相应钢筋的体积比,是预测混凝土锈胀开裂的关键因素之一。现有研究主要集中于普通钢筋锈蚀产物的膨胀率[153-155]。钢绞线的化学组成成分与普通钢筋不同,这会导致两者之间的铁锈膨胀率存在差异[156]。再者,钢绞线的锈蚀速率随着预应力的增加而变快,较快地锈蚀速率可能也会改变钢绞线锈蚀产物的组成成分。钢绞线锈蚀产物的膨胀率有待进一步研究。

锈蚀产物在裂缝内的填充是锈胀开裂研究的主要内容之一。早期研究认为保护层开裂前,锈蚀产物会完全填充内部裂缝。Zhao 等[157-158]研究认为保护层开裂前锈蚀产物不会填充锈胀裂缝。Lu 等[159]则认为锈蚀产物只会部分填充锈胀裂缝。以往研究主要针对于保护层开裂前锈蚀产物的填充情况,保护层开裂后,锈蚀产物随时间逐渐填充混凝土裂缝[160-161]。Jaffer 等[71]初步对锈蚀产物在开裂混凝土内的分布情况进行了探究。现有研究尚不能明确锈蚀产物在裂缝内的填充规律,锈蚀产物的填充与锈蚀程度、钢筋类型以及保护层厚度等多种因素有关,如何量化锈蚀产物在裂缝内的填充有待进一步研究[162-163]。

锈胀开裂过程包括两个阶段:裂缝初始阶段和裂缝扩展阶段[164-166]。裂缝初始阶段包括从锈蚀初始到保护层开裂阶段,裂缝扩展阶段为保护层开裂到裂缝扩展到临界宽度阶段。目前,利用厚壁圆筒理论对锈胀开裂过程进行模拟已得到广泛共识[153,167-169]。然而,现有研究主要集中于钢筋混凝土锈胀开裂研究,预应力混凝土的锈胀开裂研究相对较少。

本书开展了不同预应力状态下混凝土锈胀开裂试验,明确锈蚀产物在开裂混凝土的填充规律,建立了铁锈填充率与裂缝宽度之间的关系,揭示了预应力钢绞线锈蚀产物的膨胀及混凝土开裂规律,分析了预应力对混凝土锈胀开裂影响。综合考虑预应力、铁锈膨胀率和混凝土开裂损伤等因素,建立了开裂初始和发展全过程的锈胀裂缝预测模型,分析了混凝土锈胀开裂对预应力、混凝土强度、铁锈膨胀率和钢绞线直径等因素的敏感性。

4.1 锈蚀产物在混凝土裂缝内的填充

4.1.1 试验方案

4.1.1.1 构件尺寸

设计制作了12根混凝土梁，梁长1200mm，横断面尺寸为150mm×150mm。为研究箍筋对混凝土开裂的影响，将试验梁分成S组（无箍筋）和RS组（有箍筋），每组各6根。梁内布置有一根直径为15.2mm的7丝钢绞线，RS组四周各有一根直径为10mm的HRB335变形钢筋。箍筋采用直径为8mm的R235光圆钢筋，间距为100mm。在端部布置一根聚氯乙烯（PVC）管，以防止锈蚀溶液从梁端溢出。钢绞线与普通钢筋的保护层厚度分别为67.4mm和30mm。

混凝土采用32.5级的硅酸盐水泥，水灰比为0.43，配合比：水泥为417kg/m^3，细集料为676kg/m^3，粗集料为1 026kg/m^3。S组和RS组混凝土28d抗压强度分别为32.5MPa和35.5MPa。试件的详细尺寸如图4-1所示。

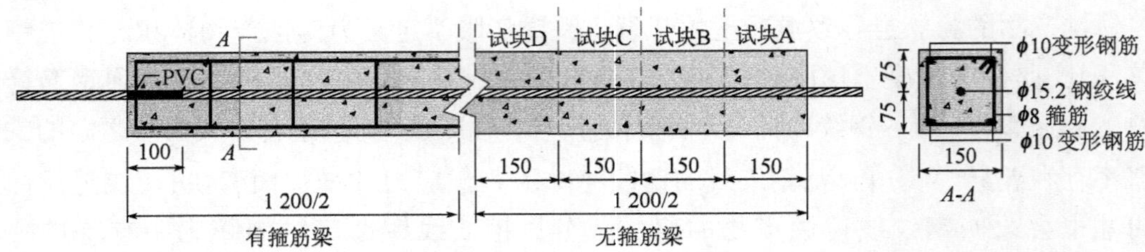

图4-1　试件的尺寸（尺寸单位：mm）

4.1.1.2 快速锈蚀

采用人工通电的方法对构件进行快速锈蚀，为单独研究钢绞线锈蚀对混凝土开裂的影响，使用环氧树脂对普通钢筋进行防锈处理。构件浸泡在质量分数为5%的NaCl溶液中，钢绞线作为阳极，不锈钢板作为阴极，在电流作用下，阳极钢绞线释放出电子被氧化发生锈蚀。锈蚀电流为0.3A，电流密度为90μA/cm^2，加速锈蚀装置如图4-2所示。

图4-2　加速锈蚀装置

4.1.1.3　裂缝宽度和锈蚀率测量

加速锈蚀后,混凝土表面出现纵向裂缝,采用精度为0.01mm的便携式显微镜对纵向裂缝宽度进行观测。为研究横断面径向裂缝的分布及裂缝内锈蚀产物的填充,将每根锈蚀构件切割成4个15mm厚的切块,依次编号为A~D,切块总数为48个,如图4-1所示。以构件S6为例,切块分别命名为S6A、S6B、S6C和S6D。试验采用开裂角度来描述横断面径向裂缝的开展情况。由于锈蚀产物在不同位置处的填充有所差异,本书将切块沿最大裂缝位置破除,进而观察锈蚀产物在裂缝内的填充,本书采用平均铁锈填充深度来反映裂缝内锈蚀产物的填充情况。

试验过程中,选取最大裂缝进行开裂角度的测量。测量步骤如下:首先,绘制出径向裂缝轮廓示意图;然后,将裂缝示意图扫描至计算机,将裂缝的夹角定义为开裂角度;最后,利用辅助绘图程序计算出开裂角度。铁锈填充深度采用相同的方法进行测量。

钢绞线的锈蚀在不同位置处存在差异,通常采用局部面积损失和平均质量损失来衡量钢绞线的锈蚀率。研究表明,轻微的锈蚀会导致混凝土开裂,裂缝宽度与平均质量损失具有良好的线性关系。本书试验研究发现,由于钢绞线直径较大,轻微的锈蚀会造成混凝土保护层开裂。因此,本书以每10mm的平均质量损失来评估不同位置钢绞线的锈蚀率。

钢绞线质量损失的测量步骤如下:首先,破除混凝土保护层取出锈蚀钢绞线;然后,使用12%的盐酸溶液对钢绞线进行除锈处理,用碱液中和,再将钢绞线置于干燥环境(相对湿度低于25%);最后,对每10mm钢绞线的平均质量损失率进行测定。

4.1.2　锈蚀形态和裂缝发展

4.1.2.1　钢绞线锈蚀形态

采用数字显微镜对钢绞线的锈蚀形态进行观测,如图4-3所示。钢绞线表面有坑锈和缝隙锈蚀,锈坑多为椭圆形,体积较小,深度较浅。此外,钢绞线内丝与外丝之间的缝隙为锈蚀溶液的流动提供了通道,这会进一步加快钢绞线的锈蚀。由于缝隙锈蚀的影响,单元长度钢绞线的锈蚀损失会比普通钢筋的大。

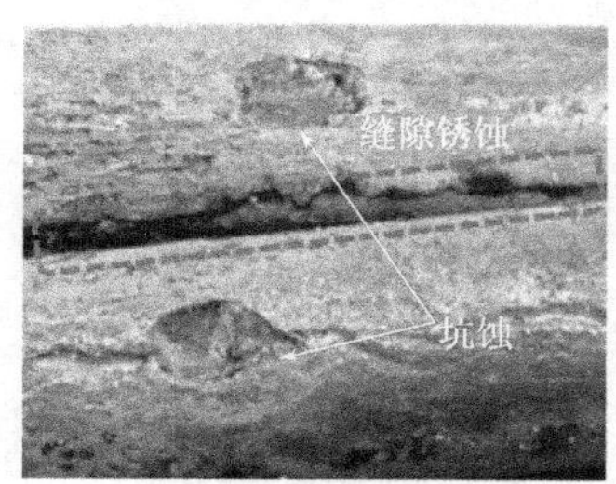

a)锈坑和缝隙锈蚀

b)缝隙锈蚀

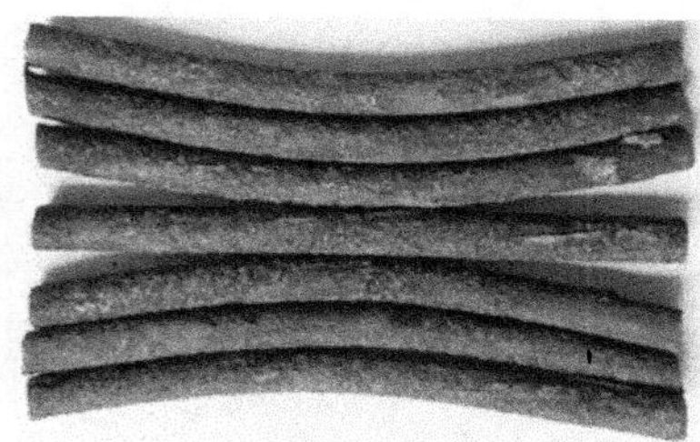

c)锈蚀钢丝

图4-3　钢绞线锈蚀形态

4.1.2.2　裂缝宽度和锈蚀率

利用便携显微镜对锈胀裂缝的发展过程进行观察,锈蚀过程中,裂缝沿锈蚀钢绞线方向逐渐延伸扩展,部分锈蚀产物从纵向裂缝中溢出。图4-4给出S6、S11和S9试件在10~110mm位置处锈蚀产物的溢出情况,平均裂缝宽度分别为0.13mm、0.48mm、0.83mm。由图

4-4 中可知,微小纵向裂缝位置处几乎没有锈蚀产物的溢出,但随着裂缝进一步的发展,混凝土表面溢出的锈蚀产物逐渐增多。由此可见,锈蚀产物的填充深度会随着裂缝宽度的增大而逐渐延伸。

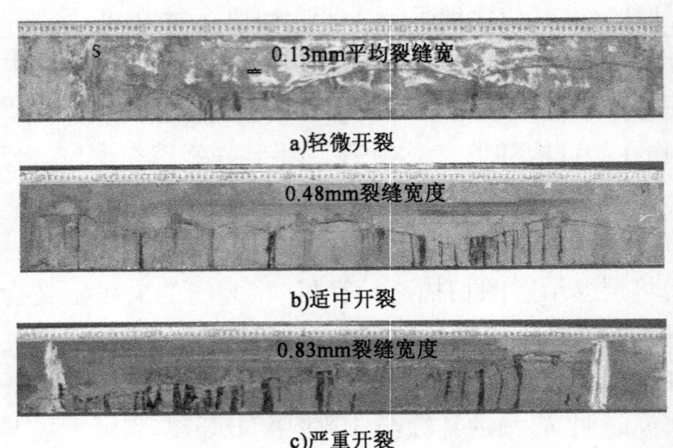

图 4-4　混凝土表面纵向裂缝和锈蚀产物

试验梁的端部并未浸泡在 NaCl 溶液中,但锈蚀溶液在钢绞线内部的渗流作用使得梁端依旧可以观察到径向裂缝,如图 4-5 所示。

图 4-5　梁端径向裂缝

预测钢绞线锈蚀是评估既有结构性能退化的重要环节之一。钢绞线埋于混凝土内部,锈蚀程度一般难以测量,而混凝土表面的裂缝宽度是容易测量的。已有研究认为裂缝宽度与平均质量锈蚀率具有良好的线性关系。因此,试验根据裂缝宽度来预测钢绞线的锈蚀,对每 10mm 位置处的裂缝宽度和钢绞线的质量损失率进行测量,如图 4-6、图 4-7 所示。

由图 4-6、图 4-7 可知,锈胀裂缝宽度随钢绞线锈蚀率的增加而增大。跨中位置处的裂缝比梁端位置的裂缝宽度要大,出现这种现象的原因是跨中梁段在整个锈蚀期间一直沉浸在 NaCl 溶液中,跨中位置钢绞线的锈蚀程度较高,进而裂缝宽度较大。为分析箍筋对裂缝宽度的影响,将裂缝宽度和锈蚀率的关系进行线性回归,如图 4-8 所示。

由图 4-8 可知,箍筋可以抑制混凝土的锈胀开裂。相同锈蚀率下,S 组的裂缝宽度比 RS 组裂缝宽度大,箍筋能够承担钢绞线锈蚀产物的膨胀力,进而减小锈胀裂缝宽度。

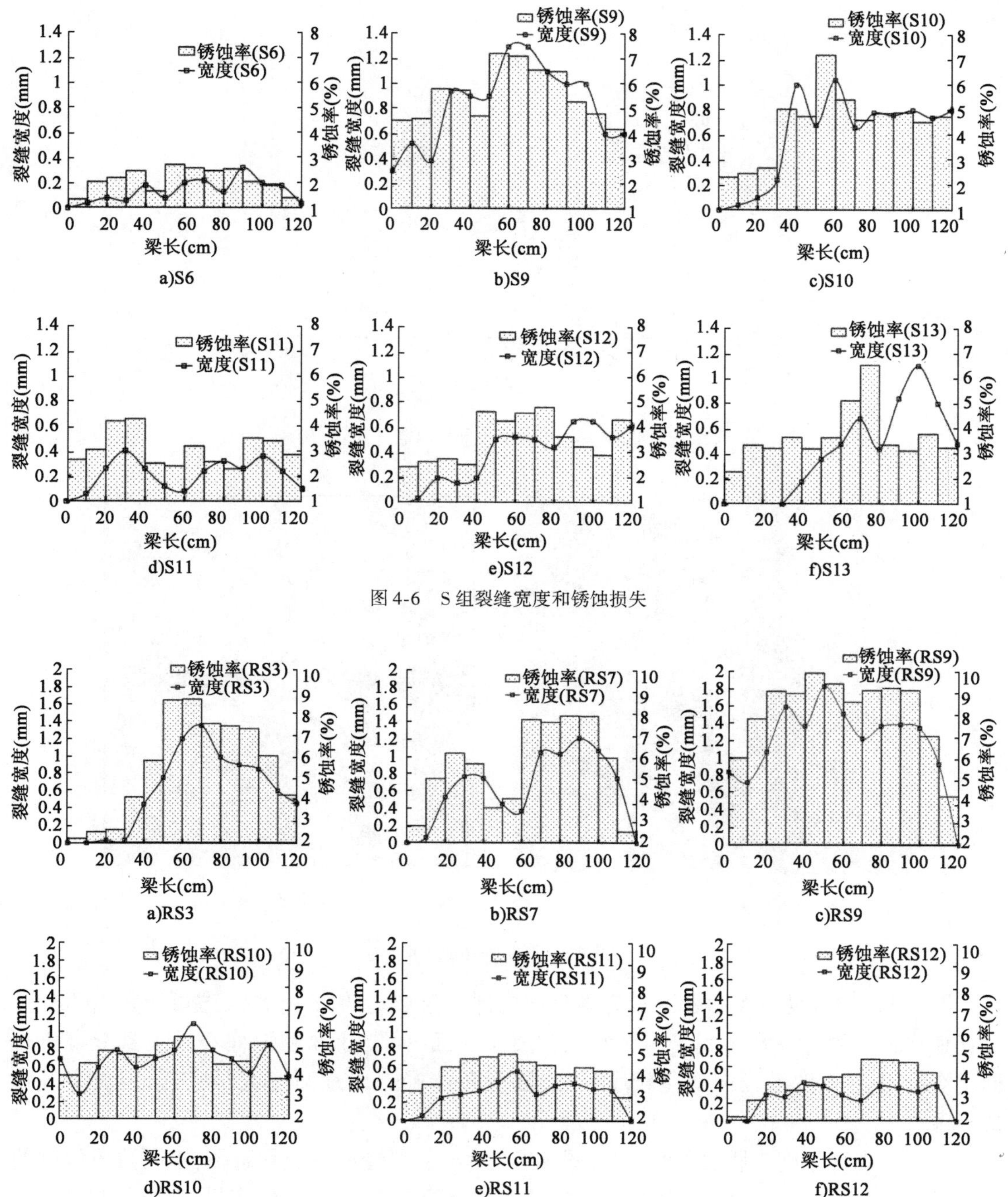

图 4-6　S 组裂缝宽度和锈蚀损失

图 4-7　RS 组裂缝宽度和锈蚀损失

4.1.2.3　锈胀裂缝扩展

混凝土裂缝在横断面的分布形态是研究锈胀开裂的一个重要内容，但混凝土内部裂缝的分布通常难以观察。为研究横断面径向裂缝的分布形态，将试件切割成厚度为 15mm 的混凝土切块。图 4-9 给出了切块的示意图，横断面存在 3 条裂缝，分别命名为裂缝 A、裂缝 B 和裂缝 C。

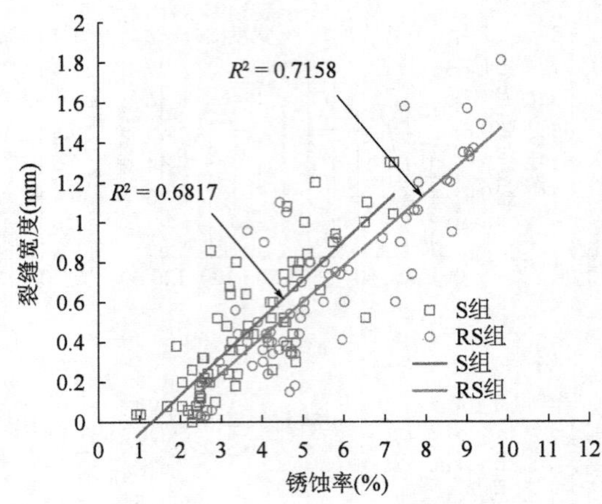

图 4-8　裂缝宽度和锈蚀率

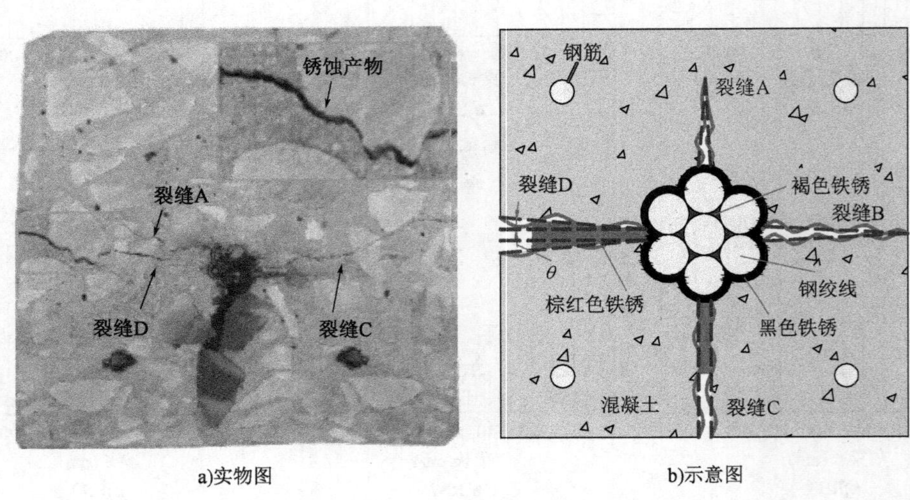

a)实物图　　b)示意图

图 4-9　横断面裂缝分布

图 4-9a)中的裂缝 A 和裂缝 C 为横断面内同一条裂缝的两个分支,这可能是由于分支点存在集料所致。裂缝 A 属于未开裂到混凝土表面,而裂缝 B 和裂缝 C 发展到混凝土表面。裂缝 B 的宽度沿径向变化较小,而裂缝 C 沿半径方向逐渐变宽,是三条裂缝中最宽的一条。

混凝土裂缝宽度与锈蚀程度有关,图 4-9b)给出了裂缝扩展的示意图,不同阶段裂缝的发展呈现出不同形状:三角形、矩形和梯形。保护层开裂前,内部裂缝多呈三角形,与裂缝 A 类似。随着锈蚀程度的增加,内部裂缝开展到混凝土表面,其裂缝形状仍为三角形,与裂缝 B 相似。当裂缝开展到混凝土表面后,裂缝宽度增加,形状类似于矩形,与裂缝 C 类似。随着锈蚀的增加,裂缝沿径向进一步开展,形状变为梯形,与裂缝 D 近似。综上可知,随着锈蚀程度的增加,锈胀裂缝在混凝土横断面的形状由三角形逐渐向梯形发展。

如前文所述,构件共制作成 48 个 15mm 厚的切块。利用图 4-9b)中的开裂角 θ,来表示径向裂缝宽度的变化。当裂缝沿半径方向逐渐变窄时,θ 小于 0。当径向裂缝宽度保持为一常值时，θ 等于0。当裂缝宽度沿半径方向逐渐增加时，θ 大于0。图4-10给出了 $\tan\theta$ 与锈蚀率之间的线性和多项式关系。

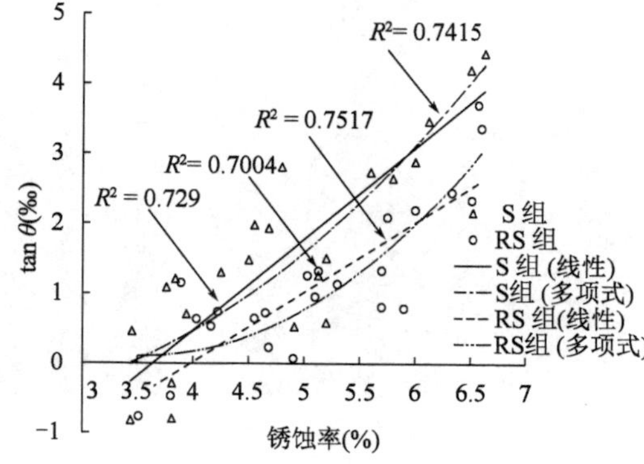

图4-10 开裂角正切值与锈蚀率之间的关系

开裂角正切值随锈蚀程度的增加而增大，由图4-10可知，线性回归与多项式回归的精度接近。故 $\tan\theta$ 与锈蚀损失的关系采用线性回归，表达式如下：

$$\tan\theta = a\rho - b \tag{4-1}$$

式中，θ 为开裂角；a、b 为常量，对于S组试件；$a = 0.130\,9$，$b = 0.004\,8$；对于RS组试件，$a = 0.099\,9$，$b = 0.004\,0$；ρ 为钢绞线锈蚀率。

4.1.3 锈蚀产物在裂缝内的填充

4.1.3.1 锈蚀产物组成

相关研究表明，锈蚀产物的组成成分与混凝土含碱、供氧和含水率等因素有关。混凝土横断面不同位置处的锈蚀产物存在不同的颜色，试验观察到黑色、棕红色和深褐色三种颜色。

图4-11为钢绞线—混凝土界面处的黑色铁锈，锈蚀产物的主要成分为氧化亚铁（FeO）和四氧化三铁（Fe_3O_4），二者均为黑色。但FeO在空气中不稳定，极易氧化生成 Fe_3O_4。因此，可认为黑色铁锈的主要成分为 Fe_3O_4。

图4-11 钢绞线—混凝土界面处的黑色铁锈

图4-12给出了裂缝内的棕红色铁锈。裂缝为氧气进入混凝土内部提供了通道，因此锈蚀过程中有大量氧气参与反应，氧化铁（Fe_2O_3）是棕红色铁锈的主要成分。

深褐色铁锈存在于钢绞线内丝和外丝的间隙之间，如图4-3所示。氧气随着流动的锈蚀溶液进入内丝和外丝的间隙内，进而与铁发生反应，此处的含氧量可能会低于裂缝内的含量，但比钢绞线-混凝土界面区的含氧量高。因此，间隙内的铁锈颜色介于黑色与棕红色之间。

a)少量填充

b)部分填充

c)大量填充

图 4-12 锈蚀产物在裂缝内的填充情况

4.1.3.2 锈蚀产物的填充情况

加速锈蚀过程中可观察到部分锈蚀产物从混凝土表面的纵向裂缝中溢出。本书将切块沿最大裂缝位置破除混凝土，从而观察锈蚀产物在裂缝内的填充。图 4-12 为切片 S6B、S9A 和 S9C 的剖面，锈蚀产物在不同位置的填充有所差别。锈蚀产物主要填充于最大裂缝内，在其他细小裂缝中只能观测到少量锈蚀产物，这一观测结果与 Šavija 等[160]采用 CT 扫描监测到的试验现象一致。

图 4-12 中三个切块的最大裂缝宽度分别为 0.08mm、0.39mm、0.91mm，锈蚀产物的填充深度随裂缝宽度的增长而增大。试验过程中无法直接测定锈蚀产物的体积，但其填充深度较易测定。通过几何公式变换，可由铁锈填充深度计算得到锈蚀产物的体积。因此，试验采用铁锈填充深度来描述铁锈填充率，铁锈填充率定义为平均填充深度与保护层的比值，表达式如下：

$$f = \frac{R_i}{C} \tag{4-2}$$

式中，f 为铁锈填充率；R_i 为铁锈平均填充深度；C 为保护层厚度。

试验观察表明，即使是在开裂相当严重的情况下，锈蚀产物也不能完全填满裂缝，即铁锈填充率小于 1。图 4-13 给出了铁锈填充率与裂缝宽度的线性和多项式回归关系。当裂缝宽度较小时，铁锈填充率随裂缝宽度的增加而增大；当裂缝宽度超过某一临界值后，铁锈填充率保持为一常数，即最大铁锈填充率。S 组和 RS 组的最大铁锈填充程度分别为 0.85 和 0.88，该值对应的最大临界裂缝宽度分别为 0.79mm 和 0.63mm。

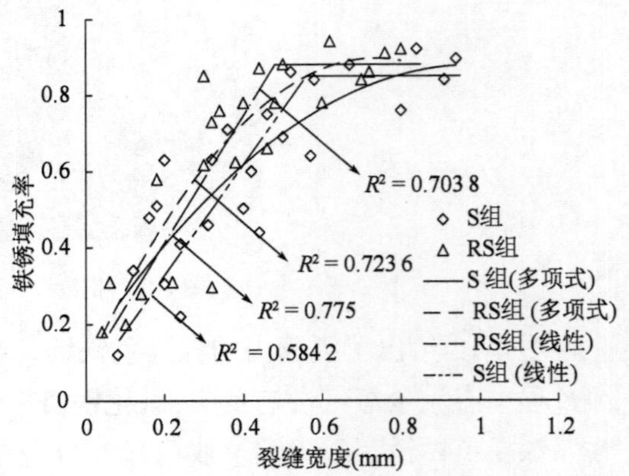

图 4-13 铁锈填充率与宽度的回归线

由图 4-13 可知，RS 组铁锈填充率的增长速度比 S 组快。箍筋可以承受锈胀裂缝并减小裂缝宽度,导致 RS 组的铁锈填充率较大。多项式回归的精度比线性回归要高,故本书采用多项式对裂缝宽度和铁锈填充率的关系进行回归分析,表达式分别为:

$$f_s = \begin{cases} -0.773w_s^2 + 1.515w_s + 0.1353 & (w_s \leqslant 0.79\text{mm}) \\ 0.85 & (w_s > 0.79\text{mm}) \end{cases} \tag{4-3a}$$

$$f_r = \begin{cases} -1.4938w_r^2 + 2.2011w_r + 0.085 & (w_r \leqslant 0.63\text{mm}) \\ 0.88 & (w_r > 0.63\text{mm}) \end{cases} \tag{4-3b}$$

式中,f_s 和 f_r 分别为 S 组和 RS 组的铁锈填充率;w_s、w_r 分别为 S 组和 RS 组的裂缝宽度。

该试验通过通电方法对构件进行加速锈蚀,这种情况下的铁锈填充率可能与自然环境下的有所区别。再者,保护层厚度也会对锈蚀产物的填充率产生影响。以上因素对裂缝内锈蚀产物填充得影响有待进一步研究。

4.2　不同应力状态下混凝土的锈胀开裂

4.2.1　试验概况

4.2.1.1　构件设计

为研究预应力筋对混凝土锈胀开裂的影响,试验设计制作了 12 片预应力混凝土梁。试验梁分为三组,即 A 组、B 组和 C 组,每组各 4 根。钢绞线的张拉应力分别为 0、$0.25f_p$、$0.5f_p$ 和 $0.75f_p$。各梁张拉应力参数见表 4-1。梁截面尺寸(长×高×宽)为 2 000mm×150mm×130mm。预应力筋采用直径为 15.2mm 的 7 丝钢绞线,架立钢筋为 HRB400 变形钢筋。箍筋采用直径为 6mm 的 R235 光圆钢筋,间距为 100mm。钢绞线和钢筋的保护层厚度分别为 42.4mm 和 30mm。试验梁尺寸及配筋如图 4-14 所示。

试验梁的参数　　表 4-1

类　型	先张梁				先张梁				后张梁			
编号	A 组				B 组				C 组			
	PA0	PA1	PA2	PA3	PB0	PB1	PB2	PB3	PC0	PC1	PC2	PC3
预应力	0	$0.25f_p$	$0.5f_p$	$0.75f_p$	0	$0.25f_p$	$0.5f_p$	$0.75f_p$	0	$0.25f_p$	$0.5f_p$	$0.75f_p$

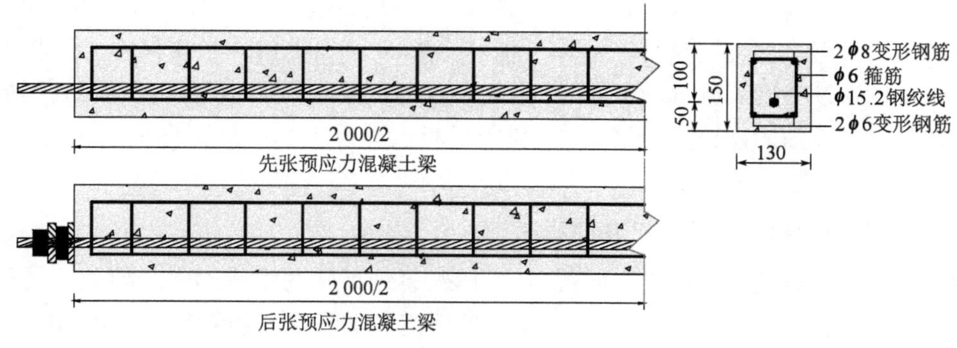

图 4-14　试验梁尺寸及配筋(尺寸单位:mm)

混凝土采用32.5级的硅酸盐水泥,水灰比为0.44,配合比:水泥为417kg/m^3,细集料为676kg/m^3,粗集料为1026kg/m^3。为加速锈蚀速率,混凝土内掺氯化钠,氯离子的质量分数为5%。先张和后张预应力混凝土28d抗压强度分别为44.1MPa和43.4MPa。表4-2给出了钢绞线和钢筋的化学成分[156]。

钢绞线和钢筋的化学成分(%)　　表4-2

类型	C	Mn	Si	P	S	Cr	Cu	Ni	Ti	Al
钢绞线	0.82	0.74	0.21	0.012	0.006	0.17	0.09	0.03	0.03	0.03
变形钢筋	0.2	1.34	0.55	0.033	0.028	—	—	—	—	—

4.2.1.2　加速锈蚀和锈蚀产物的测量

该试验通过电化学快速锈蚀方法得到不同锈胀裂缝宽度的构件。为单独研究预应力筋锈蚀的影响,利用环氧树脂对所有普通钢筋进行防锈处理。将试验梁浸泡在质量分数为10%的NaCl溶液中,恒定直流电源的阳极与试验梁的预应力筋连接,阴极与锈蚀溶液中的不锈钢连接,通过锈蚀槽中的NaCl溶液形成电流闭合回路。在电流作用下,阳极预应力筋释放出的电子被氧化,从而导致预应力筋锈蚀。锈蚀电流为0.1A,电流密度为90μA/cm^2。A组、B组和C组的锈蚀时间分别为15d、20d和20d,图4-15给出了加速锈蚀装置。

图4-15　加速锈蚀装置

为研究钢绞线锈蚀产物的膨胀率,通过红外光谱分析(IR)和热重(TG)分析对锈蚀产物样本的组成成分进行测量。其步骤如下:首先,收集裂缝中流出的钢绞线锈蚀产物;然后,利用烘干箱将锈蚀产物烘干,使用行星式研磨机将其研磨成粉末;最后,基于红外光谱分析和热重分析对锈蚀产物的组成成分进行测量。红外光谱分析使用的是Nicolet6700FTIR分析仪。热重分析使用的是DTG-60H综合热分析仪,测试环境为氮气环境,测试温度以10℃/min的速率从36℃上升到1 000℃。

4.2.1.3　裂缝宽度和锈蚀率的测量

为研究预应力对混凝土锈胀裂缝扩展的影响,锈蚀过程中,利用精度为0.01mm的裂缝观测仪观测裂缝随时间的发展情况。加速锈蚀后,利用裂缝观测仪对混凝土表面每10mm位置处的纵向裂缝宽度进行测量。同时,测量每10mm位置处的质量损失率来反映不同位置处钢绞线的锈蚀程度。测量步骤如下:首先,将钢绞线从混凝土中取出;然后,利用浓度为12%的盐酸对其表面的铁锈进行清洗,再利用石灰水进行中和;最后,将钢绞线切成10mm每段,称量其残余质量。

4.2.2　预应力钢绞线锈蚀产物膨胀率

钢绞线锈蚀产物的膨胀会导致混凝土的开裂,锈蚀产物的组成不同会导致不同程度的体积膨胀,钢绞线锈蚀产物膨胀率的研究尚未见报道。本节首先利用红外光谱(IR)分析明确了钢绞线锈蚀产物的组成成分;然后,使用热重(TG)分析明确了锈蚀产物中氧化铁和氢氧化铁的含量。

红外光谱分析的原理是不同物质对红外光波的吸收存在差别,进而进行定性或定量分析。钢绞线锈蚀产物的组成成分可以通过红外光谱分析获得,图4-16给出了锈蚀产物的红外光谱。

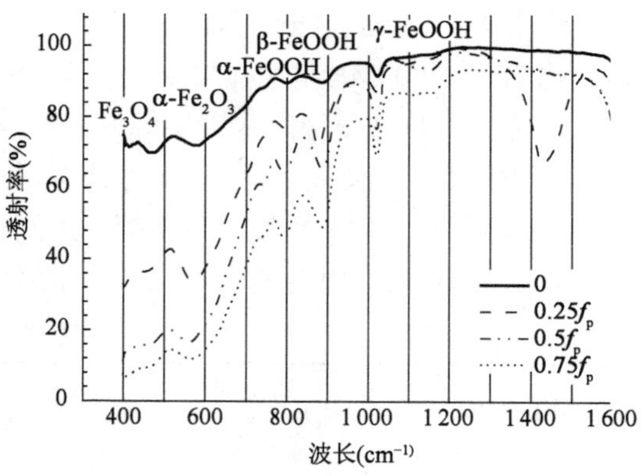

图4-16　锈蚀产物的红外光谱

Raman 等人[170]给出了不同种类铁锈的标准光谱,具体见表4-3。由图4-16可知,锈蚀产物样本中含有 α-Fe_2O_3、Fe_3O_4、α-FeOOH、β-FeOOH和 γ-FeOOH,各锈蚀产物样本中的透射率存在不同。各样本透射率的差异性主要由于锈蚀产物中铁锈的组成比例不同造成,这表明预应力对锈蚀产物的组成成分影响不大,但会改变各组成成分之间的比例。

各铁锈的标准光谱和膨胀率　　表4-3

类　型	峰值(cm^{-1})(相对强度)	铁锈膨胀率
α-FeOOH	1 399(M),1 260(VM),881(S),793(S),608(W),463(B,VW)	2.95
β-FeOOH	858(B,S),670(B,S),(300~500)(B,S)	3.53
γ-FeOOH	1 152(B,M),1 017(S),737(VW),487(VB,W)	3.07
δ-FeOOH	1 110(B,S),880(S),786(VW),617(B,VW),493(B,W)	2.99
α-Fe_2O_3	535(S),464(M)	2.15
γ-Fe_2O_3	690(S),682(S),550(VS),475(W),437(W),418(VW)	2.32
FeO	492(VB,W)	1.71
Fe_3O_4	556(500~700)(B,W),404(300~500)(VB,W)	2.10

注:S为强峰;M为中等峰;W为弱峰;B为宽带;VS为较强峰;VW为较弱峰;VB为较宽带。

钢绞线锈蚀产物主要由氧化铁和氢氧化铁组成。加热可以将氢氧化铁转化为氧化铁,进而导致锈蚀产物总质量的改变。根据这一特点,可以利用热重(TG)分析对样本中氧化铁和氢氧化铁的比例进行分析。基于热重(TG)分析曲线,进一步利用微商热重(DTG)法可以对锈蚀产物的质量损失率进行分析。图4-17给出了各样本的TG和DTG曲线。

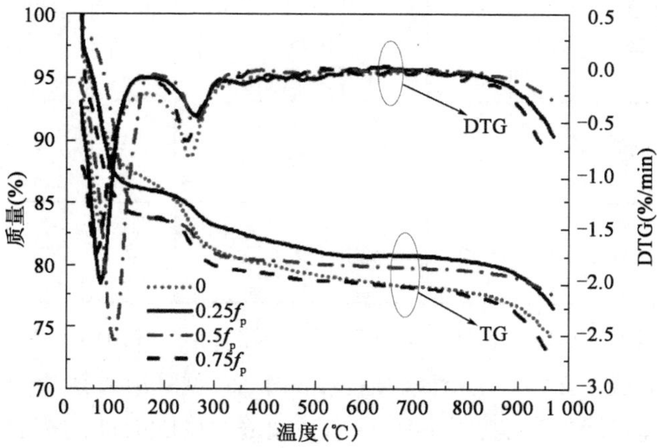

图4-17　锈蚀产物的TG和DTG曲线

由图 4-17 可知，加热过程中有两个阶段出现了质量损失，锈蚀产物在 36 ~ 200℃ 的质量损失比 200 ~ 400℃ 的质量损失要大。在 36 ~ 200℃ 温度内，样本的质量快速下降，这阶段的质量损失主要是由于吸附水干燥的原因造成的。氢氧化铁中羟基的分解温度主要在 200 ~ 400℃ 之间[154]，在这一阶段，氢氧化铁会转化为氧化铁，由图 4-17 可以得到样本在 200 ~ 400℃ 质量损失。基于质量分数相等的原则，得到了样本中氢氧化铁的质量分数，见表 4-4。由表 4-4 可知，预应力会增大锈蚀产物中氧化铁的比例，降低氢氧化铁的含量。

锈蚀产物参数　　表 4-4

预应力(MPa)	200 ~ 400℃ 质量损失(%)	氢氧化铁 质量分数(%)	氧化铁 质量分数(%)	膨胀率
0	7	69	31	2.96
$0.25f_p$	4	40	60	2.68
$0.5f_p$	4	40	60	2.68
$0.75f_p$	5	49	51	2.78
平均膨胀率				2.78

表 4-3 给出了各种铁锈对应的膨胀率[71]。由表 4-3 可知，α-Fe_2O_3 和 Fe_3O_4 的膨胀率非常接近，而 α-FeOOH，β-FeOOH 和 γ-FeOOH 的膨胀率也类似。为简化分析，将氧化铁(α-Fe_2O_3 和 Fe_3O_4)的膨胀率和氢氧化铁(α-FeOOH，β-FeOOH 和 γ-FeOOH)的膨胀率分别取平均值，进而根据氧化铁和氢氧化铁的含量确定各样本锈蚀产物的膨胀率，见表 4-4。由表 4-4 可知，不同应力状态下各样本的铁锈膨胀率相似，预应力对钢绞线铁锈膨胀率的影响并不显著。为此，对于电化学加速锈蚀试验得到的钢绞线锈蚀产物膨胀率可建议取平均值 2.78。

4.2.3 预应力影响下的混凝土锈胀开裂过程

锈蚀产物的膨胀会导致周围混凝土产生拉应力，当拉应力超过混凝土的抗拉强度时，混凝土内部会产生微裂缝。随着微裂缝的逐渐扩展，混凝土表面会出现裂缝。为评估预应力对混凝土保护层开裂临界时间的影响，表 4-5 给出了各试验梁保护层开裂的临界时间。

各试验梁保护层开裂的临界时间　　表 4-5

梁号/预应力	PA0/0	PA1/$0.25f_p$	PA2/$0.5f_p$	PA3/$0.75f_p$	PB0/0	PB1/$0.25f_p$	PB2/$0.5f_p$	PB3/$0.75f_p$	PC0/0	PC1/$0.25f_p$	PC2/$0.5f_p$	PC3/$0.75f_p$
开裂时间(h)	149	147	125	121	154	146	132	112	175	162	150	138
开裂时间减少量(%)	NA	1	16	19	NA	5	14	27	NA	7	14	21

由表 4-5 可知，预应力会缩短保护层开裂的临界时间。当预应力为 $0.75f_p$ 时，保护层开裂的平均临界时间降低了 22%。随着锈蚀程度的增加，裂缝沿着锈蚀钢绞线位置逐渐扩展。为明确预应力对裂缝扩展的影响，图 4-18 给出了裂缝宽度随时间的扩展规律。

由图 4-18 可知，锈胀裂缝宽度随预应力的增加而变大。当预应力为 $0.75f_p$，A 组、B 组和C组的最大锈胀裂缝宽度分别增加了19%、30%和30%。加速锈蚀后，混凝土底部沿锈蚀钢绞线位置出现一条通长裂缝，如图4-19所示。相关研究表明，质量损失率与锈胀裂缝宽度具有良好地线性关系[171]。为此，本试验对每10cm位置的裂缝宽度和质量损伤率进行了测量。为明确预应力对混凝土开裂的影响，图4-20给出了不同应力状态下的裂缝宽度和锈蚀率。

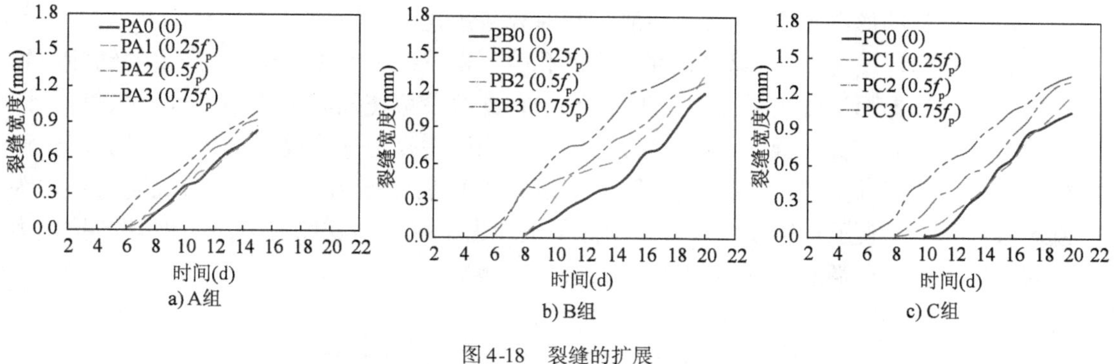

图4-18　裂缝的扩展

图4-19　试验梁的纵向裂缝

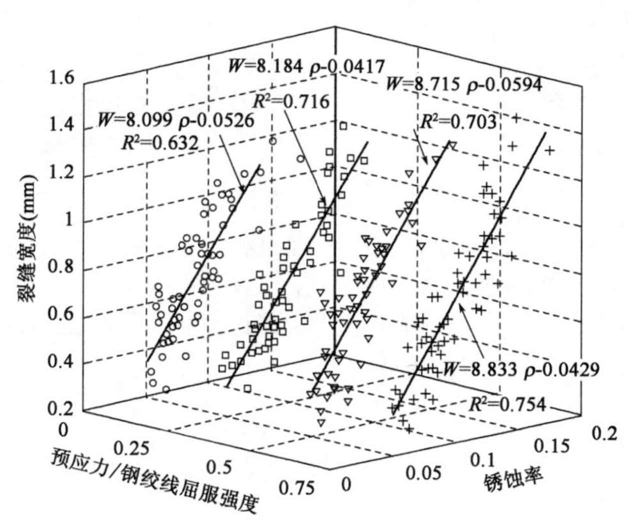

图4-20　不同应力状态下裂缝宽度与锈蚀率

由图4-20可知，轻微地钢绞线锈蚀会导致保护层开裂。裂缝宽度取决于预应力和锈蚀程度的共同作用，裂缝宽度随锈蚀率的增加而增大，随预应力的增大而变宽。当预应力为$0.75f_p$时，裂缝扩展速率增加了9%。无预应力混凝土钢绞线锈蚀率为10%时，对应的裂缝宽度为0.76mm。当预应力分别为$0.25f_p$、$0.5f_p$和$0.75f_p$时，锈胀裂缝的宽度分别增加了3%、7%和11%。预应力的存在会加快裂缝扩展速率，同时也会增大锈胀裂缝宽度。

4.3 预应力混凝土锈胀开裂弹性理论

4.3.1 微裂缝形成时临界锈蚀率

如前所述，在预应力混凝土结构中，预应力筋周围混凝土除受横向锈蚀产物引起的锈胀力外，还受纵向预应力的约束作用。另外，工程中的钢绞线由多根钢丝捻制而成，其截面形态多与普通钢筋的形态不同。因此，锈胀分析时要考虑这两个因素。

混凝土是非均质材料，内部多存在较小的孔隙。钢绞线开始被锈蚀后，产生的锈蚀产物首先用于填入交界面混凝土的孔隙。为简化分析，此阶段填充孔隙造成的锈蚀率忽略不计。当锈蚀产物填充完交界面混凝土的孔隙后，钢绞线周围混凝土才会受到拉应力作用，产生微裂缝。以桥梁常用的7根钢丝捻制而成的钢绞线、保护层厚度为 C 的预应力混凝土结构为研究对象，图4-21表示了钢绞线及其周围混凝土受力状况。当锈胀应力产生的环向拉应力等于双向应力状态下混凝土的主拉应力时，会产生微裂缝。

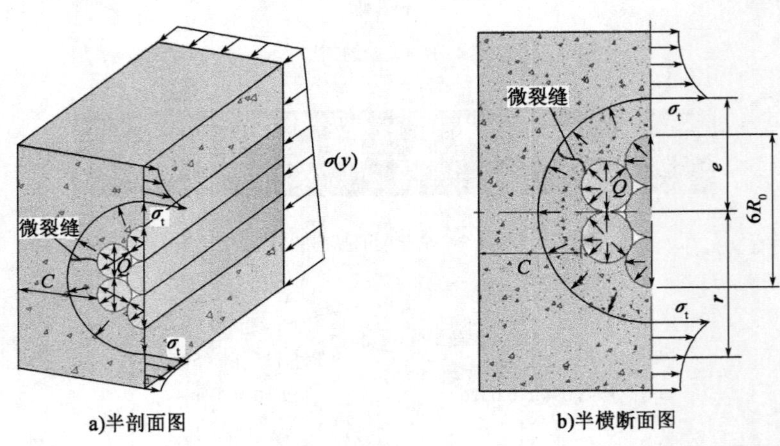

图4-21 预应力筋周围混凝土层应力分布

C-保护层厚度；Q-交界面处锈胀应力；r-混凝土内部任意位置到钢绞线重心的距离；σ_t-混凝土环向应力；$\sigma(y)$-混凝土的预压应力；e-最大锈胀应力处微裂缝端部至钢绞线重心的距离；R_0-单根钢丝的初始半径

在单元体中，混凝土处于双向应力状态，即纵向受到预压应力、横向受到锈胀应力产生的拉应力。预应力作用下，钢绞线位置处混凝土的预压应力 σ_p 为：

$$\sigma_p = \frac{N_p}{A} + \frac{N_p e_p^2}{I} \tag{4-4}$$

式中，N_p 为钢绞线的预压应力；A 为构件截面面积；I 为构件截面惯性矩；e_p 为钢绞线重心至中和轴的距离。

除预压应力外，混凝土还受环向应力的作用。由图4-21b）可知：根据应力的等效分布原理，微裂缝端部 e 处的锈胀应力 Q_e 为：

$$Q_e = \frac{2R_0 Q}{e} \tag{4-5}$$

根据弹性力学轴对称应力解，得到环状混凝土的最大环向应力 σ_t 为：

$$\sigma_t = \frac{(C + 3R_0)^2 + e^2}{(C + 3R_0)^2 - e^2} Q_e \tag{4-6}$$

双向应力状态下的混凝土,双向应力存在如下关系[172]:

$$\frac{\sigma_p}{f_{ck}} = \frac{1}{1 + KS} \tag{4-7}$$

式中,$K = \frac{\sigma_t}{\sigma_p}$;$S = \frac{f_{ck}}{f_{tk}}$;$f_{ck}$为轴心抗压强度标准值,$f_{tk}$为轴心抗拉强度标准值。

将式(4-4)~式(4-6)代入式(4-7),得到锈胀应力 Q 的表达式。对其求导,可得 $e = 0.486(C + 3R_0)$,进而得到混凝土微裂缝形成时最大锈胀应力为:

$$Q = \left(0.45 + 0.15\frac{C}{R_0}\right)\frac{\sigma_p f_{tk}}{f_{ck}} \tag{4-8}$$

对于桥梁常用的由7根钢丝捻制的钢绞线而言,钢绞线与混凝土的接触面只有外围的6根钢丝,外围钢丝与混凝土的接触面占单根钢丝周长的2/3,如图4-22所示。对同一结构,以相同直径的钢绞线和普通钢筋为分析对象,由于外围钢丝与混凝土的接触面占单根钢丝周长的2/3,钢绞线与混凝土交界面的周长比普通钢筋的周长大。交界面处预应力筋与混凝土的接触面积越大,其锈蚀速率越快,锈蚀速率越快则结构锈胀开裂所需的时间越短。

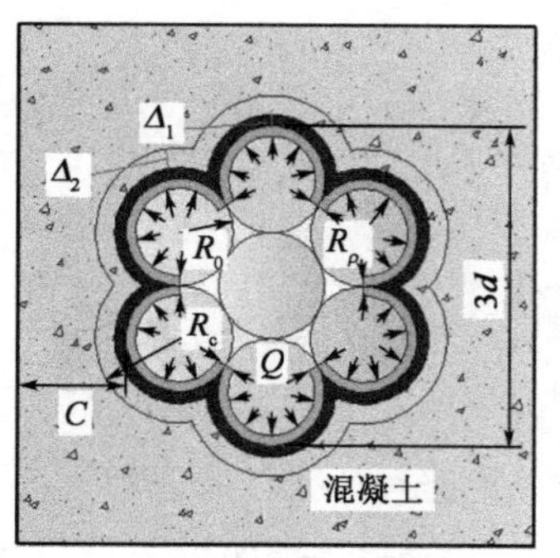

a)锈蚀产物引起变形

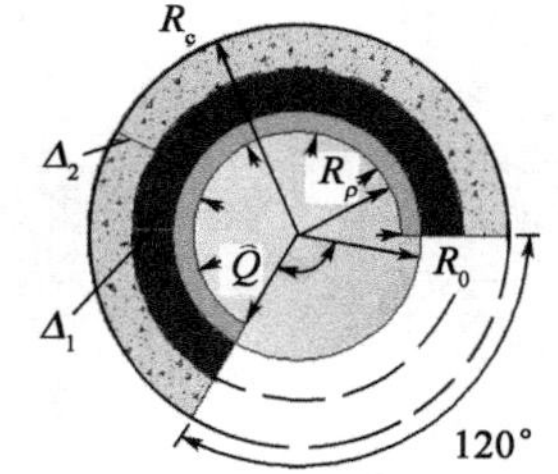

b)单根钢丝锈胀放大

图4-22　钢绞线与混凝土交界处锈胀变形

R_c-锈蚀后膨胀半径;R_ρ-锈蚀后净半径;Δ_1-交界面处混凝土径向位移;Δ_2-交界面处铁锈径向位移;d-单根钢丝的初始直径

当钢绞线受侵蚀物质锈蚀时,外围钢丝与混凝土接触面会先发生锈蚀,即单根钢丝2/3表面先发生锈蚀。由于钢绞线截面的复杂性,相对普通钢筋而言,其锈蚀率与截面积减小量之间的计算更为复杂。通过钢绞线截面面积减小量和锈蚀率之间关系,可得三者关系,具体如下:

$$R_c = \sqrt{R_0^2 + \frac{(n-1)A_p}{4\pi}\rho_m} \tag{4-9}$$

$$R_\rho = \sqrt{R_0^2 + \frac{A_p}{4\pi}\rho_m} \tag{4-10}$$

式中,n 为铁锈体积膨胀率,通常为2~4;A_p 为未锈蚀钢绞线截面面积;ρ_m 为微裂缝形成时临界锈蚀率。

当混凝土内部产生微裂缝时，交界面处混凝土受到钢绞线锈胀力作用会产生 Δ_1 的变形，铁锈受锈胀力作用的变形为 Δ_2，如图 4-22 所示。

根据环状轴对称应力结构的应力分布特点，钢绞线与混凝土交界面处的锈胀应力为 Q，混凝土保护层表面锈胀应力为 0Pa[173]，可得到在锈胀力作用下，交界面处混凝土的径向位移 Δ_1 表达式为：

$$\Delta_1 = \frac{R_0}{E_c}\left[(1+\nu_c)+\frac{2R_0^2}{C(2R_0+C)}\right]Q \tag{4-11}$$

式中，E_c、ν_c 分别为混凝土的弹性模量和泊松比。

根据环状轴对称应力结构的应力和位移边界条件，膨胀半径处的径向应力为 Q，锈蚀后净半径处的径向位移为 0mm[173]，得到交界面处铁锈的径向位移 Δ_2 为：

$$\Delta_2 = \frac{n(1-\nu_r^2)R_c}{E_r\{[(1+\nu_r)n-2]+8\pi R_0^2/(A_p\rho_m)\}}Q \tag{4-12}$$

$$E_r = 6\,000\times(1-\nu_r)$$

式中，E_r 为铁锈的弹性模量，N/mm^2；ν_r 为泊松比，取 0.49。

图 4-22 中钢绞线与混凝土的交界面满足变形协调关系，钢丝初始半径 R_0 加上混凝土的径向位移 Δ_1 等于钢丝锈蚀后的膨胀半径 R_c 减去铁锈的径向位移 Δ_2。由变形协调方程，可得：

$$Q = (R_c - R_0)\Big/\left\{\frac{R_0}{E_c}\left[(1+\nu_c)+\frac{2R_0^2}{C(2R_0+C)}\right]+\frac{n(1-\nu_r^2)R_c}{E_r[(1+\nu_r)n-2+8\pi R_0^2/(A_p\rho_m)]}\right\} \tag{4-13}$$

由式(4-9)可知，R_c 为 ρ_m 的函数，将式(4-13)中的 ρ_m 用 R_c 表示，联立式(4-8)和式(4-13)，得到 R_c 的一元三次方程为：

$$a_1R_c^3 + a_2R_c^2 + a_3R_c + a_4 = 0 \tag{4-14}$$

式中，$a_1 = N_2 - t_1$；$a_2 = N_1N_3 + R_0t_1$；$a_3 = R_0^2t_1 - t_2 - R_0^2N_2$；$a_4 = 2(n-1)R_0^2N_1 + R_0t_2 - R_0^2N_1N_3 - R_0^3t_1$；$N_1 = \frac{R_0}{E_c}\left[(1+\nu_c)+\frac{2R_0^2}{C(2R_0+C)}\right]$；$N_2 = \frac{n(1-\nu_r^2)}{E_r}$；$N_3 = (1+\nu_r)n-2$；

$t_1 = \frac{N_3}{\left(0.45+0.15\frac{C}{R_0}\right)\frac{\sigma_p f_{tk}}{f_{ck}}}$；$t_2 = \frac{2(n-1)R_0^2}{\left(0.45+0.15\frac{C}{R_0}\right)\frac{\sigma_p f_{tk}}{f_{ck}}}$。

求解式(4-14)得 R_c 的表达式，将 R_c 代入式(4-9)，求得 ρ_m，进而得微裂缝形成时单根钢丝锈蚀深度 δ_m 表达式。

4.3.2 保护层开裂时临界锈蚀率

随着锈蚀程度的增加，锈蚀产物的进一步增多导致保护层表面出现开裂。混凝土作为脆性材料，当锈胀产生的拉应力超过混凝土的抗拉强度时，混凝土内部会产生裂缝。钢绞线与混凝土交界面处裂缝宽度与填入裂缝的铁锈体积 V_c 直接相关。铁锈体积 V_c 又取决于锈蚀深度 δ_p 和临界锈蚀率 ρ_p。

由以上分析可知，微裂缝形成时单根钢丝锈蚀深度为 δ_m，钢绞线与混凝土交界面处铁锈的半径增量为$(n-1)\delta_m$。假定钢绞线和混凝土交界面处裂缝的宽度产生是由铁锈膨胀导致交界面处混凝土周长增加所造成的，如图 4-23 所示。钢绞线与混凝土交界面处裂缝宽度w_i之和为：

$$\sum w_i = 6 \times \left[\frac{2}{3} \times 2\pi(n-1)\delta_m\right] = 8\pi(n-1)\delta_m \tag{4-15}$$

保护层开裂时混凝土内部裂缝的开展如图 4-23 所示。将裂缝分布近似等效为三角形，且裂缝长度延伸至保护层表面，可得单位长度内填入裂缝中铁锈体积$V_c = \frac{1}{2}\sum w_i C$。由于锈蚀产物产生的锈胀力会使混凝土开裂，进而使铁锈填充裂缝。根据钢绞线锈蚀深度与铁锈体积之间的关系，得到保护层开裂时钢绞线锈蚀深度δ_p的表达式为：

$$\delta_p = R_0 - \sqrt{R_0^2 - \frac{V_c}{4\pi(n-1)}} \tag{4-16}$$

当钢绞线受到侵蚀时，外围钢丝先被锈蚀，可得到保护层开裂时的临界锈蚀率ρ_p与δ_p之间的关系为：

$$\rho_p = 6 \times \frac{2}{3}[\pi R_0^2 - \pi(R_0 - \delta_p)]^2 / A_p \tag{4-17}$$

综上所述，将V_c代入式(4-16)得到δ_p，再将δ_p代入式(4-17)即可求得保护层开裂时临界锈蚀率。

4.3.3　保护层开裂至一定宽度时的锈蚀率

当锈蚀率超过保护层锈胀开裂临界锈蚀率时，保护层表面即开始出现可见的锈胀裂缝。锈胀裂缝加宽后，在横截面方向，裂缝的形状由三角形向长方形发展，如图 4-24 所示。

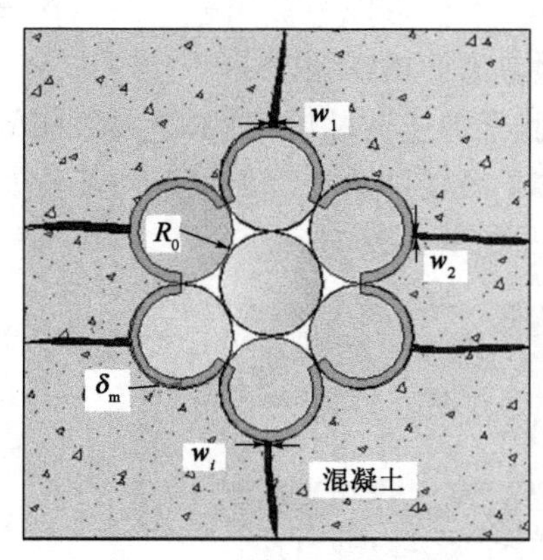

图 4-23　保护层开裂时混凝土的锈胀裂缝

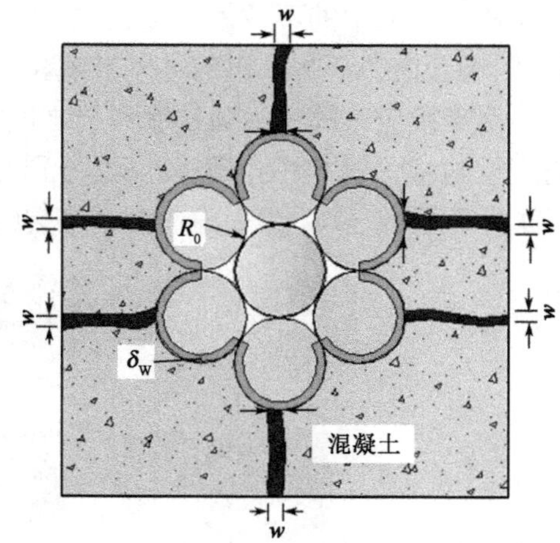

图 4-24　锈胀裂缝宽度与锈蚀率之间的关系

此时，锈胀裂缝宽度w与钢绞线锈蚀深度δ_w之间的关系为：

$$\sum wC - V_c = 4(n-1)[\pi R_0^2 - \pi(R_0 - \delta_w)]^2 \tag{4-18}$$

锈胀裂缝宽度对应的锈蚀率ρ_w与δ_w之间的关系为：

$$\rho_w = \frac{4 \times [\pi R_0^2 - \pi(R_0 - \delta_w)]^2}{A_p} \tag{4-19}$$

将式(4-18)代入式(4-19),得ρ_w与w之间的关系为:

$$\rho_w = \frac{\sum wC - V_c}{(n-1)A_p} \tag{4-20}$$

这样即可根据锈胀裂缝的检测宽度w,来推算其对应的锈蚀率。

4.3.4 锈胀开裂模型的试验验证

试验设计制作了8片不同预应力筋锈蚀程度的后张PC梁,试验梁的截面长×高×宽为2 000mm×220mm×150mm。混凝土轴心抗压强度实测值f_{cd}=31.8MPa。预应力筋采用直径为15.2mm的7钢绞线,其屈服强度为1 830MPa,极限强度为1 910MPa,控制张拉荷载为194kN,预应力筋重心至梁下边缘距离为60mm。预留直径为32mm的预应力筋孔洞,预留孔洞采用橡胶棒拉拔成孔,孔道压浆材料为水泥浆,其水灰比为0.4。梁尺寸及配筋图如图4-25所示。

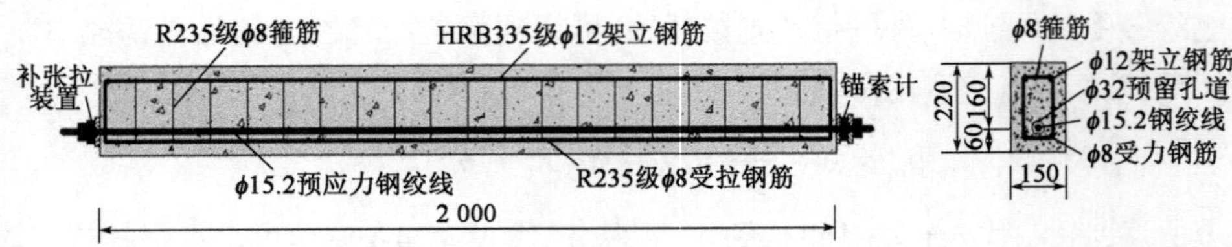

图4-25 试验梁尺寸及配筋(尺寸单位:mm)

试验采用电化学快速锈蚀法对试件内的预应力筋进行加速锈蚀。为单独研究预应力筋锈蚀的影响,利用环氧树脂对所有普通钢筋进行防腐处理,保证普通钢筋不被锈蚀。将试验梁浸泡在质量分数为10%的NaCl溶液中,恒定直流电源的阳极与试验梁的预应力筋连接,阴极与锈蚀溶液中的不锈钢连接,通过锈蚀槽中的NaCl溶液形成电流闭合回路。在电流作用下,阳极预应力筋释放出的电子被氧化,从而导致预应力筋被锈蚀。

为明确预应力筋锈蚀与锈胀裂缝之间的关系,试验梁加速锈蚀后,对试验梁表面的锈胀裂缝进行测量,试验梁的两侧和底面分别标记为A~C。各锈蚀梁3个面预应力筋位置处均出现了锈胀裂缝,试验梁表面典型锈胀裂缝的开展情况如图4-26所示。

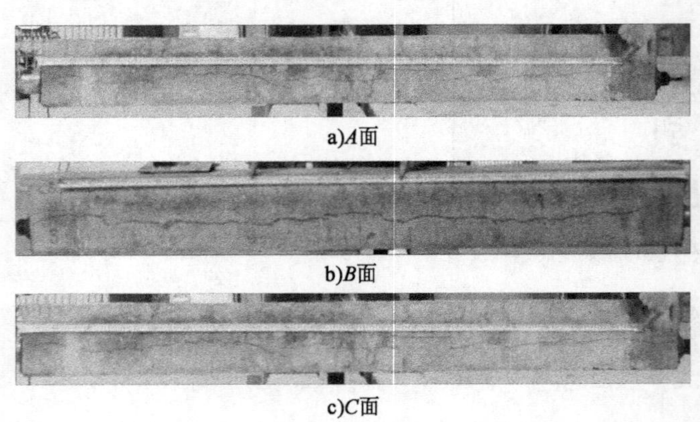

a)*A*面

b)*B*面

c)*C*面

图4-26 试验梁表面的锈胀裂缝

选取其中5片平均锈蚀率较低的试验梁作为研究对象。沿纵向梁长方向每隔10cm测量一次锈胀裂缝的宽度。表4-6所示为各试验梁锈胀裂缝宽度试验值与理论值。水泥浆与普通混凝土材料力学特性存在差异性,为简化分析,理论模型将水泥浆和混凝土假定为同一种材料。现有研究表明铁锈膨胀率通常为2~4[154],本书基于现有文献研究成果取为平均值3。表4-6所示平均锈蚀率为质量锈蚀率,试验梁A面和B面的保护层厚度相同。为便于分析,当保护层厚度为67.4mm时,平均锈胀裂缝宽度取梁长方向A面和B面锈胀裂缝宽度的平均值;当保护层厚度为52.4mm时,平均锈胀裂缝宽度取梁长方向C面锈胀裂缝宽度的平均值。

平均锈胀裂缝宽度试验值与理论值比较 表4-6

保护层厚度(mm)	平均锈蚀率(%)	平均裂缝宽度(试验值)(mm)	平均裂缝宽度(理论值)(mm)	理论值/试验值
52.4	2.412	0.12	0.100 6	0.838 3
	5.392	0.24	0.218 0	0.908 3
	9.202	0.40	0.388 5	0.971 3
	12.334	0.54	0.528 7	0.979 1
	14.730	0.72	0.656 0	0.911 1
67.4	2.412	0.08	0.065 7	0.821 3
	5.392	0.19	0.180 4	0.949 5
	9.202	0.35	0.393 0	1.122 9
	12.334	0.45	0.402 0	0.893 3
	14.730	0.56	0.505 4	0.902 5

结合本书锈胀至一定宽度锈蚀率的计算模型,对试验梁锈胀裂缝宽度进行了理论分析。保护层厚度为52.4mm的面,理论值与试验值的最大相对误差为16.17%,平均相对误差为7.84%;当保护层厚度为67.4mm时,理论值与试验值的最大相对误差为17.87%,平均相对误差为6.21%。理论值和试验值存在一定误差,这是混凝土强度不确定性以及预应力筋锈蚀率和裂缝宽度测量过程中存在误差等原因造成的,整体上理论值与试验值误差是可以接受的。

试验过程中直接测量保护层开裂时的临界锈蚀率十分困难。文献[171]研究表明:当锈蚀率不大时,锈胀裂缝宽度随锈蚀率的增大呈线性增长。为此,保护层开裂时临界锈蚀率可通过试验值拟合得到。平均锈胀裂缝宽度与平均锈蚀率之间的关系如图4-27所示。

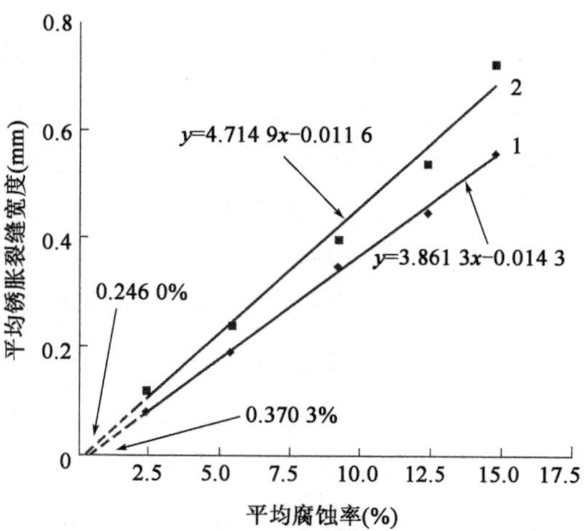

图4-27 平均锈胀裂缝宽度与平均锈蚀率之间的关系
1-保护层厚度67.4mm;2-保护层厚度52.4mm

由图4-27可知:当保护层厚度为52.4mm时,保护层开裂时临界锈蚀率的试验值为0.246 0%,而相应的理论值为0.275 8%,相对误差为12.11%;当保护层厚度为67.4mm时,保护层开裂时临界锈蚀率的试验值为

0.370 3%,理论值为0.407 2%,相对误差为9.97%。理论值与试验值相对误差可以接受。

以上两个方面的试验验证了该理论模型的适用性,可以有效计算预应力混凝土锈胀开裂。

4.3.5 各阶段锈蚀率的影响因素

锈胀开裂受预应力、混凝土抗拉强度、保护层厚度、铁锈膨胀率和钢绞线直径等因素的影响。

4.3.5.1 预应力的影响

以本书试验梁为分析对象,取铁锈膨胀率为3.0,研究微裂缝形成、保护层开裂和开裂至一定宽度时锈蚀率随预应力的变化,如图4-28所示。

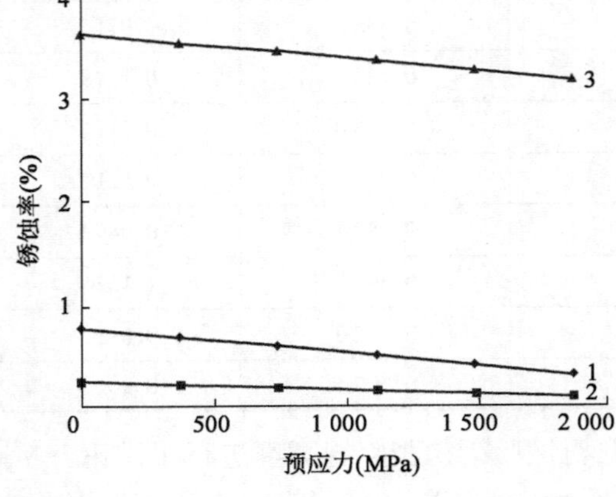

图4-28　预应力对锈蚀率的影响

1-保护层开裂临界锈蚀率ρ_p;2-微裂缝形成临界锈蚀率ρ_m;3-保护层开裂至0.1mm锈蚀率ρ_w

由图4-28可知,微裂缝形成、保护层开裂以及保护层开裂至0.1mm时锈蚀率均随预应力的增加而降低。《公路钢筋混凝土及预应力混凝土桥涵设计规范》(JTG D62—2004)规定[174]:钢绞线的张拉控制应力应小于75%的抗拉强度标准值。与无应力状态相比,钢绞线预应力在75%的抗拉强度标准值时,微裂缝形成、保护层开裂和开裂至0.1mm时的锈蚀率分别降低了46.14%、43.90%和9.42%。当预应力取0MPa时,其值为混凝土结构的临界锈蚀率。这表明,侵蚀环境下预应力混凝土结构比混凝土结构更易导致锈胀开裂。

4.3.5.2 混凝土抗拉强度和铁锈膨胀率的影响

同样,以本书试验梁为研究对象,锈蚀率对混凝土抗拉强度和铁锈膨胀率的敏感性如图4-29所示。微裂缝形成时的临界锈蚀率、保护层开裂时的临界锈蚀率和开裂至0.1mm时的锈蚀率随混凝土抗拉强度的增加而增大,随铁锈膨胀率的增加而减小。铁锈膨胀率对开裂前和开裂后锈蚀率均有较大影响;而混凝土抗拉强度仅对保护层开裂前有较大影响,提高混凝土抗拉强度对锈胀开裂后的影响不大。

4.3.5.3 混凝土保护层和钢绞线直径的影响

以本书试验梁为对象,取铁锈膨胀率为3.0,分析保护层厚度和钢绞线直径对锈蚀率的影响,如图4-30所示。3种情况下,锈蚀率均随保护层厚度的增加而增大,随钢绞线直径的增大而减小。降低钢绞线直径和提高保护层厚度对混凝土保护层开裂前和开裂后的影响均有较明显的作用。提高混凝土保护层厚度和采用小直径的钢绞线能有效延缓锈胀裂缝的开展。在3个锈蚀率中,混凝土开裂至一定宽度的临界锈蚀率对保护层厚度和钢筋直径更为敏感。

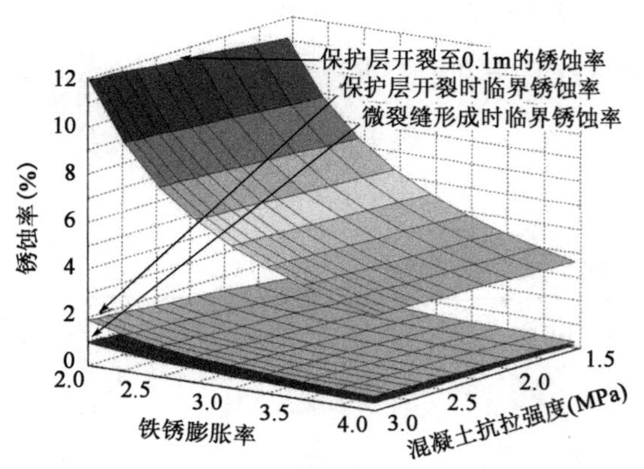

图 4-29　混凝土抗拉强度和铁锈膨胀率对锈蚀率的影响

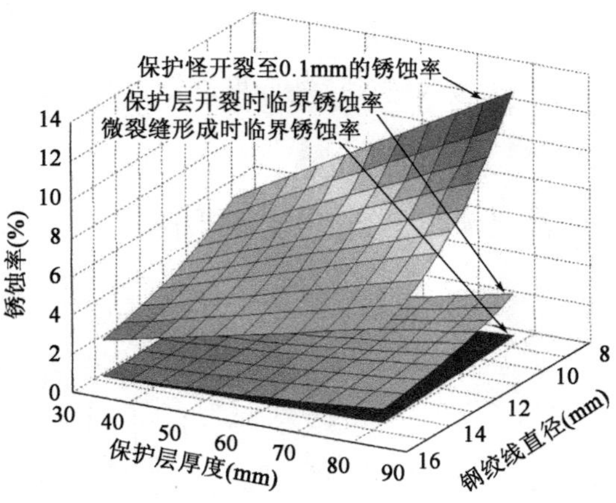

图 4-30　保护层厚度和钢绞线直径对锈蚀率的影响

4.4　预应力混凝土锈胀开裂断裂理论

上述试验表明,轻微的钢绞线锈蚀会导致保护层开裂,裂缝宽度与预应力、钢绞线锈蚀程度有关。本节基于断裂力学理论,构建一个可以预测预应力混凝土锈胀开裂全过程的理论模型,该模型可以融入预应力、钢绞线锈蚀产物膨胀率和开裂混凝土的剩余刚度等因素的影响。通过开裂混凝土和未开裂混凝土交界面的变形协调关系,可以得到各阶段钢绞线的锈蚀率,进一步通过边界条件设计,该模型可以合理预测预应力混凝土锈胀开裂从初始到扩展阶段的全过程。

4.4.1　锈胀开裂理论计算

对于预应力混凝土,锈胀过程中的混凝土会受到预应力和膨胀力的共同作用。如何合理地考虑以上因素对于预应力混凝土锈胀开裂的影响是本书进行理论分析的关键问题之一。图 4-31 给出钢绞线-混凝土交界面的应力分布。

在轻微锈蚀程度下,锈蚀产物一般会均匀地环绕在钢绞线周围,进而产生一个均匀膨胀力。模型将混凝土模拟为一个厚壁圆筒环,当锈胀力引起的拉应力达到预应力混凝土抗拉强度时,混凝土即产生微裂缝。保护层完全开裂前,预应力混凝土保护层由两部分组成,即内环开裂混凝土和外环未开裂混凝土。图 4-32 给出了钢绞线-混凝土交界面的变形。

预应力钢绞线由 1 根内部钢丝和 6 根外部钢丝组成。试验结果表明,外围钢丝的质量损失是造成钢绞线锈蚀的主要原因。由图 4-32 可知,6 根外围钢丝与周边混凝土相交处,钢绞线的锈蚀率 ρ 为

$$\rho = \frac{4\pi(R_0^2 - R_\rho^2)}{A_p} \tag{4-21}$$

式中,R_0 为锈蚀前钢丝半径;R_ρ 为锈蚀后钢丝半径;A_p 为钢绞线截面面积。

随着锈蚀程度的增加,锈蚀产物首先填充混凝土内的孔隙和裂缝,剩余部分则产生锈胀应力。根据体积相等原则,锈蚀产物的总体积为:

$$\Delta V_r = \Delta V_w + \Delta V_c + \Delta V_p \tag{4-22}$$

式中:ΔV_r 为锈蚀产物的总体积,$\Delta V_r = n\Delta V_w$;n 为锈蚀产物的膨胀率;ΔV_w 为钢丝的体

积减小量，$\Delta V_w=\dfrac{2}{3}\pi(R_0^2-R_\rho^2)$；$\Delta V_c$ 为膨胀应力引起混凝土的体积变化量，$\Delta V_c=\dfrac{2}{3}\pi(R_t^2-R_0^2)$；$R_t$ 为包含锈蚀产物厚度的钢丝半径；ΔV_p 为填充孔隙和开裂混凝土的锈蚀产物，$\Delta V_p=\dfrac{2}{3}\pi(R_t-R_0)(R_u-R_t)$[74]；

R_u 为混凝土开裂区域的半径。

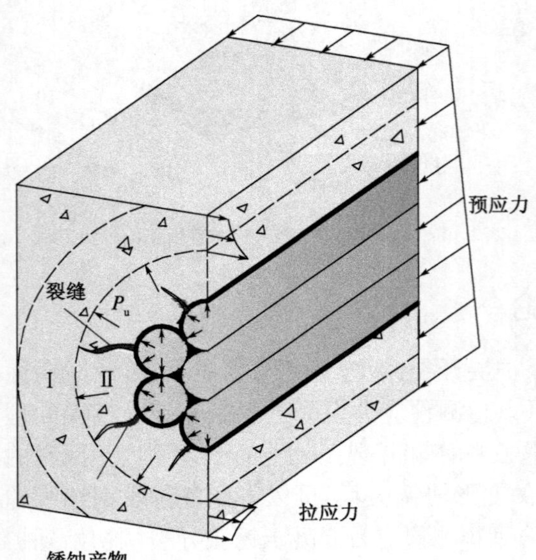

图 4-31　预应力混凝土的应力分布

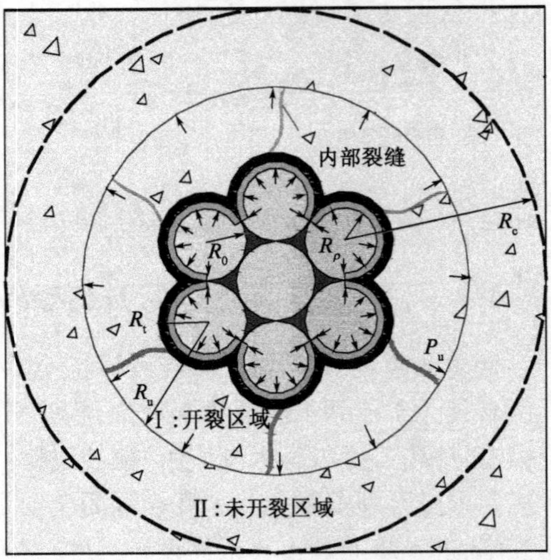

图 4-32　钢绞线-混凝土交界面的变形

联合式(4-21)和式(4-22)，得到混凝土的位移 u_c 为：

$$u_c = R_t - R_0 = \frac{(n-1)A_p\rho}{4\pi(R_u+R_0)} \tag{4-23}$$

锈蚀过程中，混凝土处于双向应力状态，即受到膨胀力产生的拉应力和预应力引起的压应力。混凝土的压应力 $\sigma(y)$ 为：

$$\sigma(y) = \frac{N_p}{A} + \frac{N_p e_p}{I} y \tag{4-24}$$

式中，N_p 为钢绞线的预应力；A 为混凝土的截面面积；I 为截面惯性矩；e_p 为钢绞线的偏心距；y 为截面形心的高度。

双向应力状态下，混凝土的受力可表示为[175]：

$$\frac{\sigma_p}{f_{ck}} = \frac{1}{1+ks} \tag{4-25}$$

式中，$k=f_t/\sigma_p$；$s=f_{ck}/f_{tk}$；f_t 为双向应力状态下混凝土的抗拉强度；σ_p 为钢绞线位置处混凝土的压应力；f_{ck} 为混凝土轴心抗压强度；f_{tk} 为混凝土轴心抗拉强度。

通过联立式(4-24)和式(4-25)，可得到双向应力状态下混凝土的抗拉强度 f_t。对于预应力混凝土，当拉应力超过双向应力状态下混凝土的抗拉强度时，混凝土内部会产生微裂缝。本书假定内部微裂缝均匀、弥散分布在开裂混凝土周围，进而引入一个刚度退化因子 a

来考虑开裂混凝土的剩余刚度，其表达式为[73]：

$$a=\frac{f_t\exp[-\lambda(\bar{\varepsilon}_\theta-\bar{\varepsilon}_\theta^c)]}{\bar{\varepsilon}_\theta E_c} \tag{4-26}$$

式中，λ 为材料参数，$\lambda=\pi\frac{f_t}{G_t}(R_0+R_u)$；$G_t$ 为断裂能，$G_t=0.088\text{N/mm}$[74]；$\bar{\varepsilon}_\theta$ 为开裂混凝土的平均残余切应变；$\bar{\varepsilon}_\theta^c$ 为未开裂混凝土的平均切应变；E_c 为混凝土的弹性模型。

混凝土开裂后变为各向异性材料，混凝土的径向弹性模量与切向弹性模量存在差异[73,74]。相应的径向应力和切向应力分别为：

$$\sigma_r(r)=\frac{E_c}{1-\nu_c^2}[\varepsilon_r(r)+\nu_c\sqrt{a}\varepsilon_\theta(r)] \tag{4-27a}$$

$$\sigma_\theta(r)=\frac{E_c}{1-\nu_c^2}[a\varepsilon_\theta(r)+\nu_c\sqrt{a}\varepsilon_r(r)] \tag{4-27b}$$

式中，r 为开裂混凝土半径，$R_0\leqslant r\leqslant R_u$，$\nu_c=\sqrt{\nu_1\nu_2}$，$\nu_1$ 和 ν_2 分别为径向和切向的泊松比。

对于开裂混凝土，径向应力需满足以下平衡方程：

$$\frac{\partial\sigma_r(r)}{\partial_r}+\frac{\sigma_r(r)-\sigma_\theta(r)}{r}=0 \tag{4-28}$$

位移和应变的几何方程分别为 $\varepsilon_r(r)=\frac{\mathrm{d}u_r}{\mathrm{d}r}$、$\varepsilon_\theta(r)=\frac{u(r)}{r}$，开裂混凝土的位移控制方程可写为：

$$\frac{\mathrm{d}^2u(r)}{\mathrm{d}r^2}+\frac{1}{r}\frac{\mathrm{d}u(r)}{\mathrm{d}r}-a\frac{u(r)}{r^2}=0 \tag{4-29}$$

求解式(4-29)，得到开裂混凝土的位移 $u(r)$ 为：

$$u(r)=b_1(r)r^{\sqrt{a}}+b_2(r)r^{-\sqrt{a}} \tag{4-30}$$

式中，$b_1(r)$ 和 $b_2(r)$ 分别为相关参数。

将式(4-28)代入式(4-27)，式(4-27)中的径向应力和切向应力可重写为：

$$\sigma_r(r)=\frac{\sqrt{a}E_c}{1-\nu_c^2}[b_1(r)(1+\nu_c)r^{\sqrt{a}-1}-b_2(r)(1-\nu_c)r^{-\sqrt{a}-1}] \tag{4-31a}$$

$$\sigma_\theta(r)=\frac{aE_c}{1-\nu_c^2}[b_1(r)(1+\nu_c)r^{\sqrt{a}-1}+b_2(r)(1-\nu_c)r^{-\sqrt{a}-1}] \tag{4-31b}$$

对于未开裂的外部混凝土，仍然可以利用弹性理论对其应力状态进行模拟。将未开裂混凝土模拟为厚壁圆筒环，基于圆环内压力轴对称情况，未开裂混凝土的切向将不存在位移。未开裂混凝土的径向应力、切向应力和径向位移分别为：

$$\sigma_r(t)=\frac{R_u^2P_u}{R_c^2-R_u^2}\left(1-\frac{R_c^2}{t^2}\right) \tag{4-32a}$$

$$\sigma_\theta(t)=\frac{R_u^2P_u}{R_c^2-R_u^2}\left(1+\frac{R_c^2}{t^2}\right) \tag{4-32b}$$

$$u(t) = \frac{(1+\nu_c)R_u^2 P_u}{E_c(R_c^2 - R_u^2)}\left[\frac{R_c^2}{t} + (1-2\nu_c)t\right] \tag{4-32c}$$

式中,t 为未开裂混凝土半径,$R_u \leqslant t \leqslant R_c$;$R_c = R_0 + C$,$C$ 为保护层厚度。

当裂缝尖端发展到 R_u 位置处时,式(4-32b)中的 $\sigma_\theta(t)$ 等于双向应力状态下混凝土抗拉强度 f_t。由此,可取得 R_u 位置处的膨胀应力为:

$$P_u = f_t \frac{R_c^2 - R_u^2}{R_c^2 + R_u^2} \tag{4-33}$$

开裂混凝土与未开裂混凝土交界面的位移和应力满足变形协调关系,即 $u(t) = u(r)$、$\sigma_r(t) = \sigma_r(r)$。$b_1(r)$ 和 $b_2(\mathrm{r})$ 可表示为

$$b_1(r) = \frac{(1-\nu_c)m + P_u(1-\nu_c^2)/(\sqrt{a}E_c)}{2R_u^{\sqrt{a}-1}} \tag{4-34a}$$

$$b_2(r) = \frac{(1+\nu_c)m + P_u(1-\nu_c^2)/(\sqrt{a}E_c)}{2R_u^{-\sqrt{a}-1}} \tag{4-34b}$$

式中,$m = \dfrac{(1+\nu_c)f_t}{E_c(R_c^2 + R_u^2)}[R_c^2 + (1-2\nu_c)R_u^2]$。

在 $[R_0, R_u]$ 区域内,式(4-26)中未开裂混凝土的平均切应变 $\bar{\varepsilon}_\theta^c$ 和开裂混凝土的平均残余切应变 $\bar{\varepsilon}_\theta$ 分别为:

$$\bar{\varepsilon}_\theta^c = \frac{1}{R_u - R_0}\int_{R_0}^{R_u} \frac{u(t)}{t}\mathrm{d}t \tag{4-35a}$$

$$\bar{\varepsilon}_\theta = \frac{1}{R_u - R_0}\int_{R_0}^{R_u} \frac{u(r)}{r}\mathrm{d}r \tag{4-35b}$$

将式(4-35)代入式(4-26),可以得到刚度退化因子 a。联立式(4-23)和式(4-30),可以得到钢绞线锈蚀率 ρ 的表达式:

$$\rho = \frac{4\pi(R_u + R_0)[b_1(R_t)R_t^{\sqrt{a}} + b_2(R_t)R_t^{-\sqrt{a}}]}{(n-1)A_p} \tag{4-36}$$

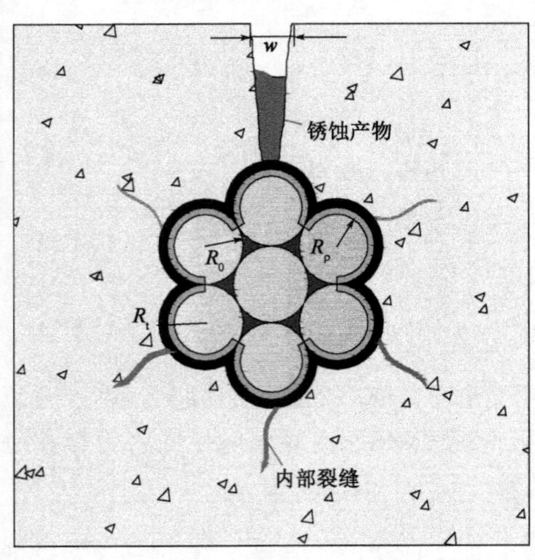

图 4-33　裂缝扩展至混凝土表面

当裂缝扩展到混凝土表面时,保护层完全开裂。此时,$R_u = R_c$,进而求解式(4-36),可以得到保护层开裂的临界锈蚀率。

保护层完全开裂后,混凝土表面可观测到可见裂缝。本书通过改变相应的边界条件,进而合理预测锈胀开裂从裂缝初始阶段到扩展阶段的全过程。保护层开裂后,裂缝在横断面呈现梯形形态,如图 4-33 所示。理论模型中厚壁圆筒的边界条件发生了改变,重新求解式(4-30),得:

$$u(r) = b_3 r^{\sqrt{a}} + b_4 r^{-\sqrt{a}} \tag{4-37}$$

式中，b_3 和 b_4 为相关参数。

保护层开裂后，混凝土将不存在径向应力，边界条件可重新表示为[176]：

$$b_3(1+v_c)R_c^{(\sqrt{a}-1)} - b_4(1-v_c)R_c^{(-\sqrt{a}-1)} = 0 \tag{4-38a}$$

$$b_3R_0^{\sqrt{a}} + b_4R_0^{-\sqrt{a}} = R_t - R_0 \tag{4-38b}$$

求解式(4-38)，可得参数 b_3 和 b_4。混凝土表面的裂缝宽度可通过以下方程求得：

$$w_c = 2\pi R_c\left[\varepsilon_\theta(R_c) - \frac{f_t}{E_c}\right] \tag{4-39}$$

式中，$\varepsilon_\theta(R_c)$ 为混凝土表面的切应变。

联立式(4-38)和式(4-39)，重新得到混凝土表面的裂缝宽度为：

$$w_c = \frac{4\pi(R_t - R_0)}{(1-\nu_c)(R_0/R_c)^{\sqrt{a}} + (1+\nu_c)(R_c/R_0)^{\sqrt{a}}} - \frac{2\pi R_a f_t}{E_c} \tag{4-40}$$

最后，通过联立式(4-23)和式(4-40)，得到裂缝宽度和锈蚀率两者之间的关系。

综上所述，通过本书提出的模型可以合理地预测预应力混凝土锈胀开裂全过程。锈胀开裂计算对铁锈膨胀率和预应力参数较为敏感，提高预应力和铁锈膨胀率会加速锈胀开裂过程。

4.4.2　预测模型验证

利用理论模型对本节试验中得到的不同预应力状态下混凝土锈胀裂缝宽度进行预测。模型中的部分参数如下：铁锈膨胀率和断裂能分别为2.78和0.088N/mm。混凝土的弹性模量和泊松比分别为32.5GPa和0.18。裂缝宽度的理论预测值和试验结果如图4-34所示。

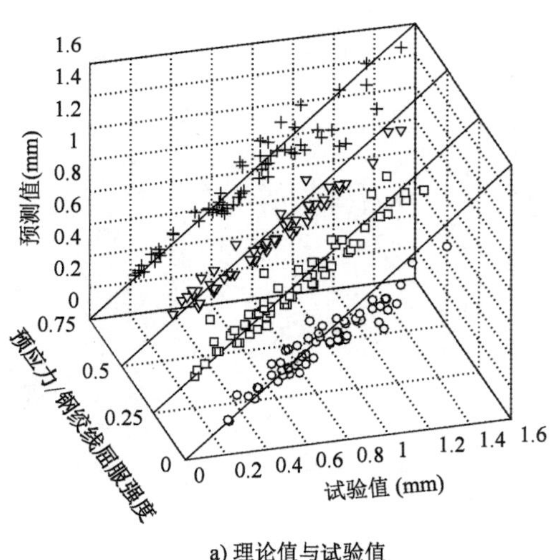

a) 理论值与试验值

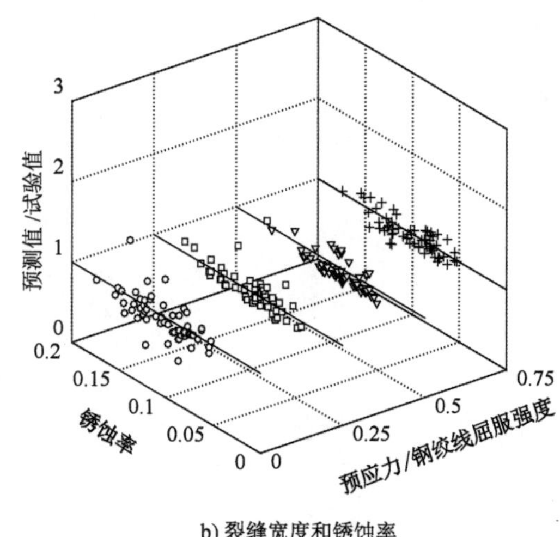

b) 裂缝宽度和锈蚀率

图4-34　模型验证

由图4-34可知，预测结果的平均误差和标准差分别为10.98%和0.091，理论预测值与实验值较为吻合。预测误差可能是由于理论模型的简化、裂缝宽度及锈蚀率测量的不确定性等因素造成的。考虑到锈胀开裂的复杂性，相应的误差在可接受范围以内。综上所述，该模型可以合理预测预应力混凝土的锈胀裂缝。

4.5 本章小结

(1)在预应力混凝土锈胀开裂计算过程中,应有效考虑预应力的影响。预应力筋的预加力作用会对锈胀裂缝产生不利影响,锈胀开裂的临界锈蚀率随预应力的增大而减小。

(2)与无应力状态相比,钢绞线预应力在75%的抗拉强度标准值时,微裂缝形成、保护层开裂和开裂至0.1mm时的锈蚀率分别降低了46.14%、43.90%和9.42%。

(3)微裂缝形成、保护层开裂及开裂至一定宽度时锈蚀率均随混凝土抗拉强度和保护层厚度的增加而增大,随铁锈膨胀率和钢绞线直径的增加而减小。

(4)在相同直径条件下,捻制而成的钢绞线与混凝土交界面的周长比普通钢筋的周长大。采用厚保护层、小直径钢绞线以及高强度混凝土等措施,对延迟预应力混凝土结构的锈胀开裂有较好的作用。

(5)模型可以有效计算预应力混凝土结构的锈胀开裂,误差在可接受范围内。但需要指出的是,本书对锈蚀预应力混凝土结构锈胀开裂进行受力分析时,假定混凝土为理想弹性体,而混凝土材料本身为非理想弹性体。如何准确考虑混凝土材料性能和锈蚀产物对锈胀开裂的影响,尚需深入研究。

第 5 章　锈蚀钢绞线与混凝土黏结滑移模型

钢绞线锈蚀是引起结构使用性能退化的重要原因之一[13]。锈蚀会导致混凝土保护层的开裂、剥落,引起钢绞线截面积的损失[77-79]。这些均会引起钢绞线与混凝土间黏结性能的改变。对于预应力混凝土结构,尤其是先张预应力混凝土结构,有效的黏结对其发挥正常的使用性能至关重要。首先,先张预应力筋通过其与混凝土之间的黏结力实现锚固。锈蚀黏结退化必然会引起预应力筋锚固性能的退化。其次,黏结退化会导致预应力筋和混凝土间的不协调变形[80]。一些学者指出考虑该不协调变形的影响对构件承载能力准确预测意义重大[122,123]。

一些学者对普通钢筋混凝土构件锈蚀后的黏结性能进行了试验研究,并提出一些锈蚀后黏结性能退化预测模型[85-91]。研究发现,当锈蚀对黏结力的影响受锈蚀率影响较大。当锈蚀率小于 4% 时,黏结性能会略有增加;但是进一步的钢筋锈蚀会导致黏结性能的急剧退化。有学者指出:对于普通钢筋混凝土构件,2% 的钢筋直径损失会引起黏结性能退化多达 80%[92]。类似的,预应力筋严重锈蚀时必然也会导致黏结性能的退化和构件性能的削弱。然而,预应力钢绞线和普通钢筋在材质和形状上均存在较大的差异,现有的基于普通钢筋的锈蚀黏结退化规律和预测模型未必适用于预应力钢绞线。

目前,鲜有学者对预应力筋构件锈蚀后的黏结性能进行研究。Morcous 等[98]探究了钢绞线表面蚀坑对黏结性能的影响。研究发现小滑移时,蚀坑对黏结力具有促进作用;而大滑移时,蚀坑的存在会引起黏结力的退化。然而,该试验中钢绞线先进行锈蚀,随后再进行混凝土浇筑,这与实际的锈蚀构件存在一定的差异。Li 等[101]对锈蚀钢绞线的局部黏结滑移模型进行了试验研究,结果表明锈蚀导致最大黏结应力后的应力平台退化,局部黏结滑移曲线由原来的上升段—水平段—下降段,退化成上升段—下降段。该试验中,拉拔试件较短。与普通钢筋不同,过短的试件必然会对钢绞线捻制效应存在一定的影响。此外,暂未给出具体的锈蚀黏结退化预测模型。

本书将对锈蚀预应力钢绞线和混凝土间的黏结性能进行研究,共设计了 10 个具有较长黏结长度的拉拔试件,通过快速锈蚀得到不同的锈蚀率,进而开展拉拔试验。探究钢绞线锈蚀对试件混凝土保护层崩裂、钢绞线滑移旋转、破坏模式以及荷载-滑移性能等的影响。在此基础上,对钢绞线局部黏结滑移特征进行了探究,给出了局部黏结滑移模型,进而建立了锈蚀钢绞线局部黏结滑移退化预测模型。

5.1　试验介绍

5.1.1　试件设计

本试验共设计制作了 10 个拉拔试件,编号依次为 PS0-PS9。其中,PS0 为未锈蚀对比试件,其他均为锈蚀试件。拉拔试件长1200mm,截面尺寸为150mm 150mm。配置4根直径为10mm的变形钢筋;箍筋采用直径为8mm的光圆钢筋,间距为150mm。预应力筋采用ϕ15.2(1×7)1 860级钢绞线,置于试件截面中央。试件两端钢绞线均套有100mm的PP管,以防止拉拔时试件端部出现应力集中。试件的详细尺寸和配筋布置如图5-1所示。

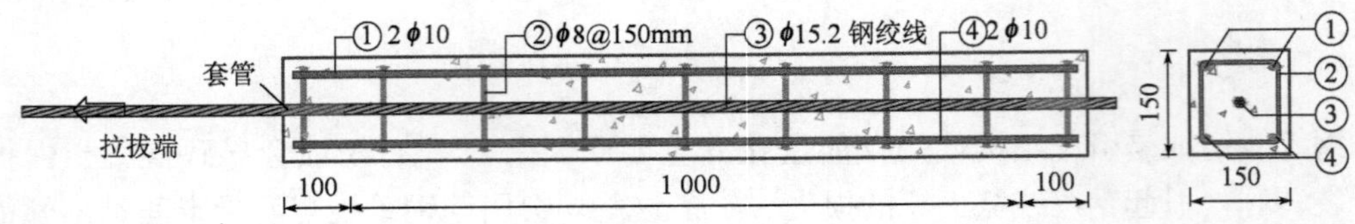

图5-1 拉拔试件尺寸和配筋(尺寸单位:mm)

钢绞线的平均极限抗拉强度和平均屈服强度分别为1 910MPa和1 830MPa,弹性模量为195GPa;变形钢筋的平均极限抗拉强度和平均屈服强度分别为465MPa和365MPa,弹性模量为210GPa;箍筋的平均极限抗拉强度和屈服强度分别为356MPa和275MPa,弹性模量为210GPa。采用硅酸盐C425水泥,每立方米水泥用量为540kg,水灰比为0.44,卵石和砂的质量比率为2.4,试件分3批浇筑。28d立方体混凝土强度为:PS0、PS1和PS2为35.6MPa;PS3、PS4和PS5为35.5MPa;PS6、PS7、PS8和PS9为34.1MPa。

5.1.2 快速锈蚀

拉拔试件养护28d后,对其进行电化学快速锈蚀以得到不同的锈蚀率水平,如图5-2所示。本试验中设计了一个专门的锈蚀槽安装在试件中部,以防止锈蚀溶液从时间试件端部侵入导致钢绞线局部锈蚀。锈蚀槽内注入质量浓度为5%的NaCl水溶液将各原件联通成电流回路。锈蚀时,电流从电源正极出发,流进锈蚀钢绞线、NaCl溶液、不锈钢板,再回到电源负极。锈蚀前,先注入NaCl水溶液浸泡试件3天,待氯离子进入试件,电流回路联通后接通电源开始锈蚀。

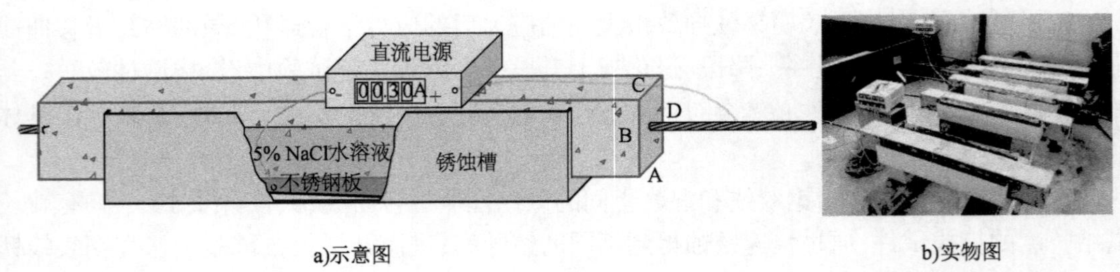

a)示意图 b)实物图

图5-2 拉拔试件快速锈蚀装置

为防止锈蚀过程中普通钢筋的锈蚀,混凝土浇筑前进行钢筋骨架绑扎时即对普通钢筋涂抹了环氧树脂防锈处理。锈蚀过程中用pH试纸实时测定锈蚀溶液的酸碱含量,并通过盐酸溶液对其pH值进行调节,使之始终维持在7左右。锈蚀电流大小为0.3A,相应的锈蚀电流密度为270μA/cm^2。各试件的锈蚀率根据锈蚀时间的长短进行初步确定,详见表5-1。

拉拔试件的锈蚀参数　　表 5-1

编号	PS1	PS2	PS3	PS4	PS5	PS6	PS7	PS8	PS9
锈蚀时间(d)	2	4	6	8	10	12	14	16	18
$w_{c,max-A}$(mm)	0.66	0.60	0.44	0.56	1.10	1.88	1.13	1.57	1.20
$w_{c,ave-A}$(mm)	0.35	0.34	0.31	0.33	0.67	1.37	0.73	1.14	0.75
其他开裂面	D	C	—	—	—	—	B	—	C
$w_{c,max-X}$(mm)	0.22	0.20	—	—	—	—	0.70	—	0.78
$w_{c,ave-X}$(mm)	0.10	0.06	—	—	—	—	0.34	—	0.25
锈蚀率 η(%)	4.13	6.24	7.44	9.26	11.56	12.17	14.23	17.66	22.57

注:$w_{c,max-A}$和 $w_{c,ave-A}$分别是 A 面上的最大裂缝宽度和平均裂缝宽度;$w_{c,max-X}$和 $w_{c,ave-X}$分别是 X 面上的最大裂缝宽度和平均裂缝宽度,X 可能为 B,C 和 D。

达到设定的锈蚀后,即拆除锈蚀槽,并对试件各表面的锈胀裂缝进行观察。为便于对试件表面锈胀裂缝进行标记,分别对试件的 4 个侧面进行了编号:A 面、B 面、C 面和 D 面。其中,A 面为试件底面,浸泡于锈蚀槽之中,如图 5-3 所示。所有锈蚀试件的 A 面上均发现了锈胀裂缝,试件 PS1、PS2、PS7 和 PS9 的其他侧面上也发现了锈胀裂缝,不同的锈胀裂缝分布形态如图 5-3 所示。锈胀裂缝基本沿试件长度方向分布,一些锈斑也出现在裂缝边上,图 5-4 给出了各试件锈胀裂缝的分布示意图。试验中沿长度方向每隔 5cm 即对锈胀裂缝的宽度进行测量,宽度数据也列于图 5-4 中。各试件开裂面的最大锈胀裂缝宽度和平均裂缝宽度见表 5-1。

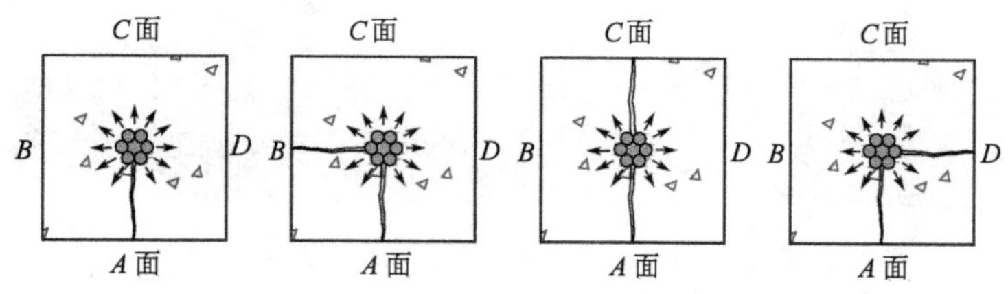

图 5-3　不同的锈胀裂缝形态

5.1.3　拉拔试验

锈胀裂缝测完毕后,即对各试件进行拉拔试验以探究锈蚀对预应力钢绞线和混凝土间黏结性能的影响。采用拉拔仪对试件进行加载,并通过压力传感器对荷载值进行测定。通过百分表分别对拉拔端和自由端钢绞线的位移量进行测定。设计了一个标有刻度的板盘固定在拉拔端钢绞线上,其可随着钢绞线而旋转。因此,钢绞线拉拔过程中旋转的角度可以通过端部固定的百分表指针在旋转表盘上划过的角度进行确定。拉拔试验的详细布置如图 5-5 所示。

拉拔试验根据荷载进行分级控制,每级 5kN。每级荷载下均对拉拔端、自由端的滑移量,拉拔端的钢绞线的旋转角度进行测定,并观测试件表面的裂缝发展情况,对新出现裂缝和原有锈胀裂缝宽度进行测定。当钢绞线被拉断或者被整体拔出时,停止加载,试验结束。

5.1.4　锈蚀率测定

拉拔试验后,采用破损试件的办法取出钢绞线,进而对其锈蚀率进行了测量。首先,敲除混凝土保护层将钢绞线取出,并清理钢绞线表面的混凝土碎屑;随后,采用浓度为 12% 的

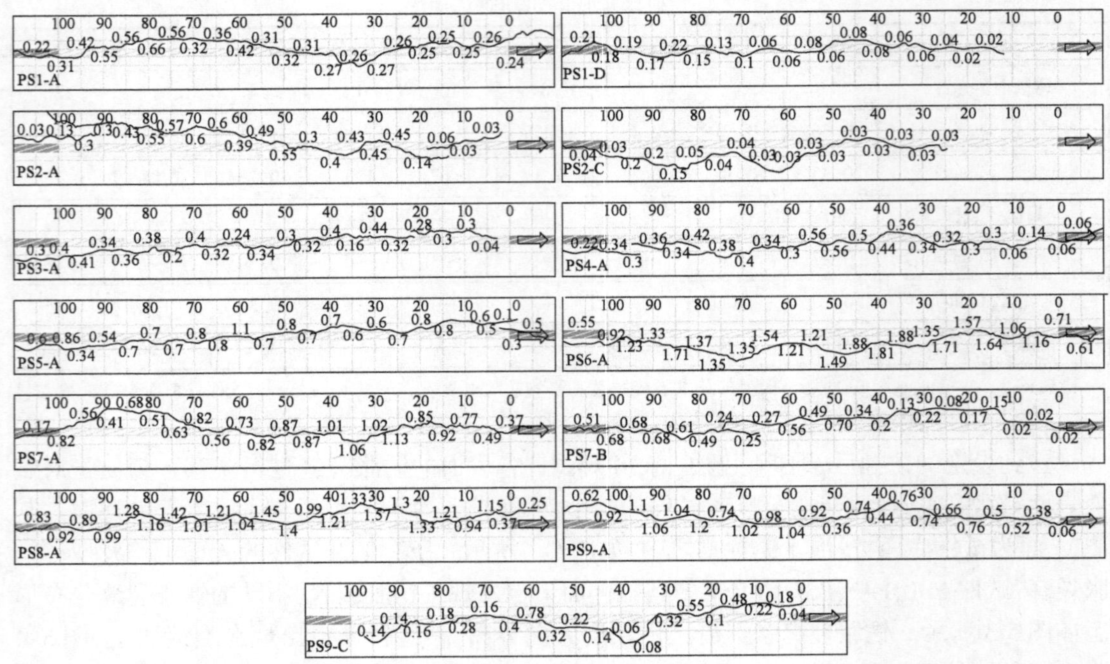

图 5-4　锈胀裂缝分布和宽度(尺寸单位:mm)

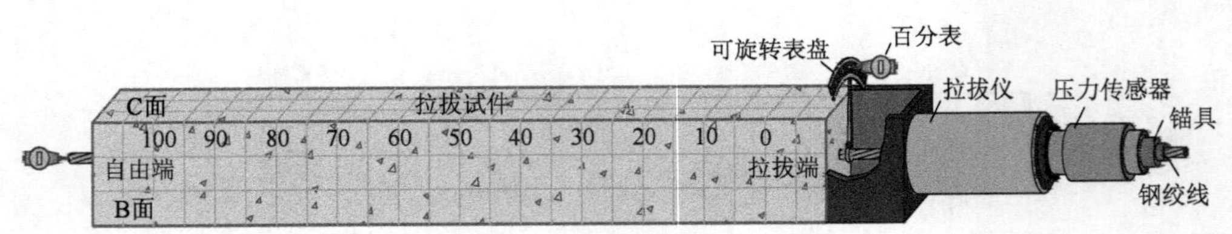

图 5-5　拉拔试验布置示意图(尺寸单位:mm)

盐酸溶液对钢绞线各钢丝进行刷洗,并用碱溶液中和;最后,对钢绞线各丝进行干燥处理,并对其质量进行测定。根据锈蚀前后钢绞线的质量差确定其锈蚀率。本试验采用平均质量锈蚀率表征试件的锈蚀程度,各试件的锈蚀率见表 5-1。

钢绞线清洗后,对其锈蚀形态进行了观察。钢绞线表面出现较多的坑状蚀坑,这些蚀坑沿钢绞线长度方向分布相对均匀。这与局部无压浆下预应力筋锈蚀锈坑的集中分布存在一定的差异。局部无压浆下,预应力筋的锈蚀主要集中在有无压浆界面附近区段的钢绞线表面[34]。可见,先张构件或者密实压浆的后张构件预应力筋的锈蚀相对均匀。这也是本试验采用平均质量锈蚀率对其锈蚀率进行表征的原因。此外,本试验中钢绞线的锈蚀多集中在外围钢丝的外表面,其内表面和中丝的锈蚀相对轻微。这表明中丝与外丝缝隙间锈蚀产物的积累能够减缓其锈蚀速率。

钢绞线锈蚀过程中,锈蚀产物体积膨胀必然会引起混凝土保护层的胀裂。本试验中锈胀裂缝的宽度基本随锈蚀率而逐渐增大,但也存在一些反常。比如,试件 PS1 和 PS2 具有比试件 PS3 和 PS4 更小的锈蚀率,但是试件 PS1 和 PS2 的最大锈胀裂缝宽度和平均锈胀裂缝宽度均宽于试件 PS3 和 PS4,并且试件 PS1 和 PS2 中存在两个锈胀开裂面,而试件 PS3 和

PS4 仅存在一个开裂面。此外，对于锈蚀较为严重的试件 PS6 ~ PS9，其锈胀裂缝宽度再继续增长的速度极缓。除了受锈蚀率的影响之外，一些其他的因素，如试件的浇筑时的温度、湿度、养护条件等，也是影响锈胀裂缝发展的重要因素。

5.2　锈蚀对钢绞线黏结性能的影响

5.2.1　混凝土保护层崩裂

随着荷载的增加，拉拔试件表面的锈胀裂缝逐渐变宽。锈胀裂缝宽度的发展与钢绞线的锈蚀率密切相关。对于锈蚀较轻微的试件 PS1、PS2 和 PS3，加载过程中锈胀裂缝宽度的增长相对缓慢，并且主要集中在拉拔端附近。对于未锈蚀对比试件 PS0，加载过程中未出现崩裂裂缝。其他锈蚀较为严重的试件，锈胀裂缝宽度增长迅速。这些试验梁加载过程中，锈胀裂缝宽度的增长首先发生在拉拔端，随后向自由端转移。可见，钢绞线拉拔同时会产生环向应力，导致混凝土保护层崩裂。

环向应力的产生是由钢绞线特殊的捻制形态所决定的。钢绞线与混凝土类似于节距很长的螺柱和螺母。然而，钢绞线的纵向滑移并非完全是绕螺母的旋转拧出，它们之间还有沿轴向的直接滑移。此时，预应力筋捻制钢丝必然存在对混凝土螺母螺纹挤压、剪切作用，进而产生环线应力。对于未锈蚀和轻微锈蚀的试件，混凝土保护层受锈胀损伤较少，尚能提供有效的限制作用，因此裂缝扩展较为缓慢；对于锈蚀较为严重的试件，锈胀造成的损伤很大，混凝土已不能提供有效的限制作用，故而锈胀裂缝宽度增长迅速。

5.2.2　钢绞线滑移旋转

试验中发现，钢绞线在拉拔滑移的同时还伴随着沿捻制方向的旋转。这证明捻制钢绞线在混凝土中的滑移类似螺柱一样沿螺母的拧出。然而，作为螺母的混凝土属于脆性材料，其螺纹容易被钢绞线捻制钢丝破坏，旋转约束效应减弱，进而引起钢绞线和混凝土之间的直拔滑移。钢绞线的拉拔总滑移是由直拔滑移和旋转滑移共同组成的。所谓直拔滑移是指与普通钢筋类似的直接拔出的滑移量；而旋转滑移是指钢绞线旋转引起的端部滑移量。钢绞线和混凝土滑移较大胶着黏结效应丧失之后，其黏结力必然由两者间滑移引起的齿合力和摩擦力提供。

本试验中，通过钢绞线的滑移过程中旋转角度来探讨锈蚀对黏结性能的影响。如前所述，本试验中通过肉眼观测固定在拉拔端钢绞线上标有刻度的板盘对旋转角度进行确定，因此当旋转角度较小时，可能存在较大误差。此外，当荷载较大时，又可能会受到钢绞线屈服或者钢绞线拔出的影响。为此，本试验采用 0.75 倍最大拉拔力对应的钢绞线旋转角度和对应的滑移量来表征其滑移旋转特征，各试件的相关测定参数见表 5-2。

拉拔试件滑移旋转参数　　表 5-2

编号	PS0	PS1	PS2	PS3	PS4	PS5	PS6	PS7	PS8	PS9
锈蚀率 η(%)	0	4.13	6.24	7.44	9.26	11.56	12.17	14.23	17.66	22.57
旋转角度(°)	4.20	3.55	3.07	4.08	4.22	3.55	2.43	1.50	3.08	3.92
拉拔端位移(mm)	4.29	3.51	3.16	4.34	4.44	4.13	3	2.05	5.13	5.85
单位长度转角(°)	0.98	1.01	0.97	0.94	0.95	0.86	0.81	0.73	0.60	0.67

本书采用单位滑移长度上的旋转角度来评价锈蚀对钢绞线滑移旋转效应的影响。若钢绞线仅沿着混凝土发生旋转滑移，而不发生直拔滑移，则其单位滑移长度上的旋转角度为1.6°。本试验中，所有试件观测到的单位滑移长度上的旋转角度变化范围在0.6°～1.01°之间，均小于1.6°。可见，钢绞线的拉拔滑移由直拔滑移和旋转滑移共同组成。此外，未锈蚀和轻微锈蚀试件的单位滑移长度上的旋转角度较锈蚀严重的试件大，并且随着锈蚀率的增加基本上呈逐渐减小的趋势。这表明随着锈蚀率的增加直拔滑移逐渐占据主导地位。锈蚀削弱了混凝土保护层的约束作用，加之钢绞线截面损失使有效的混凝土螺纹深度变小，使得混凝土螺纹极易被破坏，滑移旋转效应削弱。

5.2.3 破坏模式

试验过程中发现了两种不同的破坏形式，即钢绞线的断裂和拔出。对于未锈蚀和轻微锈蚀的试件，试件的破坏是由于钢绞线的断裂引起的。未锈蚀对比试件PS0，以及轻微锈蚀的试件PS1和PS3，钢绞线所有的钢丝基本同时断裂；对于轻微锈蚀试件PS2，钢绞线各钢丝随着荷载的增加逐渐断裂。这些试件在自由端的钢绞线的滑移量非常小，几乎接近于0。可见，这些试件中钢绞线与混凝土之间能够有效黏结，其能提供的最大黏结力比钢绞线的允许拉力大。

随着锈蚀率的增加，当试件的锈蚀率大于8%左右时，其破坏模式由钢绞线的断裂转变为钢绞线的拔出破坏。此时，钢绞线的滑移量变化相当迅速，并且在自由端也有较大的滑移量。此外，拉拔端钢绞线周围混凝土有剪碎的痕迹，而钢绞线钢丝为断裂完全被拔出，如图5-6所示。这表明钢绞线锈蚀较为严重时，其与混凝土之间的黏结力退化十分迅速。此时，这些试件所能提供的最大黏结力明显小于锈蚀钢绞线的允许拉力。可见，随着锈蚀率的增加，钢绞线与混凝土之间黏结力的退化速度要快于钢绞线允许最大拉力的退化。

图5-6 拉拔端钢绞线附近混凝土剪裂

尚需指出，对于锈蚀较为严重的试件PS7，其破坏首先是由于钢绞线钢丝的断裂引起的，但是随着荷载的继续增加，其他的钢丝并未继续断裂，其最终的破坏是由钢绞线的整体拔出所导致的。

5.2.4 荷载滑移性能

图5-7给出各试件加载端和自由端的荷载-滑移曲线。随着锈蚀率的增加，试件的荷载-滑移曲线逐渐发生改变。对于未锈蚀和轻微锈蚀试件PS0、PS1、PS2和PS3，拉拔端的滑移量十分明显，其滑移量随着荷载逐渐增大，并逐渐增快；然而自由端的滑移量却很小。由于钢绞线发生断裂破坏，其最大加载荷载并非是对应试件所能提供的最大黏结力，最大黏结力必然大于最大加载荷载。这表明这些试件能够提供有效黏结，并且有效黏结长度小于试件设计的黏结长度。

荷载(kN)
滑移量(mm)
破坏模式：钢绞线断裂
自由端
拉拔端
η=0%
η=4.13%
η=6.24%
η=7.44%
η=9.26%
η=11.56%
η=12.17%
η=14.23%
a)PS0
b)PS1
c)PS2
d)PS3
e)PS4
f)PS5
g)PS6
h)PS7

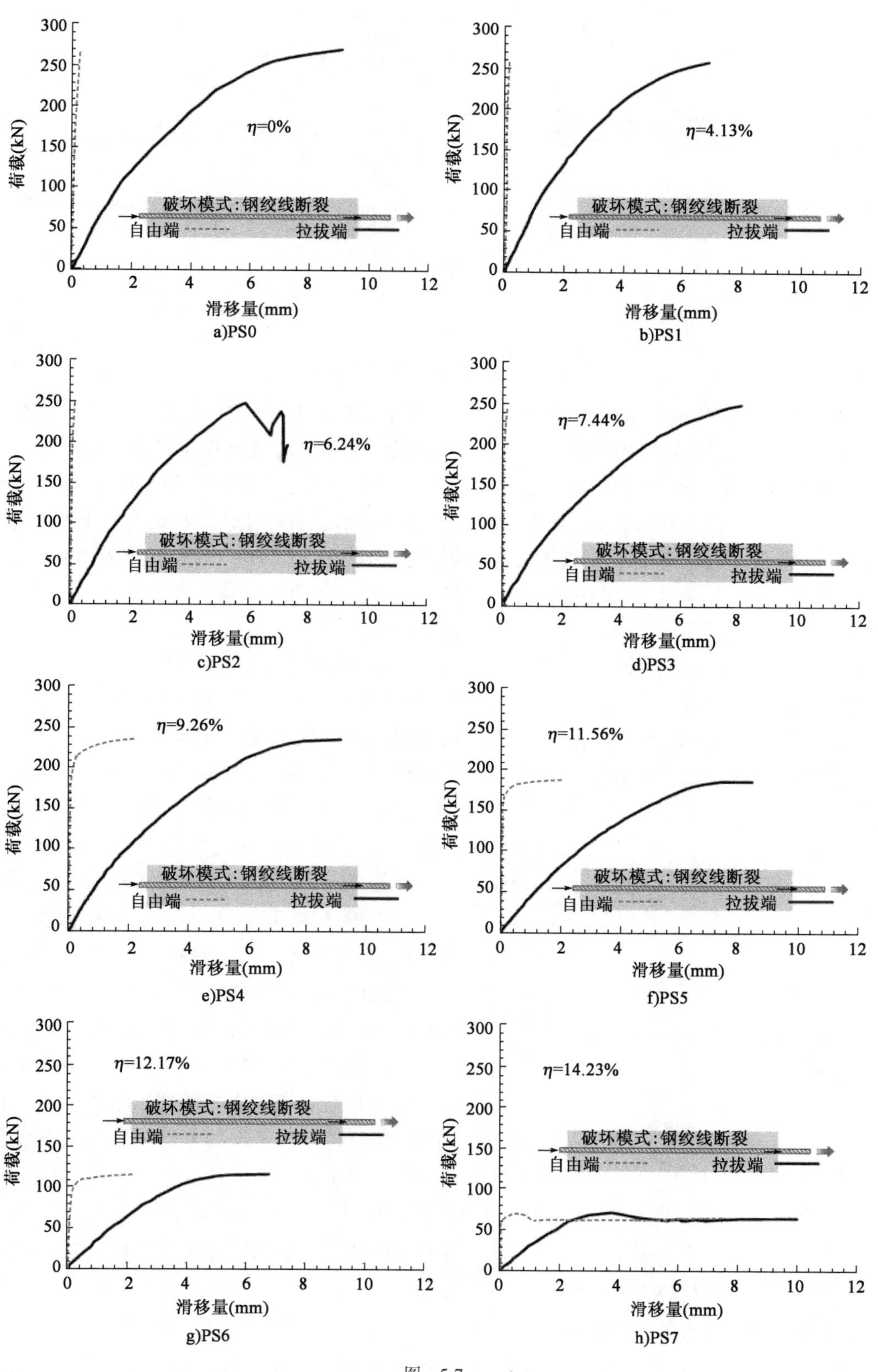

图　5-7

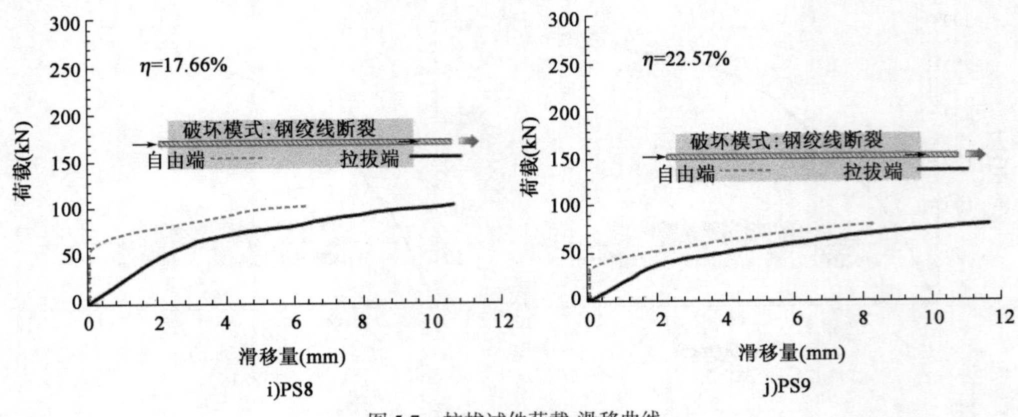

图 5-7 拉拔试件荷载-滑移曲线

对于锈蚀较为严重的试件,自由端的钢绞线滑移量也变得十分明显。自由端钢绞线的滑移通常出现在相对较高的荷载水平下,一旦出现滑移以后,其滑移量随着荷载增长迅速。这是由于严重锈蚀导致钢绞线与混凝土间黏结力急速退化,较小的荷载即可导致有效黏结区的转移。当有效黏结区转移到自由端时,达到试件所能提供的最大黏结力。此后,钢绞线的滑移将会十分迅速,直至钢绞线被拔出。需要指出的是,试验中,试件发生大滑移后,其荷载不增长,甚至略有降低,但是滑移量增长迅速,故相应的荷载和滑移量数据无法采集,这也是图 5-7 中严重锈蚀试件荷载-滑移曲线较短的原因。

图 5-8 中给出不同锈蚀率试件拉拔端荷载-滑移曲线的对比图。锈蚀对构件黏结应力和黏结刚度的影响随锈蚀率的增加而逐渐改变。由图 5-8 可知,当锈蚀率小于 6.24% 时,试件的黏结刚度比无锈蚀对比试件要大,其原因可能是轻微的锈蚀使得钢绞线表面变得粗糙,增加了钢绞线和混凝土之间的咬合力和摩擦力;同时,轻微锈蚀引起的锈蚀产物体积微膨胀能够增强混凝土的约束作用,进一步提高黏结作用[177-178]。进一步的锈蚀会引起黏结应力和黏结刚度的退化,尤其是当锈蚀率大于 9.26% 以后,试件的黏结应力和黏结刚度迅速退化至较小值,尤为显著。严重锈蚀下积累的锈蚀产物导致混凝土锈胀开裂严重,削弱了混凝土的约束作用,同时引起胶着力和机械咬合力的退化。

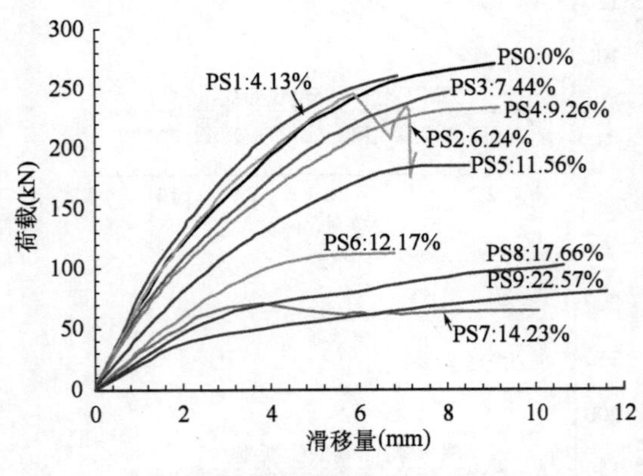

图 5-8 各拉拔试件荷载-滑移曲线的对比图

如前文所述,锈蚀对钢绞线和混凝土之间黏结力的影响与锈胀裂缝宽度密切相关。试件 PS1、PS2、PS3 和 PS4 的平均锈胀裂缝宽度均小于 0.35mm,其锈蚀引起的黏结力和黏结刚度退化十分轻微;其他锈蚀试件的平均锈胀裂缝宽度均大于 0.67mm,其黏结力和黏结刚度的明显退化。可见,当平均锈胀裂缝宽度大于0.67mm时,锈蚀对钢绞线和混凝土之间的黏结应力和黏结刚度的退化影响显著。

5.2.5 钢绞线黏结机理分析

根据试验过程中的一些现象和结果,钢绞线和混凝土之间的黏结机理可以用图 5-9a)所示。钢绞线和混凝土之间的初始黏结力和黏结刚度由两者之间的胶着力提供。随着滑移量的增加,胶着力逐渐消失。然而,钢绞线的滑移和旋转必然受到混凝土的约束,接触截面上必然产生摩擦力和机械咬合力。随着钢绞线的继续滑移和旋转,在混凝土约束面上出现局部压碎和微裂纹,直至滑移量过大,钢绞线相邻钢丝间混凝土螺纹被剪切破坏或压溃。此时,钢绞线与混凝土之间的黏结力仅由纵向摩擦力提供,其值比前期的摩擦力小很多。可见,钢绞线与混凝土之间的黏结机理和变形钢筋与混凝土之间的黏结机理极为相似,如图 5-9b)所示。

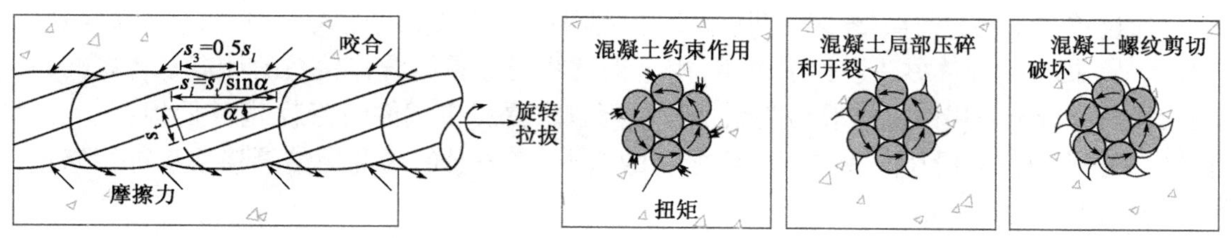

a)钢绞线试件

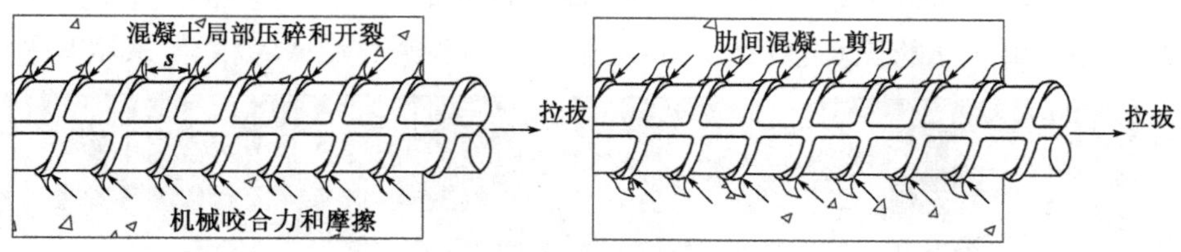

b)普通钢筋试件

图 5-9 黏结机理

对于锈蚀拉拔试件,其黏结力主要受到以下几个方面的影响。首先,钢绞线的轻微锈蚀引起锈蚀产物体积微膨胀和钢绞线表面粗糙程度加深。前者会加强混凝土的约束作用,后者会增强钢绞线和混凝土之间的摩擦力和咬合力,对黏结力的发展具有促进的作用。因此,轻微的锈蚀会引起黏结力增强。再者,锈蚀会削弱钢绞线和混凝土之间的胶着力,并且较为严重的锈蚀还引起混凝土的锈胀开裂,一旦裂缝较宽时就会削弱混凝土的约束作用,引起摩擦力和咬合力的退化。此外,如前文所述,锈蚀多集中在钢绞线外部钢丝外表面,如图 5-10 所示。锈蚀钢绞线只需剪切更浅的混凝土螺纹即可继续滑移或旋转,引起咬合力的进一步退化。可见,锈蚀较为严重时,必然引起钢绞线和混凝土之间黏结性能的退化。

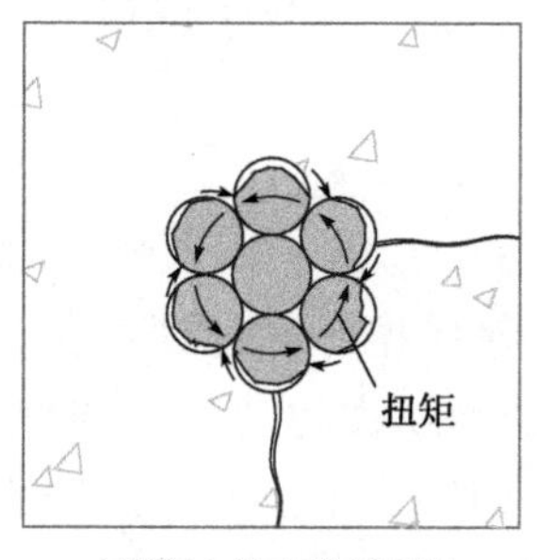

a)混凝土约束作用弱化

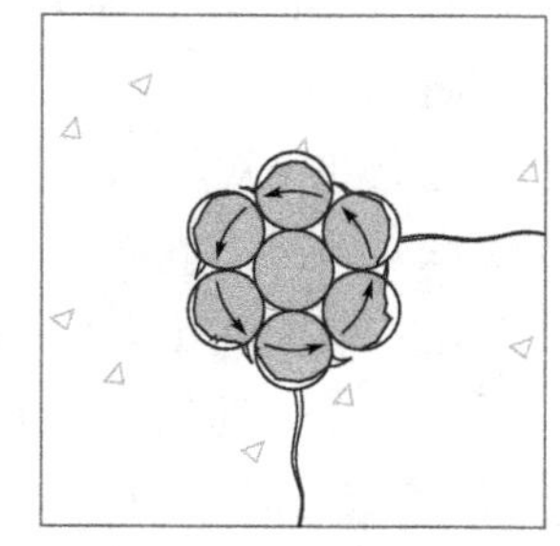

b)容易引起局部混凝土压碎和开裂

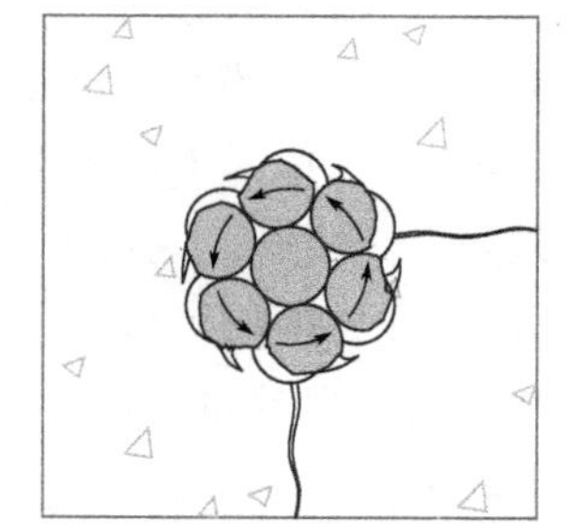

c)容易导致混凝土螺纹和剪切破坏

图 5-10 锈蚀对黏结的影响

5.3 锈蚀钢绞线局部黏结滑移模型

本节将基于拉拔试验中的荷载-滑移数据对钢绞线和混凝土之间的局部黏结滑移模型进行推导。首先,讨论未锈蚀试件的局部黏结滑移模型,进而,考虑考虑锈蚀的影响,建立锈蚀钢绞线局部黏结滑移退化模型。

5.3.1 局部黏结滑移模型分析方法

通过拉拔试件的荷载-滑移数据可以对局部黏结滑移关系进行分析计算。本节对 Haskett 等[179]提出的计算方法进行了改进,用于钢绞线局部黏结滑移关系的计算。首先,假设钢绞线与混凝土间局部黏结滑移关系;然后,可以求得相应试件的荷载-滑移曲线;最后,对比计算得到的荷载-滑移曲线与试验值之间的差异,对假设的局部黏结滑移关系进行修正,直至两条曲线趋于吻合。

在假设钢绞线与混凝土间局部黏结滑移关系以后,即可求得荷载 F_p 作用下拉拔端的滑移量 s_p,计算简图如图 5-11 所示。为便于计算,将试件黏结段划分为多个平面单元,依次编号为 1、2…i…n,任意单元 i 的长度记为 l_i,各单元上的受力和滑移量认为相等,采用其平均值。

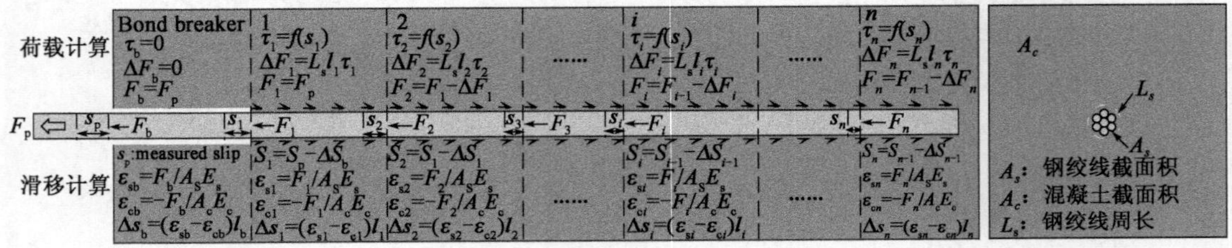

图 5-11 计算示意图

具体的计算步骤如下:

第一步:假定荷载 F_p 作用下拉拔端的滑移量 s_p,并根据荷载变形关系计算试件黏结段单元 1 的滑移量 s_1。

第二步:根据单元 1 的滑移量 s_1 计算该单元处的局部黏结应力[$\tau_1=f(s_1)$]和局部荷载增量($\Delta F_1=L_sl_1\tau_1$,L_s 为钢绞线的截面周长)。

第三步:计算单元 2 的钢绞线受力($F_2=F_1-\Delta F_1$,$F_1=F_p$)。

第四步:计算单元 1 的钢绞线应变($\varepsilon_{s1}=F_1/A_sE_s$)和混凝土应变($\varepsilon_{c1}=-F1/A_cE_c$),$A_s$ 和 E_s 分别为钢绞线的截面积和弹性模量,A_c 和 E_c 分别为试件混凝土的截面积和弹性模量(普通钢筋通过弹性模量转换成混凝土面积)。

第五步:计算单元 1 处钢绞线和混凝土的相对滑移量[$\Delta s_1=(\varepsilon_{s1}-\varepsilon_{c1})l_1$]。

第六步:计算单元 2 处的滑移量($s_2=s_1-\Delta s_1$)。

通过前面的推导,可以根据单元 1 处的钢绞线拉力值、滑移量数据计算得到单元 2 处的钢绞线拉力值和滑移量。以此类推,可以计算得到任意单元 i 处钢绞线的拉力值和滑移量,当计算得到的某一单元的拉力值和滑移量满足既有边界条件,所假设的滑移量 s_p 即为荷载 F_p 作用下拉拔端滑移量,否则需修正滑移量值 s_p,重新进行计算。

根据拉拔试件的黏结长度与钢绞线有效黏结长度的相对关系,有以下两种边界条件。一是,对于黏结长度较长的试件或者拉拔荷载较小时,拉拔力沿钢绞线的传递仅局限于试件内部区段，并未传递到自由端，此时的边界条件为某一单元处钢绞线的拉力和滑移量同时等于 0；二是，对于黏结长度较短的试件或者拉拔荷载较大时，拉拔力传递到整个黏结区，此时的边界条件为自由端黏结单元处的钢绞线的拉力值等于 0。

需要指出的是，由于本试验中拉拔试件较长，未锈蚀或轻微锈蚀时试件所能提供的黏结力较大，钢绞线在拉拔过程中存在屈服。因此，在计算钢绞线的应变（ε_s）时应考虑其塑性变形的影响。钢绞线的弹塑性本构模型通常可表示为：

$$\sigma = \begin{cases} \varepsilon E_s & (\varepsilon \leqslant \varepsilon_{sy}) \\ f_{sy} + E_{sp}(\varepsilon - \varepsilon_{sy}) & (\varepsilon > \varepsilon_{sy}) \end{cases} \tag{5-1}$$

式中，f_{sy} 和 ε_{sy} 分别为钢绞线的屈服强度和屈服应变；E_{sp} 为钢绞线屈服后的强化模量。

考虑弹塑性变形的影响，钢绞线的应变可按下列公式计算：

$$\varepsilon_{si} = \begin{cases} \dfrac{F_i}{A_s E_s} & (F_i \leqslant A_s f_{sy}) \\ \varepsilon_{sy} + \dfrac{F_i}{A_s E_{sp}} - \dfrac{f_{sy}}{E_{sp}} & (F_i > A_s f_{sy}) \end{cases} \tag{5-2}$$

式中，ε_{si} 为单元 i 处钢绞线的应变；F_i 为单元 i 处钢绞线的拉力。

一些学者指出，当混凝土的非线性变形通常出现在其所受应力超过抗压强度的 33% 以后，在此之前基本混凝土基本处于线弹性变形阶段[180]。本试验中钢绞线的最大拉力值约为 270kN，对应的拉拔试件混凝土所受的最大压应力约为 12MPa。实测各试件的抗压强度值在 34.1～35.6MPa 之间，基本上是拉拔试件可能受到的最大压应力的 3 倍。因此，为简化计算，计算时不考虑混凝土的非线性变形。

5.3.2　锈蚀钢绞线局部黏结滑移模型

目前，一些学者对普通钢筋的局部黏结性能进行了研究，并且提出了一些局部黏结滑移模型，如图 5-12 所示。图 5-12a）和图 5-12b）所示分别为双线性模型和多折线模型[181-183]，此类模型相对简单；图 5-12c）所示为对数分布模型[184]，该类模型中黏结应力随着荷载的增加逐渐增大，没有下降段，可能会导致异常大的黏结力；图 5-12（d）所示为欧洲规范 ECB Model Code[99]推荐的局部黏结滑移模型，该模型分为明显的四个区段：非线性增加、直线段、线性减小和恒定残余黏结段。然而，Eligehausen 等[185]的研究中发现黏结应力非线性增大到最大应力后并不存在直线段。

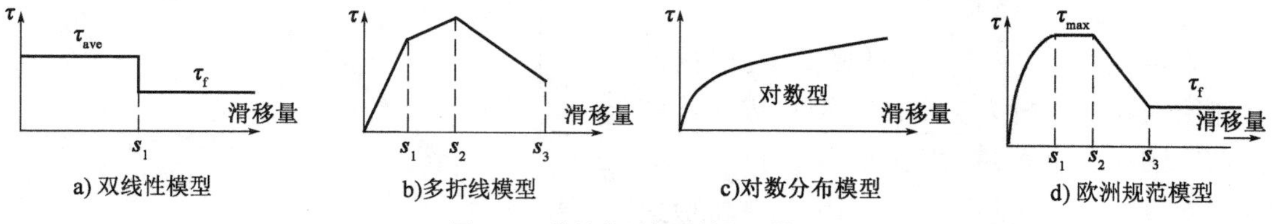

图 5-12　常见的局部黏结滑移模型

欧洲规范 ECB Model Code[99]推荐的局部黏结滑移模型常被改进，以表征变形钢筋与混凝土之间的局部黏结性能[179,186]，如图 5-13 所示。该模型被分为三个区段：非线性增加到最大黏结应力、线性减小段和恒定残余黏结段，省略了达到最大黏结应力后的直线段。如前文所述,钢绞线与混凝土之间的黏结机理和变形钢筋与混凝土之间的黏结机理类似。为此,本书将采用改进的变形钢筋与混凝土之间的局部黏结滑移模型对钢绞线与混凝土之间的黏结性能进行表征。

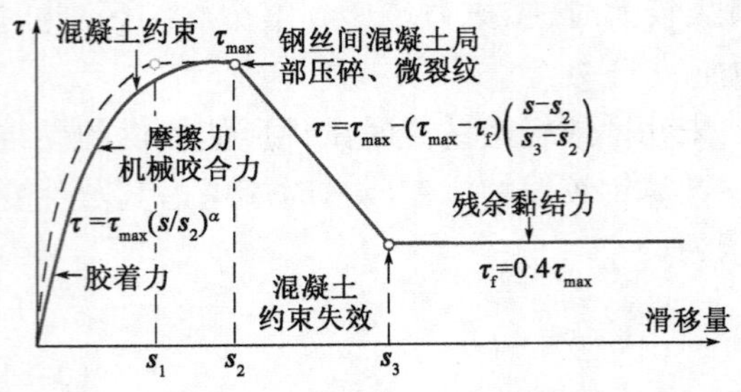

图 5-13　改进的局部黏结滑移模型

钢绞线与混凝土之间的黏结机理以及黏结失效模式可以用该模型进行描述。钢绞线和混凝土之间的初始黏结力和黏结刚度由两者之间的胶着力提供。随着滑移量的增加,胶着力逐渐消失。然而,钢绞线的滑移和旋转必然受到混凝土的约束,接触截面上产生摩擦力和机械咬合力,随着滑移量的增加而增大,并逐渐增大到最大黏结应力值。随后在混凝土约束面上出现局部压碎和微裂纹,黏结应力逐渐减小,直至滑移量过大,钢绞线相邻钢丝间混凝土螺纹被剪切破坏或压溃。此时,钢绞线与混凝土之间的黏结力仅由纵向摩擦力提供,其值较小并基本保持恒定。

根据欧洲规范 ECB Model Code[99],改进的局部黏结滑移模型可以表示为:

$$\tau = \begin{cases} \tau_{max}\,(s/s_2)^{\alpha} & (0 \leqslant s \leqslant s_2) \\ \tau_{max} - (\tau_{max} - \tau_f)\left(\dfrac{s - s_2}{s_3 - s_2}\right) & (s_2 \leqslant s \leqslant s_3) \\ \tau_f & (s_3 \leqslant s) \end{cases} \tag{5-3}$$

式中,τ_{max}为最大黏结应力;τ_f为残余的摩擦黏结应力;s_2、s_3分别为对应最大黏结应力和残余的摩擦黏结应力的局部滑移量;α为常数参量。

欧洲规范 ECB Model Code 中[99],对于混凝土有较好约束的变形钢筋试件,最大黏结应力τ_{max}通常取为$1.25\sqrt{f_{ck}}$或$2.5\sqrt{f_{ck}}$,分别对应于黏结状况较好和其他情况,其中,f_{ck}为混凝土的抗压强度特征值;残余的摩擦黏结应力τ_f通常取为0.4倍最大黏结应力τ_{max};最大黏结应力对应的局部滑移量s_2取为3mm;常数参量α取0.4;残余的摩擦黏结应力出现时对应的局部滑移量s_3取变形钢筋两肋之间的净间距。可见,除了s_3,其他的参数均与钢筋的类型无关。正如前文所述,钢绞线与混凝土之间的黏结机理和变形钢筋与混凝土之间的黏结机理类似。为此,本书近似采用与变形钢筋类似的参数取值对钢绞线的局部黏结特性进行表征。对于s_3,本书类似取钢绞线相邻两钢丝纵向间距的一半,如图 5-13 所示。

采用改进的局部黏结滑移模型,根据前文介绍的计算分析方法对未锈蚀拉拔对比试件 PS0 的拉拔端荷载-滑移曲线进行了计算。计算中,τ_{max}取$1.25\sqrt{f_{ck}}$;s_3取12mm。拉拔端荷载-滑移计算曲线和实测曲线如图 5-14 所示,计算曲线与实测曲线吻合良好,并且计算得到的拉拔试件的破坏模式也是钢绞线断裂破坏,与试验观测结果一致。可见,改进的局

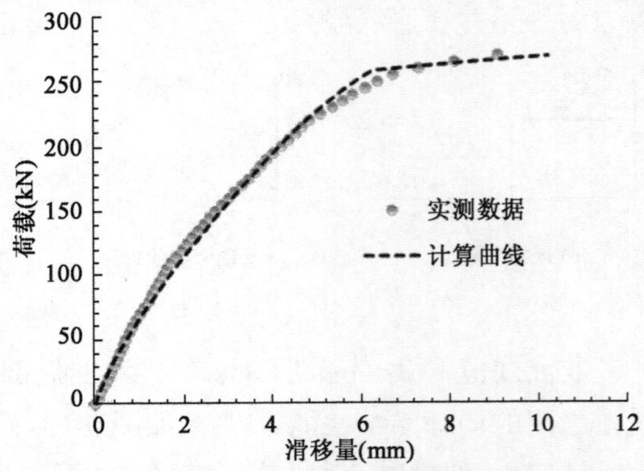

图 5-14　未锈蚀拉拔试件实测和计算荷载-滑移黏结对比图

部黏结滑移模型具有较高的计算精度。

对于锈蚀拉拔试件,假设其局部黏结滑移模型与未锈蚀试件相似,但需修正相关参数的取值。由前文的讨论可知,锈蚀不仅影响钢绞线与混凝土之间的黏结强度,对其黏结刚度也影响较大。观察式(5-3)可以发现,通过修正最大黏结应力 τ_{max} 的取值可以同时达到调整黏结应力和黏结刚度的目的。因此,为简化计算模型,本书仅通过修正最大黏结应力 τ_{max} 的取值,对锈蚀后钢绞线和混凝土的局部黏结特性进行探究。

采用试算法对各锈蚀拉拔试件的最大黏结应力 τ_{max} 进行计算。首先,假设最大黏结应力值为 τ_{max};然后,对拉拔端的荷载-滑移曲线进行计算;进而,对比分析计算曲线与实测曲线间的差异,若两者吻合较好,则所设可行,否则修正最大黏结应力 τ_{max} 重新计算。各锈蚀拉拔试件通过修正最大黏结应力 τ_{max} 后,计算得到的拉拔端荷载-滑移曲线与实测曲线的对比如图 5-15 所示。对于各试件,通过修正最大黏结应力 τ_{max} 均可以得到较好的预测结果,并且各试件破坏模式的预测结果与实测一致。可见,通过修正最大黏结应力 τ_{max} 对锈蚀后拉拔试件的局部黏结特性进行表征具有较高的精度。

图 5-15 中标出了各锈蚀拉拔试件的修正最大黏结应力 τ_{max} 值,图中 τ'_{max} 对应于各拉拔试件未锈蚀时的最大黏结应力值,即为 $1.25\sqrt{f_{ck}}$。锈蚀拉拔试件的修正最大黏结应力 τ_{max} 值随着锈蚀率的不同而表现出不同的变化特征。对于锈蚀率较小的试件 PS1 和 PS2,其修正最大黏结应力 τ_{max} 值比未锈蚀试件略大;对于其他锈蚀较为严重的拉拔试件,其修正最大黏结应力 τ_{max} 值比未锈蚀试件小,并且随锈蚀率的增长而迅速减小。

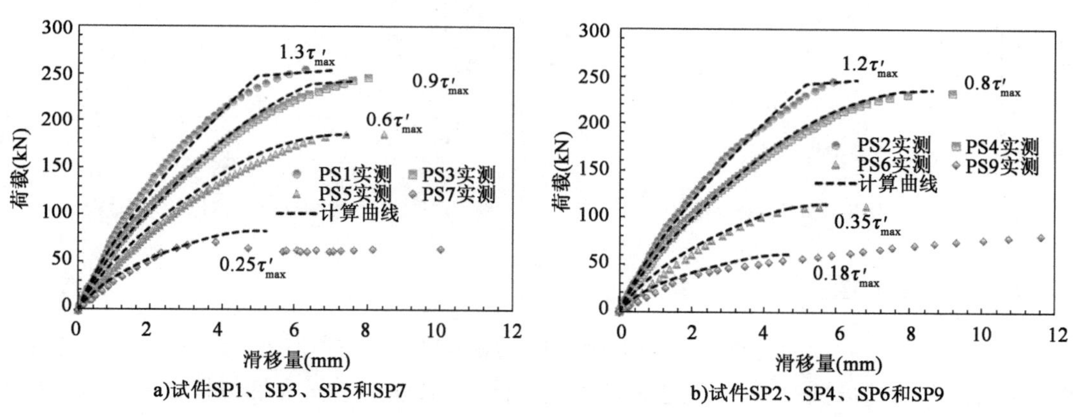

图 5-15　锈蚀拉拔试件实测和计算荷载-滑移曲线对比图

为进一步探究锈蚀拉拔试件修正最大黏结应力 τ_{max} 值随锈蚀率的变化规律,图 5-16 给出了两者的变化关系曲线。图中,横坐标表示锈蚀试件平均质量锈蚀率,纵坐标为锈蚀拉拔试件修正最大黏结应力 τ_{max} 与对应试件未锈蚀时最大黏结应力 τ'_{max} 的比值。可见,当锈蚀率小于 6% 左右时,锈蚀拉拔试件的修正最大黏结应力 τ_{max} 比应试件未锈蚀时最大黏结应力 τ'_{max} 大;当锈蚀率大于 6% 时,锈蚀拉拔试件的修正最大黏结应力 τ_{max} 的退化十分迅速。锈蚀变形钢筋混凝土拉拔试件的黏结性能也有类似的变化规律[87,88,92,187]。

对图 5-16 中的数据进行拟合,可以得到锈蚀拉拔试件最大黏结应力 τ_{max} 随锈蚀率的退化预测模型,可以表示为:

$$R = \begin{cases} 1.0 & (\eta \leqslant 6\% \\ 2.03e^{-0.118\eta}) & (\eta > 6\%) \end{cases} \tag{5-4}$$

式中,R 为锈蚀拉拔试件修正最大黏结应力 τ_{max} 与对应试件未锈蚀时最大黏结应力τ'_{max}的比值;η 为钢绞线的锈蚀率。

轻微的钢绞线锈蚀对其与混凝土之间的黏结力具有一定的促进作用,对构件的受力和结构使用性能的发挥具有积极的作用。出于对结构安全储备的考虑,不考虑轻微锈蚀引起的黏结力增长的影响,即对于锈蚀率小于 6% 的拉拔试件,其修正最大黏结应力 τ_{max} 取值对应试件未锈蚀时最大黏结应力 τ'_{max} 相等。当锈蚀率大于 6% 时,其修正最大黏结应力 τ_{max} 按指数形式迅速递减。

采用上述预测模型对锈蚀试件 SP8 的荷载-滑移曲线进行预测分析,计算曲线和实测曲线吻合良好,如图 5-17 所示。可见,本书建立的锈蚀钢绞线与混凝土间黏结退化预测模型具有较高的计算精度。

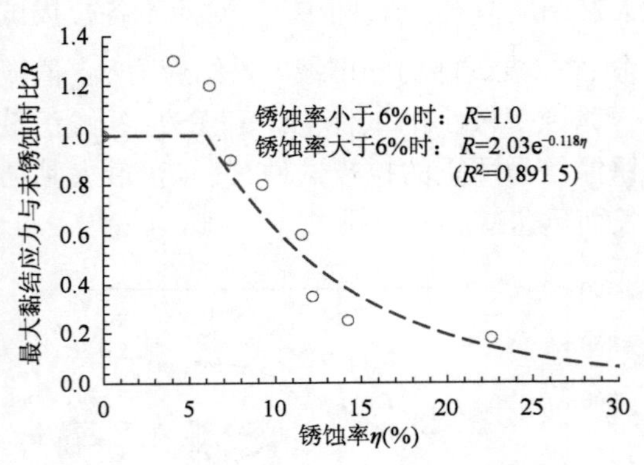

图 5-16 锈蚀拉拔试件黏结退化模型

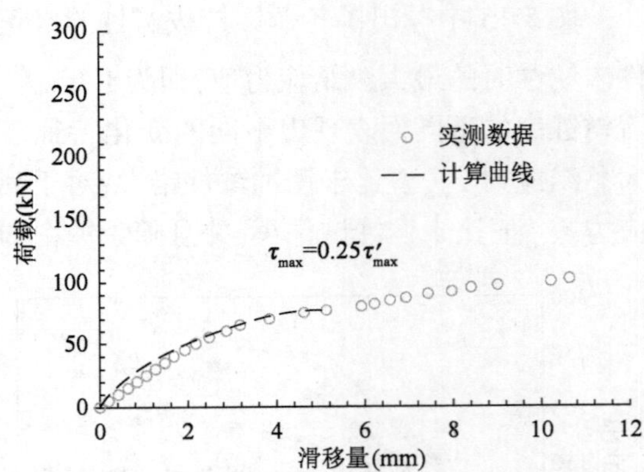

图 5-17 试件 SP8 实测和预测荷载-滑移曲线对比图

5.4 本章小结

本书将对锈蚀后预应力钢绞线和混凝土间的黏结性能进行研究。共设计了 10 个具有较长黏结长度的拉拔试件,通过快速锈蚀得到不同的锈蚀率,进而开展拉拔试验。探究钢绞线锈蚀对试件混凝土保护层崩裂、钢绞线滑移旋转、破坏模式以及荷载-滑移性能等的影响。在此基础上,对钢绞线局部黏结滑移特征进行了探究,给出局部黏结滑移模型,进而建立了锈蚀钢绞线局部黏结滑移退化预测模型,得到以下结论:

(1)钢绞线的滑移伴随着旋转,其滑移和旋转受混凝土的约束,进而产生较大的摩擦力和机械咬合力,以保证有效的黏结性能。钢绞线锈蚀严重时导致混凝土胀裂约束作用减弱,同时钢绞线截面损失使捻制肋痕削弱,引起黏结力的退化。

(2)拉拔试件的破坏模式随着锈蚀率的增加而发生改变,当锈蚀率超过 8% 时,其破坏形式由钢绞线的断裂破坏转变为钢绞线的拔出破坏。随着锈蚀率的增加,钢绞线黏结力的退化快于其允许拉力的退化。

(3)轻微的锈蚀($\eta < 6.24\%$)对钢绞线和混凝土之间的黏结性能具有促进作用;进一步

的严重锈蚀会引起黏结强度和黏结刚度的严重退化，尤其是当锈蚀率大于9.26%或者锈胀裂缝宽度大于0.67mm时，黏结性能退化尤为明显。

(4)基于拉拔试验端部荷载-滑移数据，考虑钢绞线弹塑性变形的影响，对钢绞线局部黏结滑移特性进行了探讨。对欧洲规范ECB Model Code推荐模型进行了改进，用于表征钢绞线和混凝土之间的局部黏结滑移特征，具有较高的精度。

(5)提出了一个简化的锈蚀钢绞线与混凝土黏结性能退化预测模型，忽略轻微锈蚀对黏结性能的促进影响，当锈蚀率大于6%时，其黏结力按指数形式迅速退化。

第 6 章　压浆不密实和预应力筋锈蚀影响下 PC 梁抗弯性能

长期以来,预应力混凝土结构被认为具有较强的抵御环境能力,其耐久性并没有得到足够重视,但是由于设计缺陷、不良施工等造成的预应力筋防腐措施不当,或结构长期处于不利环境的影响下,预应力桥梁的锈蚀问题日益显现,并逐步成为影响该类桥梁结构安全的重要隐患,尤其是一些早期建设的桥梁,由于施工标准低、工艺不完善以及重视程度不够等原因,预应力筋孔道的漏压浆、缺陷压浆问题十分普遍[188]。缺陷压浆造成截面损伤,不仅降低了预应力筋和混凝土的共同工作能力,还削弱了对预应力筋的保护,有害物质更易侵入加速锈蚀。锈蚀、缺陷压浆以及缺陷压浆区锈蚀是既有预应力混凝土桥梁面临的主要耐久性问题。

目前,一些学者对快速锈蚀预应力混凝土梁的抗弯性能进行了研究。余芳等[102]采用电化学方法对后张有黏结部分预应力混凝土梁跨中局部区域预应力筋锈蚀后的抗弯性能进行了研究,指出锈蚀导致构件延性退化,裂缝数量减小、裂缝间距增大。Rinaldi 等[103]发现先张预应力混凝土梁锈蚀后的破坏形态由混凝土压碎破坏向钢绞线断裂转变,承载力退化明显,20% 的预应力筋锈蚀可导致抗弯承载力下降 67%。李富民等[104]指出锈蚀率较小时(小于 2.87%),锈蚀对构件的开裂弯矩、初始强化弯矩、极限弯矩以及初始强化挠度的影响都不显著,但会导致断丝破坏梁的极限挠度明显减小。

此外,一些学者对实桥锈蚀构件的抗弯性能进行了研究。朱尔玉等[8]对我国某铁路大桥预应力钢丝束严重锈蚀后的梁体进行了静载试验,发现锈蚀使梁体刚度减低,导致梁跨中挠度增大约 15%。Harries[13]对被拆除的美国 Lake View 公路桥梁体进行研究,指出钢绞线断裂是构件锈蚀后主要破坏形态。Kiviste 等[111]发现轻微锈蚀对构件承载力影响不大,但增加了脆性失效的风险。现有研究中,构件的锈蚀率均比较低,并且相对集中。然而,高应力下预应力筋通常具有较快的锈蚀速率,其一旦锈蚀,极有可能十分严重,甚至发生锈断。不同锈蚀率下,尤其是较高锈蚀率下构件的抗弯性能亟须进一步明确。

缺陷压浆方面,目前研究的重点集中在压浆质量的评估和压浆技术的改进上,取得了一些卓有成效的成果。近年来,国内外发展了大量的预应力压浆的无损检测技术,包括冲击回波、探地雷达、超声波法、目视技术、弹性波等方法[189]。Muszynski 等[190-191]对上述方法的检测精度进行了对比。王智丰等[192]采用冲击回波法对我国厦门某箱梁预应力束孔管道的压浆位置进行了无损检测。周先雁等[193]在此基础上,进一步将小波变换和神经网络相结合对压浆质量进行检测,准确识别出缺陷压浆位置和大小等关键参数。Abraham 等[194]分析了混凝土板厚度对冲击回波法检测的影响。Ata 等[195]提出了一种改进的冲击回波检测法。压浆技术方面,真空压浆工艺以及一些改变浆体流动性添加剂被研发以提高压浆质量[196-197]。

然而,压浆不密实对结构抗弯性能的影响尚缺乏系统的针对性研究。

一些学者对缺陷压浆下预应力筋锈蚀构件的抗弯性能进行了研究。Zeng 等[108] 发现锈蚀极易造成缺陷压浆下预应力筋和混凝土之间的黏结失效滑移,导致构件开裂荷载、抗弯刚度和承载力的退化。Minh 等[109-110] 指出缺陷压浆区锈蚀预应力筋剩余预加力的退化明显快于密实压浆段,金属波纹管锈蚀是引起混凝土梁抗弯性能退化的重要原因。该研究忽视了缺陷压浆对构件抗弯性能的影响,将承载力退化单一归结为波纹管锈蚀的影响,缺陷压浆和预应力筋锈蚀对构件抗弯承载力退化的影响有待进一步明确。

为此,本书设计20片预应力混凝土梁,分别研究压浆缺陷、压浆缺陷下钢绞线锈蚀和密实压浆下钢绞线锈蚀对预应力混凝土梁抗弯性能的影响。探究缺陷压浆类型、位置和长度等对裂缝开展、刚度和承载力退化的影响。锈蚀方面,各试件间设计较大的锈蚀率间隔,重点考察了严重锈蚀时构件抗弯性能退化规律。此外,对锈蚀过程中构件的刚度变化规律、锈蚀黏结退化下预应力筋和混凝土的变形协调性以及对承载力的影响等也分别进行了研究。

6.1　试验简介

设计20片预应力混凝土梁,分三批进行试验,分别研究压浆缺陷、压浆缺陷下钢绞线锈蚀和密实压浆下钢绞线锈蚀对预应力混凝土梁抗弯性能的影响。其中,不同压浆缺陷试验梁5片,简称为B系列试验梁,编号依次为B1 ~ B5;压浆缺陷下钢绞线锈蚀试验梁8片,简称为PCB系列试验梁,编号依次为:PCB1 ~ PCB8;密实压浆下钢绞线锈蚀试验梁7片,简称为CB系列试验梁,编号依次为CB1 ~ CB7。

预应力混凝土梁均采用相同截面尺寸和配筋形式:梁长2.0m,梁高220mm,梁宽150mm;架立筋为2ϕ12HRB335钢筋,受拉筋为2ϕ8R235钢筋,箍筋采用ϕ8R235钢筋,间距为90mm,全长设置23根;混凝土保护层厚度为20mm。预应力筋采用ϕ15.2(1 ×7)1860级钢绞线,其重心至梁下边缘距离为60mm,钢绞线预留管道直径为32mm,采用拉拔钢管成孔。试验梁具体的尺寸和配筋布置如图6-1所示。

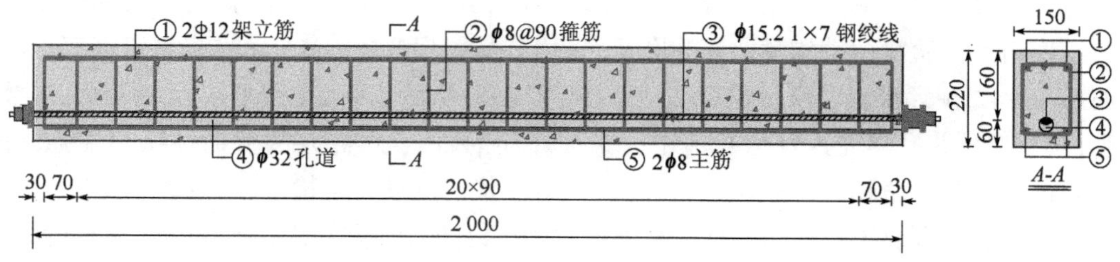

图6-1　预应力混凝土梁尺寸和配筋(尺寸单位:mm)

为防止预应力筋通电锈蚀过程中普通钢筋发生锈蚀,对试验结果分析增加难度,对所有的普通钢筋涂抹环氧树脂进行防腐处理。钢筋笼绑扎过程中,严格控制箍筋间距以及架立钢筋和受拉钢筋的位置。为防止预应力筋锚固段局部压力过大,混凝土压溃,在预留孔道梁端分别布置10cm长的螺旋箍筋,并与箍筋、主筋绑扎成一体。钢绞线及普通钢筋的材料特性见表6-1。

钢绞线和普通钢筋材料特性 表 6-1

类 型	d (mm)	f_y(MPa)	f_u(MPa)	E (10^5MPa)
钢绞线	15.2	1 830	1 910	1.95
光圆钢筋(HPB 335)	12	335	486	2.10
带肋钢筋(HRB 235)	8	235	375	2.10

混凝土采用硅酸盐 C42.5 水泥、湘江河砂、湘江河卵石以及普通自来用水,其配合比为水泥:砂:卵石:水 =1:2.11:4.65:0.45,采用木模板浇筑成型。所有试验梁在同一时间分5 批进行浇筑,采用电动振捣棒振动密实,磨平试验梁上表面,洒水氧化待混凝土达到一定强度时进行拆模。随后,将试验梁和预留混凝土立方体试块进行洒水养护。28d 养护后,对各浇筑批预留的 3 个立方体混凝土块进行标准强度测试,见表 6-2。

试验梁 28d 混凝土立方体抗压强度 表 6-2

试验梁编号	试块 1 抗压强度(MPa)	试块 2 抗压强度(MPa)	试块 3 抗压强度(MPa)	抗压强度平均值f_c(MPa)
B1、B2、B3、B4	32.67	33.60	36.09	34.12
B5、CB7、PCB7、PCB8	34.60	31.54	36.70	34.28
PCB1、PCB2、PCB3、PCB4	32.44	33.07	29.95	31.82
PCB5、PCB6、CB5、CB6	33.04	32.60	31.40	32.35
CB1、CB2、CB3、CB4	32.60	33.41	35.11	33.71

混凝土达到其强度后,采用油压前卡式千斤顶对试验梁进行预应力张拉。预应力筋一端采用挤压锚固定,另一端采用夹片锚进行张拉。钢绞线控制张拉应力为 1 395MPa,即0.75 倍钢绞线标准抗拉强度。由于试验梁长度较短,锚具、夹片收缩变形引起的预应力损失十分明显,因此可采用二次张拉锚具进行张拉,在初次张拉预应力损失完成后,再次进行张拉,减少预应力损失。此外,试验中还在钢绞线一端安装了压力传感器,对预应力筋张拉过程中的张拉力值进行监控,以保证张拉控制应力的精度。

钢绞线张拉完成后静置一段时间,待其有效预应力稳定并调整后,即可对其进行孔道压浆。各批次试验梁具体的压浆形式将在下文详细介绍,这里仅对本试验中所采用的压浆方法加以说明。试验梁两端均预留压浆孔道,采用某公司生产的 GMA 无收缩自流密实混凝土外加剂与 C42.5 素水泥以质量比为 2:8 的比例拌和,然后以 0.26 的水灰比加入水,搅拌均匀后,从预留压浆孔道灌入预留孔道中。添加外加剂后,素水泥浆的流动性明显增强,并使其凝固过程会产生微膨胀。试验后砸开梁体,对压浆情况进行了检查,压浆效果良好。

待压浆达到设计强度后,即可对 B 系列试验梁进行加载试验。对于 PCB 系列和 CB 系列试验梁尚需预应力筋锈蚀,具体的锈蚀方式和锈蚀区域将在下文介绍。待锈蚀试验梁达到设计锈蚀率后,即可进行加载试验。所有试验梁均采用相同的加载方式:试验梁简支,支座间净距为 1.8m,通过千斤顶和分配梁,实现三分点单次非循环加载,具体的加载形式和尺寸如图 6-2 所示。

试验梁加载初期按荷载控制,采用荷载分级进行加载。对于未锈蚀梁和轻微锈蚀梁每级加载 5kN,对于严重锈蚀梁每级加载 2 ~ 3kN;接近开裂时,减小每级荷载增量,监测开裂荷载。达到极限荷载后,按挠度进行控制,每级 2mm,直至变形超限或裂缝宽度过宽,停止加载。每级加载完毕,试验梁静置 2min,此过程中保持荷载大小不变,随后进行数据采集。

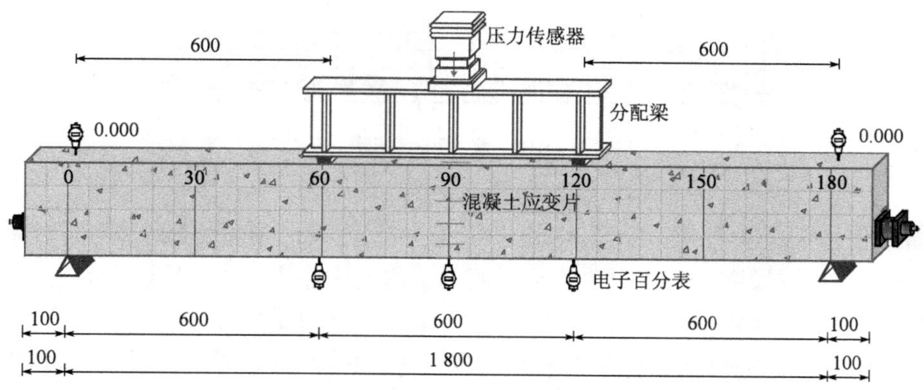

图6-2　加载布置(尺寸单位:mm)

加载试验前,在梁表面刷一层饱和石灰水,待干燥后,在试验梁两侧面标定间隔,划分5.5cm×5cm的网格,以支座为原点对试验梁进行坐标标定,以便观测裂缝的分布和开展。采用10倍放大镜、手电筒等工具对试验梁纯弯段进行仔细检查,捕捉开裂荷载值,裂缝出现后采用裂缝观测仪测量裂缝宽度。在支点、加载点和跨中分别布置5个百分表对挠度进行测量。在试验梁跨中截面等距离布置6个混凝土应变片,采用自动采集系统对跨中截面混凝土应变进行测量,挠度测点和混凝土应变测点布置如图6-2所示。

6.2　压浆不密实下PC梁抗弯性能

6.2.1　压浆不密实情况设计

5片试验梁均设置不同的压浆类型:B1作为对比梁,模拟完全密实压浆;B2试验梁,模拟完全无压浆;B3试验梁,模拟孔道横截面一半压浆;B4试验梁,模拟纵向长度一半压浆;B5试验梁,模拟跨中范围局部无压浆。具体的压浆情况和尺寸如图6-3所示。

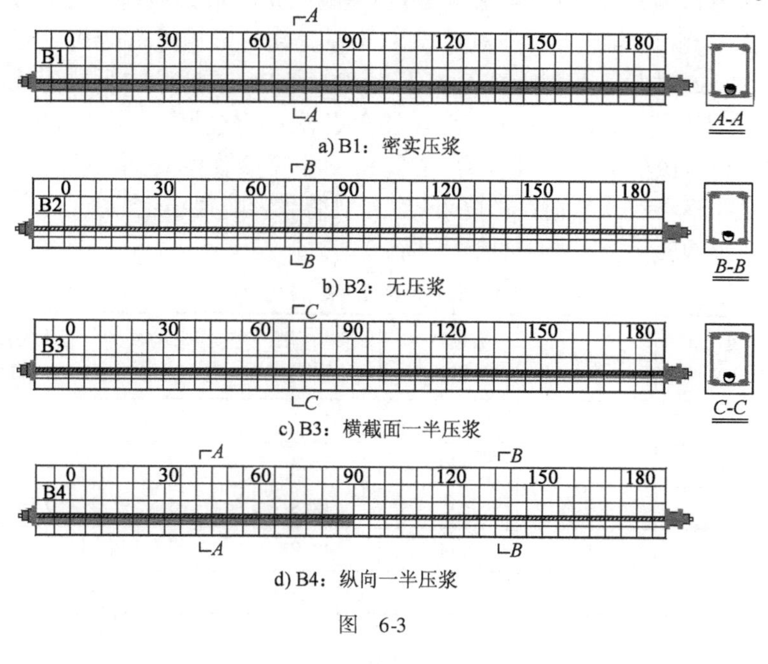

a) B1:密实压浆

b) B2:无压浆

c) B3:横截面一半压浆

d) B4:纵向一半压浆

图　6-3

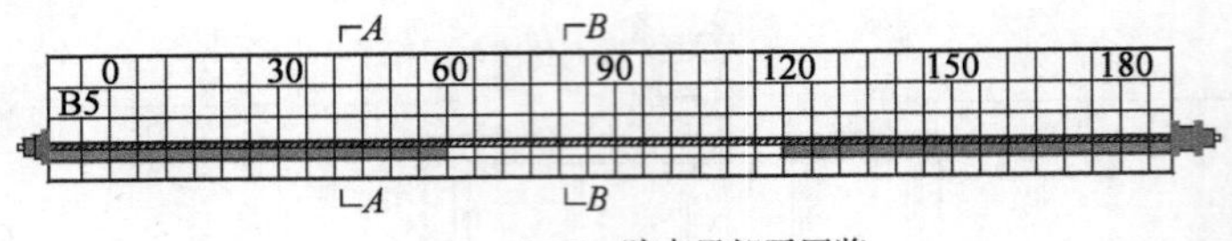

e) B5：跨中局部无压浆

图 6-3　B 系列试验梁压浆类型(尺寸单位:cm)

为有效模拟压浆状况,提高压浆体的流动性,在水泥浆体中添加减水剂,同时添加膨胀剂,保证凝结过程中微膨胀。水泥浆体从梁底部预留孔中注入。B3 横截面为一半压浆的情况,控制注入水泥浆体积,并将试验梁水平静置,依靠浆体自重成型。对于局部无压浆的 B4 试验梁和 B5 试验梁,在无压浆区域两侧布置橡胶塞,阻止水泥浆通过,达到局部无压浆的效果。为验证压浆模拟效果,静载试验后,切断试验梁,检查各构件的压浆状况。破损检查表明各构件压浆模拟效果良好,与设计基本一致。典型压浆效果如图 6-4 所示。

a) 密实压浆

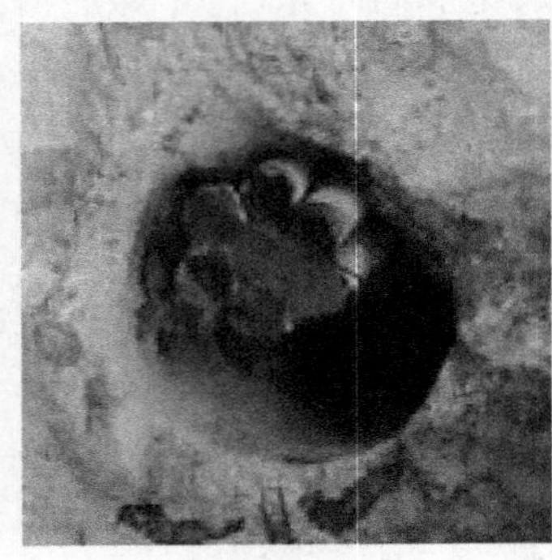

b)无压浆

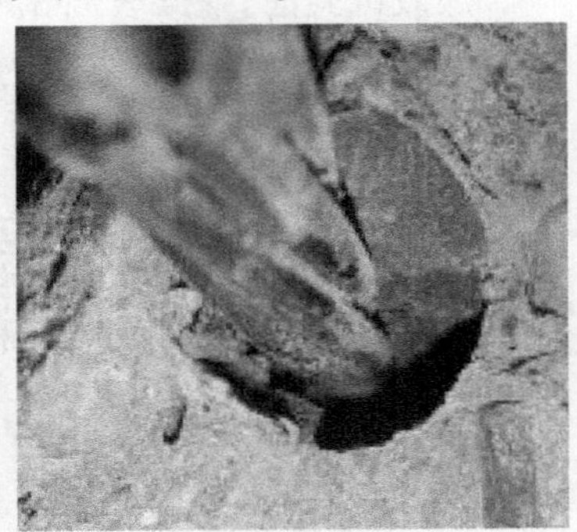

c)横截面一半压浆

图 6-4　B 系列试验梁压浆效果

6.2.2　裂缝开展

对 B 系列所有试验梁开裂荷载、裂缝数量、裂缝间距和最大裂缝宽度等数据进行统计分析,见表 6-3。首先,就缺陷压浆类型对混凝土开裂荷载的影响进行分析。与密实压浆对比梁 B1 相比,B3 和 B5 试验梁开裂荷载基本不变,B2 和 B4 试验梁的开裂荷载有一定程度的降低,尤其是完全无压浆的 B2 试验梁,其开裂弯矩较 B1 试验梁下降约 16.7%。这表明缺陷压浆对构件开裂荷载的影响与其类型、位置和长度等参数相关,横截面一半压浆、跨中局部无压浆的情况并不导致开裂荷载的降低,对开裂荷载影响很小;孔道无压浆及纵向一半无压浆对开裂荷载影响较大,会导致试验梁提前开裂。

B 系列试验梁裂缝数据统计　　表 6-3

编号	开裂荷载 (kN)	裂缝数量	数量减少 (%)	平均间距 (cm)	间距增加 (%)	最大宽度 (mm)	宽度增加 (%)
B1	60	7	—	12.2	—	0.73	—
B2	50	5	29	16.3	34	1.98	171
B3	60	7	0	12.8	5	0.91	25
B4	58	6	14	13.2	8	1.51	106
B5	60	6	14	17.4	43	1.56	114

B 系列试验梁极限状态时的裂缝分布如图 6-5 所示,结合表 6-3 中的统计数据可以发现,缺陷压浆对预应力混凝土梁裂缝分布具有较大的影响。除了横截面一半压浆的 B3 梁,其裂缝数量、平均间距与对比梁 B1 均比较接近外,其他缺陷压浆梁的裂缝分布和扩展均发生了不同程度的改变。缺陷压浆导致预应力混凝土梁裂缝数量减少,裂缝平均间距增大。与 B1 试验梁相比,B2、B4、B5 试验梁的裂缝数量分别减少 29%、14% 和 14%,平均间距分别增加 34%、8% 和 43%。

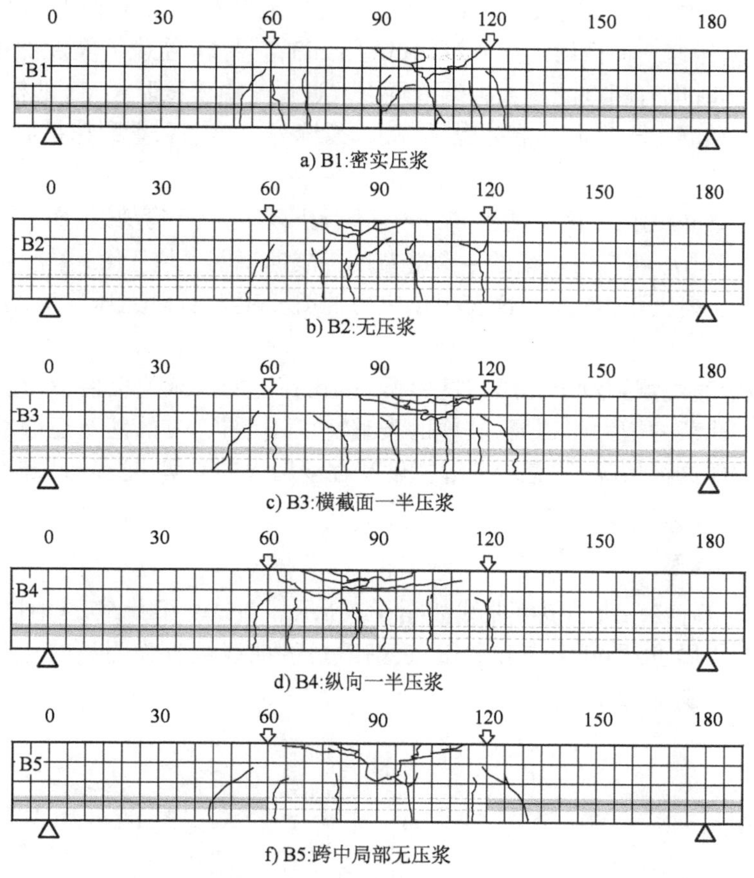

图 6-5　B 系列试验梁极限状态时的裂缝分布(尺寸单位:cm)

缺陷压浆导致预应力混凝土梁裂缝分布规律的改变,裂缝数量减少,间距增大。究其原因,可用无压浆导致钢绞线与混凝土之间的黏结退化或失效来解释。混凝土开裂引起受拉应变能损失,有效黏结能够减少能量的损失,裂缝周边混凝土剩余拉应变较大,进而在较小的荷载增量将可能产生新裂缝,从而导致裂缝数量增多,间距较少。对于试验梁 B3,其横截面一半压浆的尚能提供钢绞线与混凝土之间的有效黏结,故其对裂缝的分布影响不大。相反,在试验梁 B2、B4 和 B5 中,其缺陷压浆导致了黏结力的退化或失效,导致混凝土开裂时能量损失很大,剩余拉应变较小,裂缝周边不易出现新裂缝,从而导致荷载下构件裂缝数较少,间距较大。

缺陷压浆对裂缝分布的影响还取决于缺陷压浆长度和位置。试验梁 B2 具有最长的无压浆区长度,其裂缝数量最小,裂缝间距最大。可见,无压浆区长度越大,裂缝恶化分布越明显。此外,试验梁B4的弯剪段无压浆长度为100cm,而试验梁B5的纯弯区无压浆段区长度为60cm。B4梁和B5梁具有相同的裂缝数量,但是B5梁中裂缝的平均间距明显大于B4梁。可见,纯弯段无压浆对裂缝分布的影响强于弯剪段无压浆。

B系列试验梁的荷载-主裂缝宽度曲线如图6-6所示。无压浆梁B2的主裂缝扩展速率最快,其次是纵向一半压浆的B4梁和跨中局部压浆的B5梁。极限状态时,这些试验梁的最大裂缝宽度也明显较快。与对比梁B1梁相比,试验梁B2、B4、B5梁最大主裂缝宽度分别增大1.71倍、1.06倍和1.14倍。这表明缺陷压浆对主裂缝扩展影响很大,无压浆区长度越长,主裂缝扩展越迅速。横截面一半压浆的试验梁B3,其荷载-主裂缝宽度曲线与对比梁B1十分接近,其破坏时也有相近的最大主裂缝宽度。这也是由于试验梁B3的横截面一半压浆尚能提供钢绞线和混凝土之间的有效黏结,故其裂缝分布形态和主裂缝扩展均与对比梁B1相近。

试验梁B4、B5的无压浆区位置不同,B4梁的无压浆区位于弯剪段,而B5梁的无压浆区位于纯弯段。由图6-6可知,B4梁的主裂缝宽度扩展速率明显快于B5梁。相同荷载下,B4梁的主裂缝宽度也要大于B5梁。这表明预应力混凝土梁弯剪段无压浆对主裂缝扩展影响大于纯弯段无压浆。

此外,试验中还观测到对于无压浆试验梁,达到一定的荷载值以后,往往只有一两条裂缝的宽度会随着荷载的增大而扩展,其他的裂缝宽度不增长,有的甚至还会减少;对于压浆密实试验梁未发现这种情况,所有的裂缝宽度有逐渐增大的趋势,这是极限状态时最大裂缝宽度相差悬殊的原因之一。

6.2.3 挠曲变形

B系列试验梁荷载—跨中挠度曲线如图6-7所示。各试验梁荷载-跨中挠度曲线均具有两个较为明显的临界点,即开裂点和屈服点,荷载挠度曲线被分为明显的三阶段,缺陷压浆对各阶段的影响分别探讨如下。

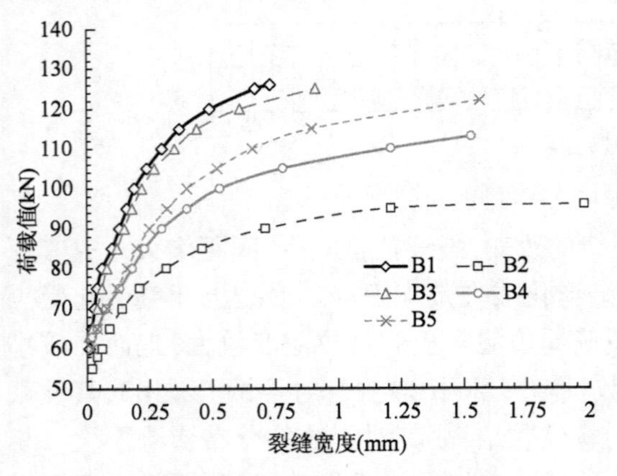

图6-6 B系列试验梁荷载—主裂缝宽度发展规律

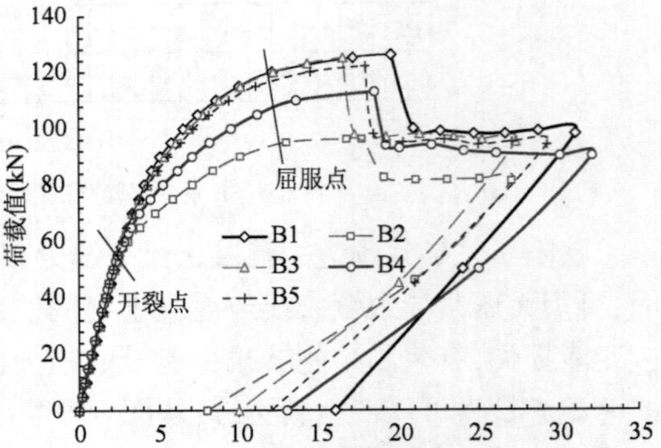

图6-7 B系列试验梁荷载—跨中挠度曲线

(1)开裂之前,各试验梁基本处于弹性变形阶段,其荷载挠度曲线基本重合。这说明该阶段孔道压浆情况对试验梁刚度影响很小。这是因为开裂之前试验梁的刚度基本由混凝土截面控制,而压浆缺陷导致的截面削弱影响很小。

(2)开裂至屈服阶段,开裂之后各试验梁的荷载挠度曲线曲率均有一定程度的降低,但不同压浆状况降低程度不同。B3 梁和 B5 梁的荷载挠度曲线曲率与 B1 梁基本一致,而 B2 梁和 B4 梁的荷载挠度曲线曲率减少量明显大于 B1 梁。这表明横截面一半压浆和纯弯段无压浆对混凝土开裂后的刚度影响很小,但完全无压浆和纵向一半无压浆对开裂后刚度影响较大,并且无压浆区越长,刚度退化越明显。究其原因,可以用缺陷压浆是否导致钢绞线与混凝土的不协调变形来解释。试验梁 B3、B5 中虽然存在缺陷压浆,但其并未引起钢绞线和混凝土间的不协调变形,故其对开裂后的刚度影响很少。试验梁 B2、B4 中,其缺陷压浆导致了钢绞线和混凝土间的不协调变形,故开裂后的刚度影响较大。尤其是试验梁 B2 的通长无压浆,引起的不协调变形最为显著,刚度退化也就最为明显。

(3)屈服之后,荷载挠度曲线基本接近水平,较小荷载增长将导致位移迅速增加,直至混凝土压碎破坏。混凝土压碎后,试验梁承载力迅速降低,但尚能继续承载。卸载后,试验梁挠度部分恢复,部分裂缝闭合。

6.2.4　混凝土受压区高度

B 系列试验梁跨中截面混凝土应变沿梁高的分布,如图 6-8 所示。不同荷载作用下,各试验梁跨中截面混凝土应变基本服从平截面假定。加载初期,试验梁上缘受压,下缘受拉,

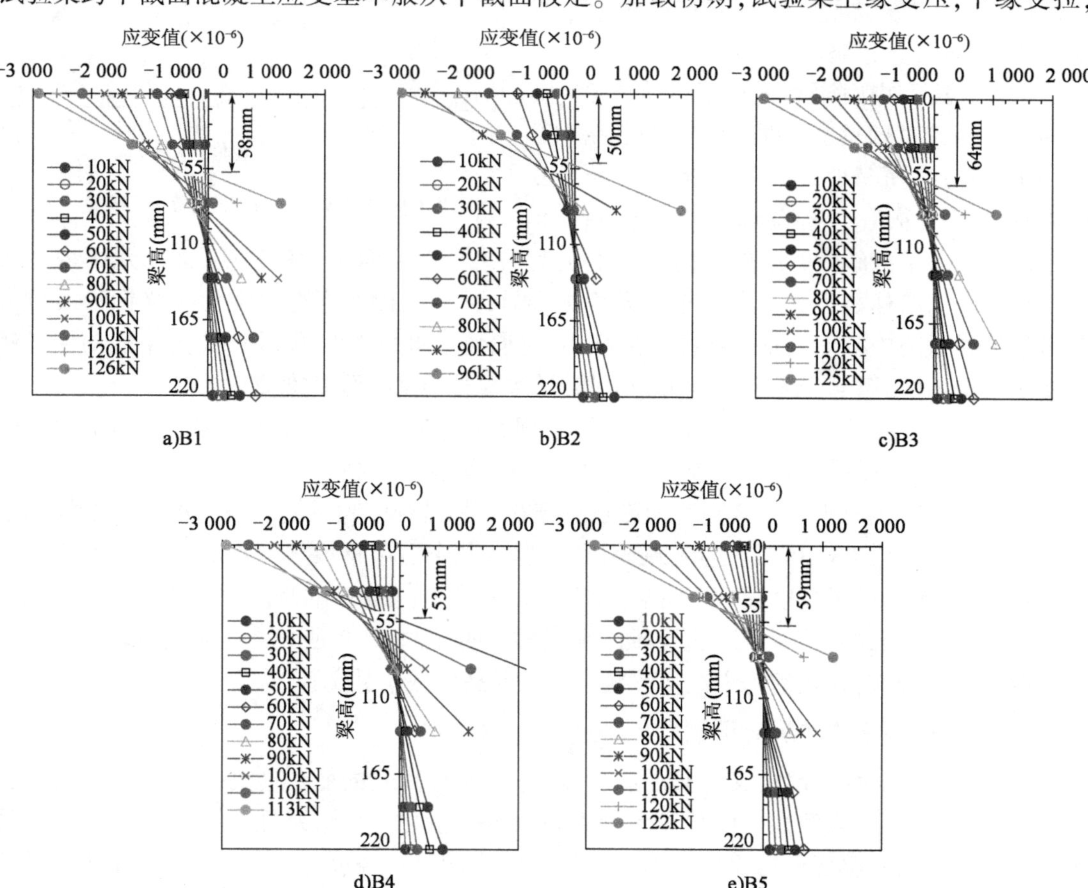

图 6-8　B 系列试验梁混凝土应变沿梁高分布

混凝土应变沿梁高呈线性分布。混凝土开裂后，受拉区应变片破坏，受拉应变无法采集，但受压区混凝土应变依然呈线性分布。缺陷压浆对混凝土应变沿梁高的线性分布影响很小，但对混凝土受压区高度具有一定的影响。对于密实压浆对比梁 B1 以及横截面一半压浆梁 B3 和跨中局部压浆梁 B5，其受压区高度对荷载的增加相对缓慢，并且极限状态时具有相对较大的受压区高度。对于试验梁 B2、B4，其混凝土受压区高度递减迅速，并具有较小的极限受压区高度。

为进一步分析压浆情况对跨中混凝土受压区高度变化的影响，通过图 6-8 中的混凝土应变数据可以求得不同荷载下跨中截面混凝土受压区高度，如图 6-9 所示。与荷载-挠度曲线类似，预应力混凝土梁的荷载-跨中截面受压区高度曲线也被开裂点和屈服点分为较为明显的三个阶段，现在分阶段进行讨论。

(1)开裂之前，B 系列各试验梁跨中混凝土受压区高度基本相等。加载初期混凝土受压区高度略有降低，随后基本保持不变。无压浆梁 B2 的受压区高度略小于其他试验梁，但偏差不大。可见，预应力混凝土梁开裂之前，缺陷压浆对预应力混凝土梁受压区高度的影响较小，基本可以忽略。

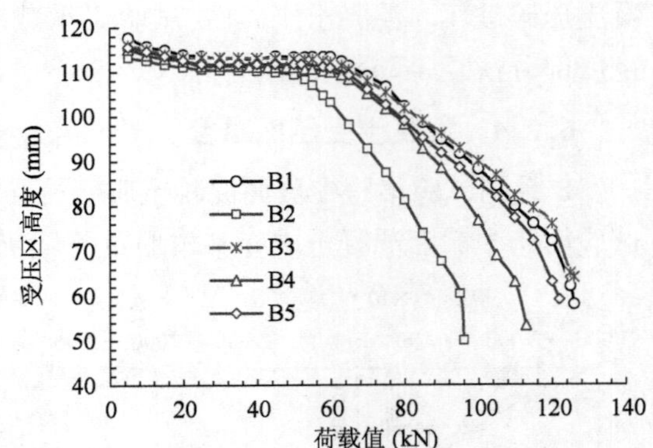

图 6-9　B 系列试验梁混凝土受压区高度

(2)开裂至屈服阶段，无压浆试验梁 B2 和纵向一半压浆试验梁 B4 的混凝土受压区高度减小十分迅速，而其他试验梁的混凝土受压区高度减少相对缓慢。究其原因，是由于缺陷压浆下混凝土与钢绞线间存在的不协调变形引起的。若忽略摩擦力的影响，无压浆区内钢绞线各点的拉力必然相等。与密实压浆梁相比，通长无压浆以及弯剪段无压浆梁钢绞线拉力的等值化导致跨中截面处钢绞线拉力的减小，为承受相同的弯矩，钢绞线拉力小的构件必然需要更大的力臂，引起受压混凝土重心上移，导致混凝土受压区高度减少。

(3)屈服之后，受压混凝土形成塑性铰，表现为荷载轻微增加，受压区高度迅速减少。极限状态时，B2、B4 梁受压区高度较矮，而 B1、B3、B5 梁相对较高。

缺陷压浆对混凝土受压区高度的影响关键在于其是否引起了钢绞线与混凝土之间的不协调变形。试验梁 B3、B5 虽然存在缺陷压浆，但其并未引起钢绞线与混凝土间的不协调变形，故对混凝土受压区高度影响不明显。相反，试验梁 B2、B4 中的缺陷压浆导致钢绞线拉力沿梁长的变化，因此对跨中混凝土受压区高度影响明显，尤其是通长无压浆的试验梁 B2，其不协调变形越明显，导致的跨中截面混凝土受压区高度减小越迅速。

6.2.5　破坏模式和抗弯承载力

混凝土梁的延性一般定义为其屈服后、破坏前能够承受的变形能力。对于具有明显屈服变形的混凝土梁，其延性可以用变形延性系数进行量化。变形延性系数通长定义为混凝土梁极限变形与屈服变形的比值。本书采用试验梁的跨中挠度作为变形表征，各试验梁的极限变形、屈服变形以及各自的延性系数见表 6-4 所示，图 6-10 中给出了各试验梁延性系数柱状图。

B系列试验梁延性系数　　表6-4

编号	B1	B2	B3	B4	B5
屈服荷载（kN）	120	95	120	110	120
极限荷载（kN）	126	95	125	113	122
屈服变形（mm）	12.12	12.99	12.18	13.60	13.48
极限变形(mm)	19.55	16.73	16.51	18.51	17.95
延性系数	1.61	1.29	1.36	1.36	1.33

密实压浆对比梁B1的延性系数最大，其他缺陷压浆试验梁B2、B3、B4、B5的延性系数均小于对比梁，与其相比分别下降20.0%、15.5%、15.5%、17.4%。这表表明缺陷压浆会引起预应力混凝土梁延性的退化。需要指出的是，横截面一半压浆的试验梁B3，其裂缝扩展、荷载挠曲变形以及下文将要讨论的极限承载力等参数均与对比梁B1十分接近，唯独引起试验梁延性的退化。其可能的原因是横截面一半压浆钢绞线在预应力混凝土梁屈服之后黏结的突然失效造成的。屈服之前，横截面一半压浆试验梁能够提供有效的黏结，故其抗弯性能与对比梁一致；屈服后，构件的变形增大，此时横截面一半压浆很可能会黏结失效，并引起结构的脆性破坏，延性降低。

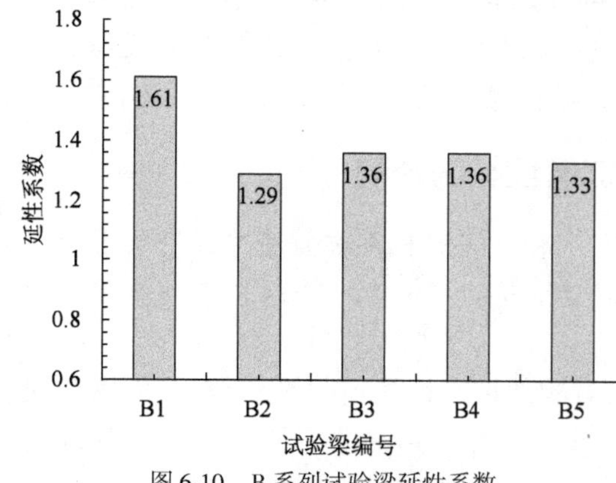

图6-10　B系列试验梁延性系数

B系列各试验梁和破坏形式相同。随着荷载的增加，钢绞线首先屈服，随后受压区混凝土压碎破坏，试验梁达到其极限状态，各试验梁的混凝土压碎状态如图6-11所示。缺陷压浆对预应力混凝土梁的破坏模型影响较小，但是导致混凝土压碎区高度减少。对于密实压浆对比梁B1以及横截面一半压浆梁B3和跨中局部压浆梁B5，其压碎区混凝土高度较大；对于无压浆试验梁B2和弯剪段无压浆梁B4，其压碎区混凝土高度较小，尤其在B2梁中尤为明显。这与前文发现的缺陷压浆对混凝土受压区高度影响规律一致。

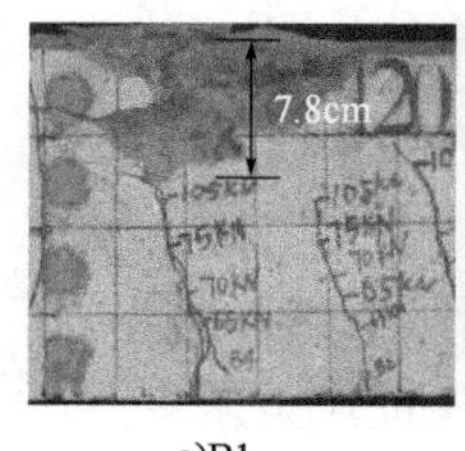

a)B1

b)B2

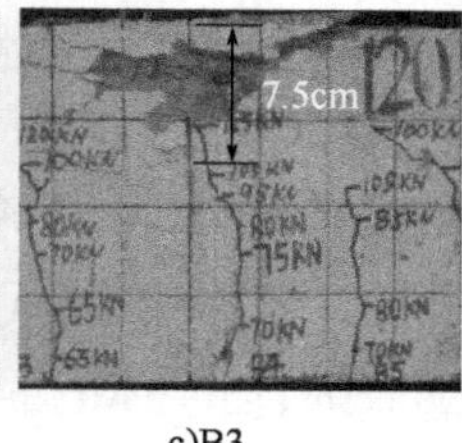

c)B3

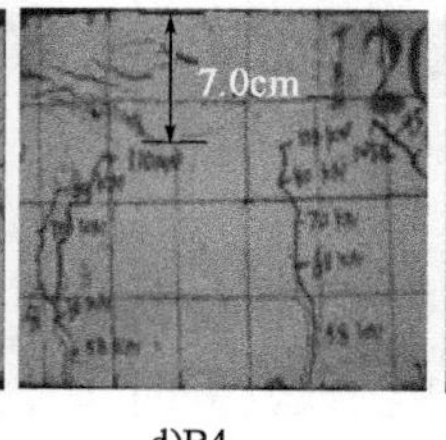

d)B4

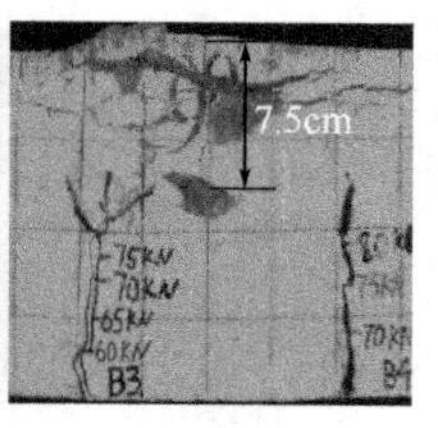

e)B5

图6-11　B系列试验梁破坏模式

需要指出的是，试验中对达到极限状态的试验梁进行卸载发现，试验梁能立即恢复部分变形，部分裂缝闭合或宽度减小。这说明对于预应力混凝土梁，即使在钢绞线屈服、混凝土压碎破坏后仍然具有一定的变形恢复能力。

B系列各试验梁的极限抗弯承载相关参数见表6-4。试验梁B1、B3、B5的抗弯承载力几乎相同,与试验梁刚度退化情况类似。这说明横截面一半压浆、跨中局部无压浆对抗弯承载力的影响很小。这是因为横截面一半压浆能够提供良好的黏结;而跨中纯弯段各个截面弯矩相同,该区域无压浆不会引起钢绞线和混凝土变形不协调,仅孔道无压浆导致的截面损伤对构件抗弯承载力影响不大。

无压浆和纵向一半无压浆导致抗弯极限承载力的较大退化,与 B1 梁相比,试验梁 B2、B4 的抗弯承载力分别下降 23.8%、10.3%。无黏结导致无压浆区内钢绞线拉力相等。当弯剪段无压浆区时,弯矩较大截面与弯矩较小截面钢绞线拉力相等,钢绞线与混凝土间的变形不协调,减小了弯矩较大等控制截面处钢绞线拉力,增大了弯矩较小截面钢绞线拉力。较小的钢绞线拉力需要较长的力臂平衡控制弯矩,引起混凝土受压区高度上移,受压应变增大,过早达到极限应变,导致抗弯极限承载力的降低。弯剪段无压浆越长,控制截面处钢绞线拉力减少越大,抗弯极限承载力退化越明显。

以上试验现象表明,孔道局部无压浆对构件开裂的影响在于其引起的黏结退化;而对抗弯刚度和承载力等的影响在于其引起的变形不协调,既依靠无压浆区的位置,又取决于无压浆区的长度,弯剪段无压浆对构件抗弯性能影响很大,无压浆区域越长对构件受力性能越不利。

6.3 压浆缺陷下预应力筋锈蚀对构件抗弯性能的影响

缺陷压浆减弱了对钢绞线的保护能力,氯离子、水和氧气等有害物质透过保护层混凝土后,极易到达预应力筋表面,从而引起预应力筋的锈蚀。因此,本节通过 PCB 系列试验梁对缺陷压浆下锈蚀预应力混凝土梁的抗弯性能进行研究。

如前文所述,横截面一般压浆和纯弯段无压浆对构件抗弯性能退化影响较少,而弯剪段无压浆对预应力混凝土梁的抗弯性能具有较大的影响。为探究锈蚀和缺陷压浆的共同影响,弯剪段无压浆的压浆形式被选用于该试验梁中。锚固区钢绞线与大气直接接触,一旦出现有害离子即会发生锈蚀。为防止钢绞线在锚固区的过早锈断,在锚固区也进行了局部孔道压浆,PCB 系列试验梁的预应力筋孔道压浆形式如图 6-12 所示。

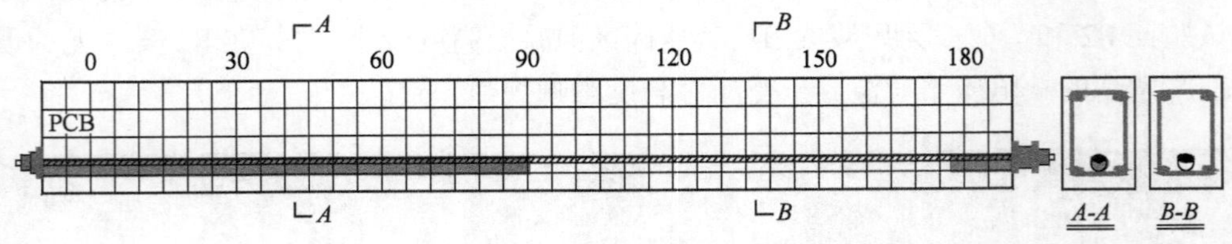

图 6-12 PCB 系列试验梁预应力筋孔道压浆类型(尺寸单位:cm)

采用前文所示的压浆方法进行孔道压浆:通过加入添加剂改变压浆体的流动性,由混凝土预留压浆空洞中注入。同时添加膨胀剂,使浆体凝固过程中微膨胀,以保证压浆质量。在无压浆区域两侧布置橡胶塞,阻止水泥浆通过,达到局部无压浆的效果。试验结束后对其检查,发现压浆效果良好,与设计基本一致。

6.3.1 试验梁锈蚀特征

PCB 系列试验梁压浆达到设计强度后,还对其进行电化学快速锈蚀,如图 6-13 所示。锈蚀槽被安装在试验梁的无压浆区域,锈蚀槽内注入质量浓度为 5% 的 NaCl 水溶液将各原件联通成电流回路。锈蚀时,电流从电源正极出发,流进锈蚀钢绞线、NaCl 溶液、不锈钢板,再回到电源负极。锈蚀前，先注入 NaCl 水溶液浸泡试验梁 3d，待氯离子进入梁体，电流回路联通后接通电源开始锈蚀。锈蚀过程中用 pH 试纸实时测定锈蚀溶液的酸碱含量，并通过盐酸溶液对其 pH 值进行调节，使之始终维持在 7 左右。

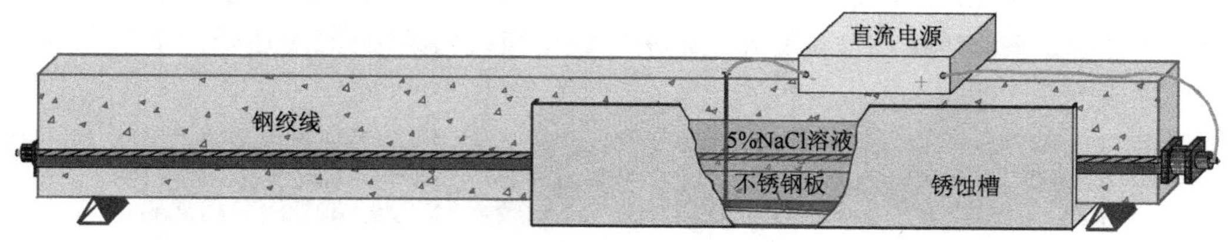

图6-13 PCB系列试验梁快速锈蚀装置

锈蚀过程中发现预应力混凝土梁两端钢绞线截断处时有锈蚀溶液流出，如图 6-14 所示。这表明锈蚀溶液能够沿着钢绞线各钢丝间的缝隙流动。钢绞线由中丝和多根边丝捻制而成，各钢丝间存在着缝隙，会导致锈蚀物质的转移。实际工程中，若存在混凝土局部浇筑不密实、孔道压浆局部缺陷或者封锚不严等情况，有害物质等从这些局部位置侵入钢绞线表面引发锈蚀。钢绞线捻制缝隙还为有害物质的纵向转移提供了通道，从而引起更大范围的钢绞线锈蚀。为此，对于捻制钢绞线结构，尤其应该注意其结构的耐久防腐。

a) 快速锈蚀

b)锈蚀溶液流动

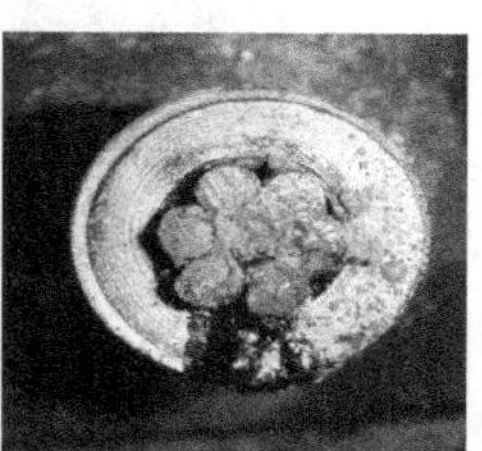

c)锈蚀溶液流动

图6-14 PCB系列试验梁锈蚀溶液的纵向流动

锈蚀过程中，外接电流大小稳定在 0.1A 左右。考虑无压浆区各钢丝的面积之和，求得其电流密度为 0.000 9mA/mm^2。通电过程中发现，试验梁能够施加的最大电流较小，远小于普通的钢筋混凝土结构。这说明电化学锈蚀条件下，预应力筋的锈蚀速率比普通钢筋要慢。其可能是由于预应力筋表面都比较光滑，易形成致密的钝化膜，氯离子难以破坏形成新的锈蚀点，从而导致较为严重的局部锈蚀。

各试验梁的锈蚀程度由通电时间进行控制，具体的实施时间见表 6-5。由于钢绞线的坑蚀特征突出，并且坑蚀点的发生位置存在较大的随机性，采用法拉第定律进行锈蚀时间预测，存在较大误差。本试验中发现，最大截面锈蚀率约是采用法拉第定律计算锈蚀率的 3 ~ 10 倍，对于严重锈蚀试验梁尤为明显。

PCB 系列试验梁锈蚀时间和锈蚀率 表 6-5

编号	PCB8	PCB3	PCB4	PCB7	PCB6	PCB5	PCB1	PCB2
锈蚀时间（d）	1	6	10	13	18	23	34	45
锈蚀率 η（%）	1.28	6.35	9.82	35.89	48.04	55.10	77.90	100.00

锈蚀完成后对各试验梁表面进行了观察，在试验梁 PCB1 ~ PCB4 的梁底面发现了锈胀裂缝，如图 6-15 所示。锈胀裂缝均位于上述试验梁的密实压浆段，其裂缝长度和最大裂缝宽度分别在图中进行了注明。可见，密实压浆段钢绞线也发生了一定程度的锈蚀。这也进一步证实了捻制钢绞线各丝缝隙能够为有害物质的纵向转移提供通道，从而引起钢绞线较大范围的锈蚀。缺陷压浆不仅容易导致缺陷区域钢绞线的锈蚀，同时还降低了密实压浆段钢绞线抵御锈蚀的能力。

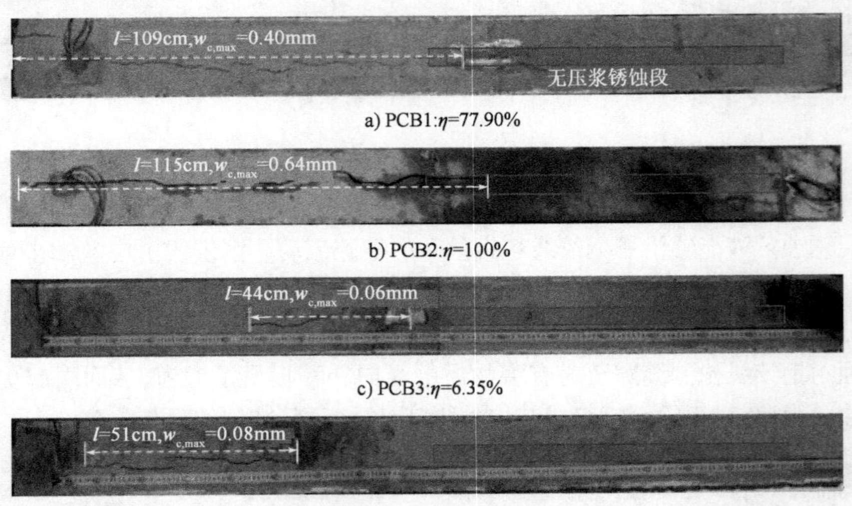

a) PCB1:η=77.90%

b) PCB2:η=100%

c) PCB3:η=6.35%

d) PCB4:η=9.82%

图 6-15　PCB 系列试验梁梁底锈胀裂缝

l-裂缝长度；$w_{c,max}$-最大裂缝宽度

需要指出的是，出现锈胀裂缝的 4 片试验梁中，PCB1、PCB2 梁是所有试验梁中锈蚀率最大的两个试件，但是 PCB3、PCB4 梁的锈蚀率并不高，均小于 10%。对于其他锈蚀严重的试验梁 PCB5、PCB6、PCB7 并未发现锈胀裂缝，但其锈蚀率均远大于试验梁 PCB3、PCB4。根据表 6-2 可知，试验梁 PCB1 ~ PCB4 是由同一批次混凝土浇筑的，由于空气温度、集料湿度、搅拌质量以及后期养护的细微差异，可能引起各批次混凝土的抗裂性能存在一定的差异。可见，混凝土梁锈胀裂缝的产生受锈蚀率水平以及混凝土材料特性等多方面的影响。

待试验梁加载完成后，敲除混凝土保护层，对钢绞线的锈蚀特征进行了观察。缺陷压浆下预应力混凝土梁中钢绞线的锈蚀存在较为明显的坑蚀特征。蚀坑主要集中在有无压浆区界面上，各试验梁的最大锈蚀区域如图 6-16 所示。锈蚀介质透过混凝土保护层，沿着无压浆界面最先达到钢绞线表面，导致其锈蚀；由于钢绞线表面光滑，其钝化膜致密，氯离子难以破坏形成新的锈蚀点，从而导致无压浆区界面严重坑蚀。

将钢绞线取出，采用标准方法对钢绞线进行清洗。干燥之后，采用截面轮廓法对最大截面锈蚀率进行了测定，各试验梁的最大截面锈蚀率见表 6-5。本试验中设计对比试验梁的锈蚀率为 1.28%，以模拟实际工程结构中普遍存在的由于施工工期较长而导致的预应力筋初锈。此外，由于钢绞线的锈蚀与普通钢筋的差异，前者的局部锈蚀极易造成钢绞线的严重截面损失，甚至锈断。为此，本试验中设计了较高的钢绞线锈蚀率，试验梁最大锈蚀率为 100%，以模拟钢绞线锈断失效的影响。

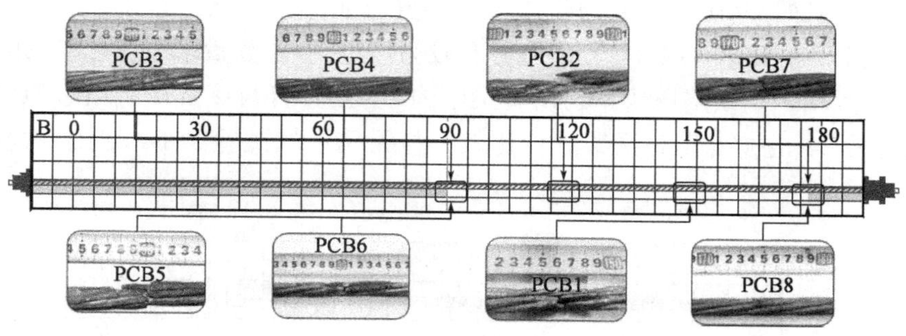

图 6-16　PCB 系列试验梁最大锈蚀区域

下文将分别从试验梁的裂缝开展、挠曲变形、极限荷载等方面，分析缺陷压浆下预应力筋锈蚀对预应力混凝土梁抗弯性能的影响。

6.3.2　裂缝开展

PCB 系列试验梁的开裂荷载值见表 6-6，试验梁的开裂荷载值随着锈蚀率的增加而逐渐降低。以 PCB8 梁为对比梁，可以求得其他试验梁开裂荷载与其荷载值得比率，绘制不同开裂荷载比率随锈蚀率的变化关系曲线，如图 6-17所示。试验梁开裂荷载随着锈蚀率的增加基本呈线性递减。对于其他类似结构形式，可采用图中的拟合函数对其开裂荷载值进行近似计算。

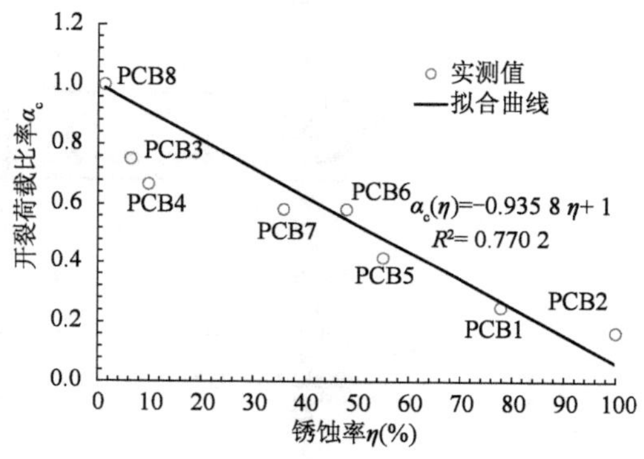

图 6-17　PCB 系列试验梁开裂荷载

PCB 系列试验梁裂缝数据统计　　表 6-6

编号	锈蚀率 η（%）	开裂荷载 （kN）	裂缝数量	数量减少 （%）	平均间距 （cm）	间距增加 （%）	最大宽度 （mm）	宽度增加 （%）
PCB8	1.28	60	9	—	9.3	—	0.75	—
PCB3	6.35	45	8	11	10.6	14	0.91	21
PCB4	9.82	40	9	0	10	8	1.32	76
PCB7	35.89	35	5	44	16	72	1.49	99
PCB6	48.04	35	5	44	13.3	43	1.76	135
PCB5	55.10	25	3	67	18	94	2.5	233
PCB1	77.90	15	3	67	18.5	99	3.48	364
PCB2	100	10	3	67	10	8	3.7	393

预应力混凝土结构的开裂荷载值与预应力筋的预加力水平密切相关，钢绞线锈蚀必然引起其预加力的损失，从而影响其开裂荷载。预应力筋预加力水平直接影响结构的使用性能。因此，必须对锈蚀后预应力筋的有效预加力退化规律及剩余预加力值进行准确评估，这方面的工作将在下文详细介绍。

图 6-18 中给出了 PCB 系列试验梁极限状态时的裂缝分布，结合表 6-6 中的统计数据可

以发现,不同的锈蚀率水平对预应力混凝土梁裂缝分布具有不同的影响。对于锈蚀率小于10% 的试验梁 PCB8、PCB3、PCB4,其裂缝分布较为接近,裂缝数量较多,裂缝间距较少,并且沿梁长分布较为均匀。缺陷压浆系列试验梁中的 B4 梁具有与该批试验梁近似的缺陷压浆类型,故试验梁 B4 也被当作对比梁进行比较。与无锈蚀的试验梁 B4 相比,试验梁 PCB8、

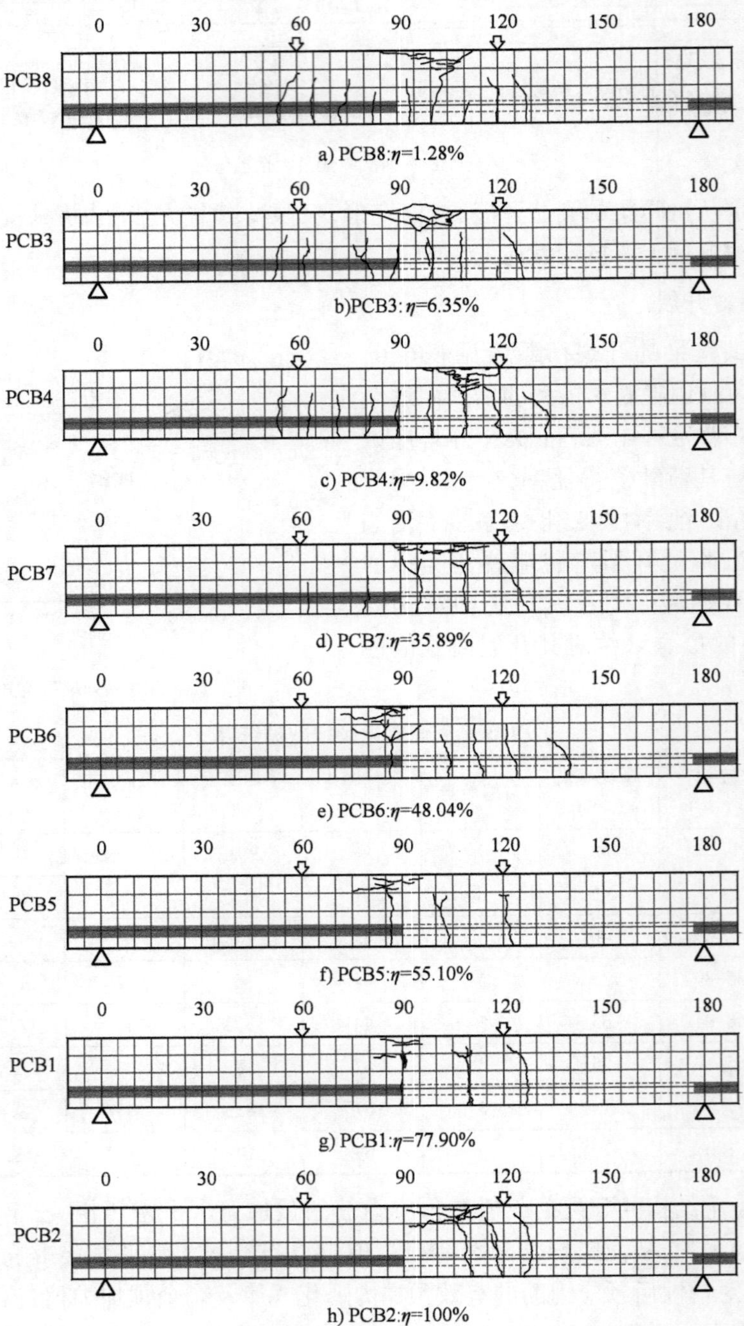

a) PCB8:η=1.28%

b)PCB3: η=6.35%

c) PCB4:η=9.82%

d) PCB7:η=35.89%

e) PCB6:η=48.04%

f) PCB5:η=55.10%

g) PCB1:η=77.90%

h) PCB2:η=100%

图 6-18　PCB 系列试验梁极限状态时的裂缝分布(尺寸单位:cm)

PCB3、PCB4 的裂缝数量增多，间距减小。这表明轻微的钢绞线锈蚀有助于预应力混凝土梁裂缝的发展，导致裂缝数量增多，间距减少，进而减缓主裂缝的形成。

随着锈蚀程度的加深，试验梁的裂缝分布变得极为不均，裂缝主要集中在无压浆锈蚀梁段，并且裂缝数量明显减小，裂缝间距明显增大。与对比梁 PCB8 相比，试验梁 PCB7、PCB6、PCB5、PCB1、PCB2 的裂缝数量分别减少 44%、44%、67%、67%、67%；裂缝间距分别增加 72%、43%、94%、99%、8%。此外，这些试验梁中的裂缝明显较长，极限状态是裂缝的末端几乎贯穿梁体。这是由于试验梁两端抗弯刚度相差悬殊，密实压浆段尚未开裂的情况下，试验梁就接近破坏，因此仅在无压浆锈蚀段出现少量裂缝；裂缝数量减少，仅有的裂缝必须迅速向上延伸，并具有更大的裂缝宽度，以满足结构变形的需要。

PCB 系列试验梁的荷载-主裂缝宽度曲线如图 6-19 所示。对于锈蚀率小于 10% 的试验梁 PCB8、PCB3、PCB4，其主裂缝的跨度扩展速率基本一致，主裂缝出现后其宽度增长非常缓慢，经历较大的荷载增量才逐渐形成主裂缝，随后裂缝增长较快。但对于锈蚀率较大的试验梁 PCB7、PCB6、PCB5、PCB1、PCB2，其主裂缝一旦出现，其宽度便迅速增长，并且具有非常宽的极限裂缝宽度。由表 6-6 可知，与对比梁 PCB8 相比，试验梁 PCB7、PCB6、PCB5、PCB1 和 PCB2 的极限主裂缝宽度分别增大 99%、135%、233%、364%、393%。其原因也是由于裂缝数量减少导致的，其仅有的裂缝必须迅速扩展，以满足结构变形的需要。

6.3.3　挠曲变形

PCB 系列试验梁荷载-跨中挠度曲线如图 6-20 所示。开裂之前，各试验梁的荷载-跨中挠度曲线基本重合，这表明试验梁具有相同的初始抗弯刚度，预应力筋锈蚀对其影响不大；开裂之后，各试验梁的荷载-跨中挠度曲线具有较大的差异性，试验梁的开裂后刚度随着锈蚀率的不同而表现出不同的变化规律。

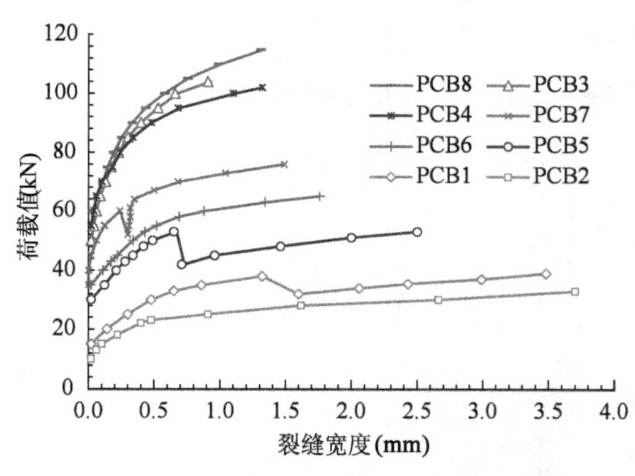

图 6-19　PCB 系列试验梁荷载-主裂缝宽度发展规律

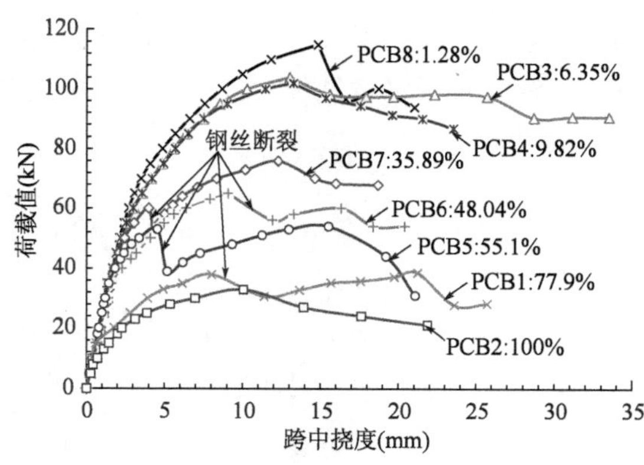

图 6-20　PCB 系列试验梁荷载-跨中挠度曲线

对于锈蚀率小于 10% 的试验梁 PCB3、PCB4，其开裂后的抗弯刚度随着荷载的增加逐渐减少，与对比梁 PCB8 十分接近。这表明轻微的预应力筋锈蚀对预应力混凝土梁开裂后的抗弯刚度影响不大。对于其他锈蚀严重的试验梁，开裂后的抗弯刚度退化十分迅速，尤其是试验梁 PCB1，其开裂前后的荷载挠度曲线表现出明显的双折线特性，其抗弯刚度由开裂之前的较高值直接退化到开裂之后的较小值。可见，严重的预应力筋锈蚀导致预应力混凝土梁开裂后刚度的迅速减少。此外，对于锈蚀严重的试验梁，在加载过程中出现的钢绞线钢丝断裂会导致其荷载挠度的突然跳跃。

纵观预应力混凝土梁裂缝的开展,可以发现类似的规律:对于轻微锈蚀试验梁,其裂缝数量较多,各裂缝扩展延伸速率缓慢;对于严重锈蚀试验梁,其裂缝数量较少,裂缝一旦出现便会迅速扩展延伸。可见,预应力混凝土梁抗弯刚度与裂缝扩展之间必然存在着某些联系。开裂之前,各试验梁混凝土截面均完整有效,其初始抗弯刚度基本相等;开裂之后,轻微锈蚀试验梁裂缝扩展延伸速率缓慢,混凝土有效截面退化缓慢,其刚度退化相应缓慢;锈蚀严重时,预加力损失严重,其对裂缝开展的约束作用减弱,裂缝扩展延伸迅速,混凝土有效截面退化剧烈,此时刚度递减亦十分明显。可见,预应力混凝土梁的抗弯刚度主要是由未开裂有效混凝土截面决定的,而预加力的影响主要体现在对裂缝扩展的约束上。

PCB 系列试验梁为纵向一半弯剪段无压浆,并且预应力筋的锈蚀也主要集中在该区域,这必然会引起无压浆锈蚀梁段抗弯性能的局部退化。为此,通过两支座处的截面转角的差异,分析无压浆预应力筋锈蚀对混凝土局部损伤的影响。支座处截面的转角可通过下式进行近似计算:

$$r \approx \tan r = \frac{\Delta}{a} \tag{6-1}$$

式中,r 为支座处截面的转角;Δ 为分配梁下百分表所测得的挠度值;a 为百分表测点位置到支座的距离。

PCB 系列试验梁压浆密实端和无压浆锈蚀端支座截面处截面转角如图 6-21 所示。开裂之前,各试验梁两支座截面转角基本相等,说明此时无压浆区钢绞线锈蚀并未引起预应力混凝土梁局部区域抗弯性能的退化。缺陷压浆及预应力筋锈蚀对构件开裂之前的抗弯性能影响较小。开裂之后,各试验梁两支座截面转角随锈蚀率的增长而表现出不同的规律。对于锈蚀率较小的试验梁 PCB8、PCB3、PCB4,无压浆锈蚀端的支座截面转角略大于密实压浆端。随着锈蚀率的增长,严重锈蚀梁两支座截面转角间的差异变得十分明显。钢绞线严重锈蚀导致无压浆梁段预加力损失和局部抗弯刚度退化,引起结构的不对称变形。

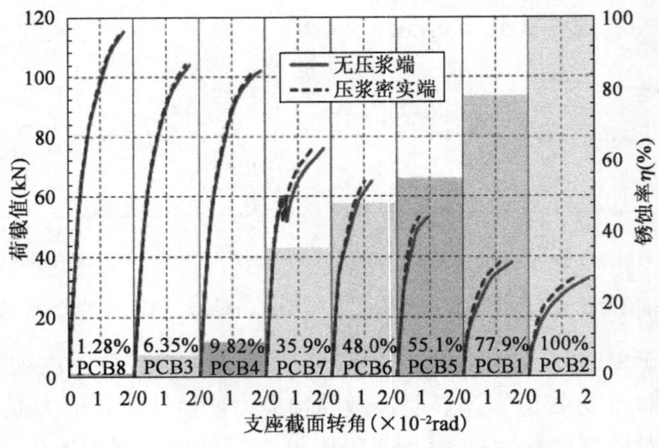

图 6-21 PCB 系列试验梁荷载-支座截面转角

6.3.4 破坏模式和极限承载力

PCB 系列锈蚀试验梁的破坏模式随着锈蚀率的增加而逐渐发生改变。对于锈蚀率小于

10%左右的试验梁PCB8、PCB3、PCB4,其破坏是由于受压区混凝土被压碎导致的。对于其他严重锈蚀试验梁,在加载过程中会出现钢绞线钢丝断裂的情况,断裂过程中伴随着震耳的响声和承受载的突降;此后,部分试验梁发生破坏,部分试验梁尚能继续承载,但是裂缝向上扩展十分迅速,受压混凝土高度急剧减少,此过程中陆续还会有钢丝断裂;最后可能由于顶端预应力混凝土梁压碎或钢丝全部断裂而发生破坏,本书中将此类破坏模式定义为断丝破坏。随着锈蚀率的增加,试验梁的破坏模式由混凝土的压碎破坏逐渐向钢丝断裂转变,由延性破坏向脆性破坏转变。

通过变形延性系数对试验梁延性进行进一步的分析。由于锈蚀的影响,PCB系列锈蚀试验梁的荷载挠度曲线与B系列试验梁略有差异,各试验梁的荷载挠度曲线不存在明显的屈服变形阶段,其屈服变形难以确定。一些研究指出,对于这类混凝土梁,可以采用0.75倍极限荷载对应的变形作为屈服变形[198]。本书采用试验梁的跨中挠度作为变形表征,各试验梁的极限变形、屈服变形以及各自的延性系数见表6-7。

PCB系列试验梁延性系数　　表6-7

编号	PCB8	PCB3	PCB4	PCB7	PCB6	PCB5	PCB1	PCB2
锈蚀率(%)	1.28	6.35	9.82	35.89	48.04	55.10	77.90	100.00
极限荷载(kN)	115	105	102	76	65	53	38	33
屈服变形(mm)	5.93	5.29	5.17	5.01	3.88	1.63	3.60	3.79
极限变形(mm)	14.86	13.06	13.28	12.28	9.08	3.38	8.03	10.06
延性系数	2.51	2.47	2.57	2.45	2.34	2.08	2.23	2.65

图6-22给出了各试验梁的延性系数随锈蚀率的变化关系。预应力混凝土梁的延性随着锈蚀率的增大而逐渐发生变化。对于轻微锈蚀的试验梁PCB8、PCB3、PCB4,其延性基本一致,锈蚀对其延性退化影响较少。尤其是试验梁PCB4,其延性系数较对比梁PCB8略有提高。其原因可能是无压浆区锈蚀溶液通过钢绞线间隙传递至密实压浆段引起了该区域钢绞线的轻微锈蚀,使得钢绞线与周围混凝土黏结应力增强,结构的延性相应提高。随着锈蚀率的提高,试验梁的延性系数逐渐降低。对于完全锈断的试验梁PCB2,其受弯特性与普通钢筋混凝土较为接近,普通钢筋屈服后混凝土逐渐被压碎,表现出典型的适筋梁延性破坏特征,故其延性系数最大。试验梁破坏模式的转变导致其延性的退化。

需要指出的是,钢绞线已锈断的试验梁PCB2具有最大的变形延性系数。该试验梁左右两段具有完全不同的抗弯响应:压浆密实梁段无预应力筋锈蚀,表现出典型预应力混凝土结构特性;无压浆梁段则表现出典型的普通钢筋混凝土结构特性,裂缝集中于该梁段,试验梁的抗弯承载力由该梁段控制。与轻微锈蚀试验梁相比,PCB2无压浆梁段具有较小配筋率,这可能是其延性系数较高的原因。与严重锈蚀试验梁相比,PCB2梁没有遭受钢丝断裂所导致的冲击变形,因此其具有较好的延性变形能力。

PCB系列各试验梁的极限抗弯承载见表6-7,对比试验梁PCB8的抗弯极限承载力为115kN。轻微锈蚀试验梁PCB3、PCB4,其抗弯承载力较对比梁分别下降9.6%和11.3%,抗弯承载力下降相对轻微。对于严重锈蚀试验梁PCB7、PCB6、PCB5、PCB1,35.89%,48.04%、

55.10%、77.90%的锈蚀分别导致抗弯承载力下降33.9%、43.5%、53.0%、67.0%。钢绞线锈断试验梁PCB2,其抗弯承载力下降约71.3%。可见,随着锈蚀率的增大,试验梁抗弯承载力退化十分明显。图6-23给出了各试验梁与对比梁抗弯承载力比值随锈蚀率变化的关系曲线。试验梁抗弯承载力随着锈蚀率的增加而逐渐退化,采用二次抛物线对其退化曲线进行拟合,具有较高的精度。

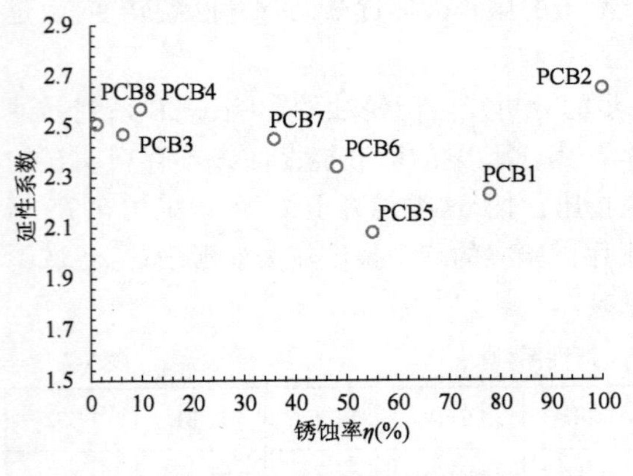

图6-22　PCB系列试验梁的延性系数随锈蚀率的变化关系

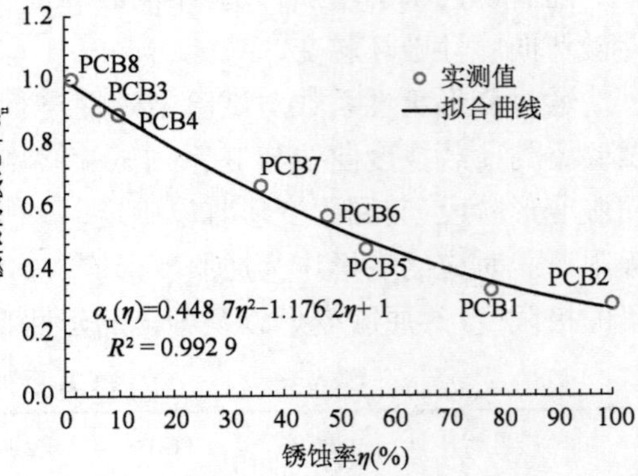

$\alpha_u(\eta)=0.448\,7\eta^2-1.176\,2\eta+1$

$R^2=0.992\,9$

图6-23　PCB系列试验梁与对比梁抗弯承载力比值随锈蚀率变化关系

以上试验现象表明,压浆缺陷下预应力筋的锈蚀具有较为明显的坑蚀特征,锈蚀溶液能够沿着钢丝缝隙转移,造成更大范围的锈蚀;缺陷区预应力筋锈蚀进一步导致结构裂缝数量的减少,间距增大,扩展速率加快,当锈蚀率大于30%时尤为明显;预应力筋锈蚀对预应力混凝土梁开裂前的刚度影响较小,严重锈蚀时引起无压浆区开裂后抗弯刚度的严重退化,导致不对称变形;试验梁抗弯承载力和延性随着锈蚀率的增加而逐渐退化,其破坏模式由混凝土的压碎破坏逐渐向钢丝断裂转变。

6.4　压浆密实下预应力筋锈蚀对构件抗弯性能的影响

结构处于不利环境的长期作用下,容易受到有害物质的侵蚀。此外,钢绞线钢丝缝隙可为有害物质纵向转移提供通道,导致预应力筋大范围的锈蚀。因此,即使是压浆密实的预应力混凝土结构受到外界环境侵蚀时,也会发生预应力筋锈蚀。本节将通过CB系列试验梁就密实压浆预应力筋锈蚀后预应力混凝土梁的抗弯性能进行研究。

CB系列试验梁均采用与B系列中试验梁B1相同的密实压浆形式,具体压浆形式如图6-3a)所示,不再赘述。试验梁B1因具有相同的压浆形式,为节约试验成本,故以其作为本试验的未锈蚀对比梁。

6.4.1　预应力混凝土梁锈蚀和初始刚度特征

试验梁压浆达到设计强度后,即可对试验梁进行电化学快速锈蚀,CB系列试验梁钢绞线为通长锈蚀,其锈蚀装置如图6-24所示。一个与试验梁几乎同长的锈蚀槽被安装在试验梁上,槽内注入质量浓度为5%的NaCl水溶液将各原件联通成电流回路。锈蚀装置的其他设计均与上批试验一致,不再赘述。

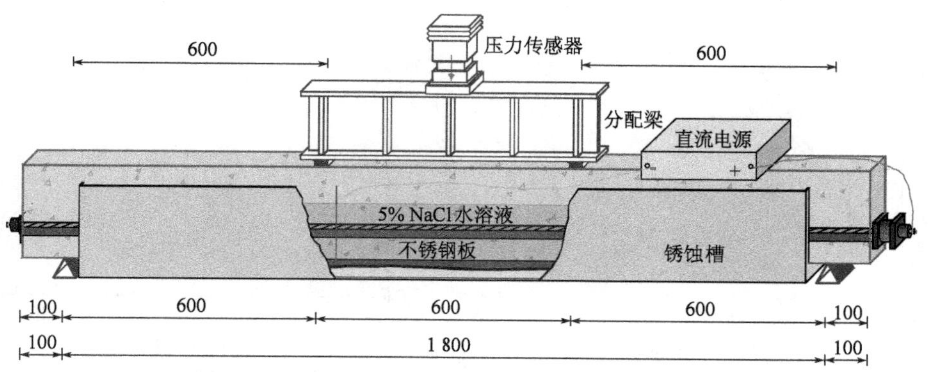

图6-24　CB系列试验梁快速锈蚀装置(尺寸单位:mm)

锈蚀前,试验梁先在NaCl水溶液浸泡试验梁3d,随后联通电源后接通电源开始锈蚀。锈蚀电流为0.4A,平均锈蚀电流密度为0.001 8mA/mm^2。锈蚀过程中用盐酸溶液调节锈蚀溶液pH值,使其维持在7左右。各试验梁的锈蚀程度由通电时间进行控制,具体的实施时间见表6-8。

CB系列试验梁锈蚀时间和锈蚀率　　表6-8

编号	B1	CB5	CB6	CB7	CB2	CB3	CB1	CB4
锈蚀时间(d)	0	10	15	20	25	30	35	40
锈蚀率η(%)	0	12.1	19.5	27.0	46.0	61.7	73.7	84.7

一些学者研究了普通钢筋混凝土梁在锈蚀过程中的刚度变化规律,发现随着锈蚀率的增加,混凝土梁的抗弯刚度逐渐退化[199]。对于预应力混凝土梁其锈蚀刚度退化规律尚未明确。为此,在锈蚀过程中每隔10d对试验梁进行一次加载试验,以明确其锈蚀刚度变化规律。试验梁简支,加载净距为1 800mm,采用三分点对称加载,具体加载装置如图6-24所示。试验过程中采集预应力混凝土梁的跨中挠度数据,逐级增大试验荷载,最大加载至25kN,约为未锈蚀试验梁开裂荷载的一半。

锈蚀过程中试验梁的荷载-跨中挠度曲线如图6-25所示。本书只给出了锈蚀时间较长试验梁CB2、CB3、CB4以及对比梁B1的对比曲线。对比梁B1未发生锈蚀,并且试验加载水平很低,完全处于其弹性变形的范围以内,其初始抗弯刚度应保持不变。不同加载次下,试验梁CB2、CB3的荷载挠度曲线变化规律与对比梁B1相同。这表明锈蚀过程中试验梁CB2、CB3抗弯刚度保持不变。对于试验梁CB4,第1次和第2次加载时,其抗弯刚度保持不变,但第3次后期以及第4次加载时,试验梁抗弯刚度发生了明显的退化。这可能是由于在第3次加载时,预应力筋锈蚀已经十分严重,预应力混凝土梁在荷载作用下开裂造成的。而第4次加载时,预应力混凝土梁已经处于开裂状态,故其刚度从加载初期就退化明显。可见,预应力筋锈蚀对构件开裂前的初始刚度影响很小。

需要指出的是,不同加载次下,各试验梁和荷载挠度曲线均存在微小的波动,即使是对比试验梁B1。该波动的变化毫无规律,有时偏大,有时偏小,并未随着锈蚀时间的加深而呈现规律性的变化,其可能是由于试验测试温度的差异以及测量误差等原因造成的。为此,本书忽略了该波动的影响,认为这种情况下试验梁的刚度保持不变。

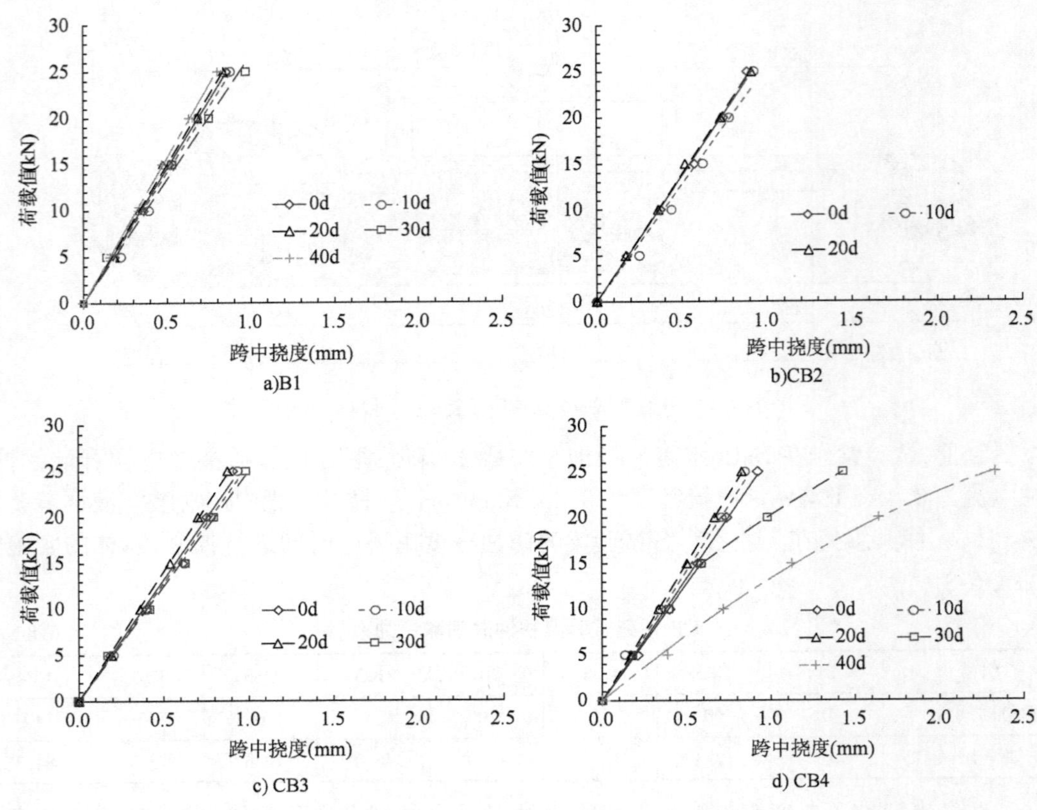

图 6-25　CB 系列试验梁锈蚀过程中荷载-挠度曲线

锈蚀过程中,在试验梁两端钢绞线截断位置处再次发现了锈蚀液体流出的现象,如图6-26所示。这再次证实了锈蚀溶液沿着钢绞线钢丝间缝隙的纵向流动,有害物质从局部位置进入到钢绞线表面,会沿其缝隙移动,可能导致大范围的钢绞线锈蚀,实际工程中应注意该类结构的耐久防腐。

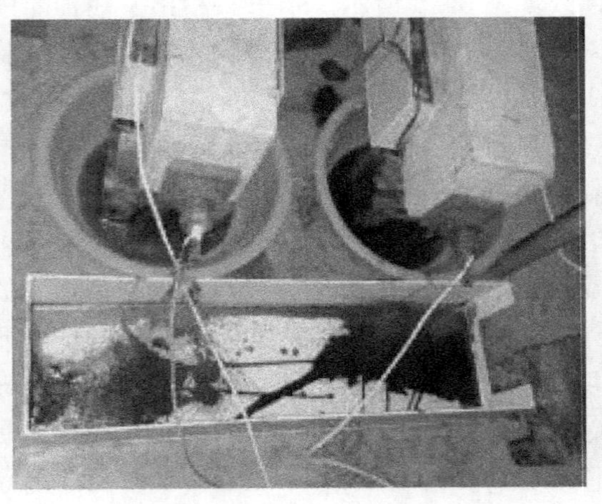

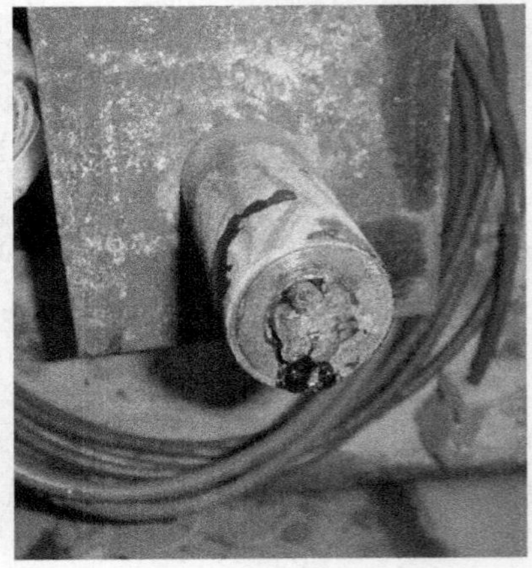

图 6-26　CB 系列试验梁锈蚀溶液的纵向流动

锈蚀完成后,拆掉锈蚀槽,对预应力混凝土梁表面锈胀裂缝进行观察,发现密实压浆下锈蚀试验梁表面锈胀裂缝非常明显。所有锈蚀试验梁的锈胀裂缝形式基本类似,分别出现在梁底面和两个侧面,并贯穿梁长,锈胀裂缝周围通常还伴随着褐色的锈斑。锈蚀最轻微的试验梁 CB5 的锈胀裂缝如图 6-27 所示,其他试验梁的锈胀开裂情况均类似。可见,密实压浆下预应力筋的锈蚀极易造成其保护层锈胀开裂。

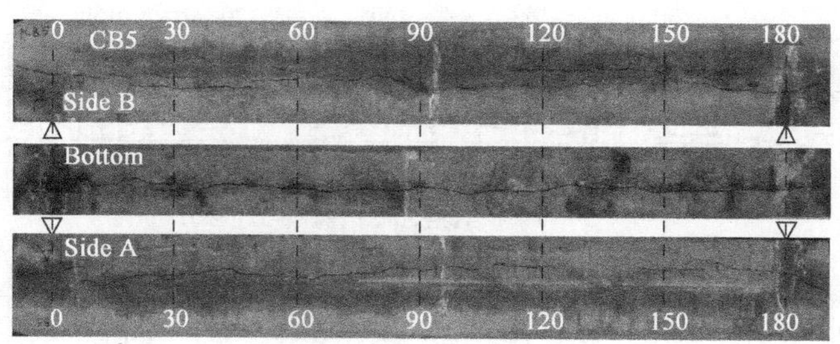

图 6-27　试验梁 CB5 的锈胀裂缝分布(尺寸单位:cm)

沿梁长每隔 10cm,采用裂缝观测仪对两个侧面(A 面、B 面)和底面锈胀裂缝宽度进行测量,CB 系列各试验梁的锈胀裂缝宽度如图 6-28 所示。整体而言,试验梁底面锈胀裂缝宽度要大于两个侧面的锈胀裂缝宽度,可能是由于其底面具有较少的混凝土保护层厚度。试验梁锈蚀时间越长,锈蚀率越大,其锈胀裂缝宽度越宽。此外,对于锈蚀率较低的试验梁 CB5、CB6,其锈胀裂缝宽度沿梁长分布较为均匀,但随着锈蚀率的变大,锈胀裂缝宽度沿梁长的分布变得不均匀,锈蚀率越大,缝宽的不均匀性越明显,尤其是梁底锈胀裂缝宽度。可见,随着锈蚀程度的加深,钢绞线不均匀锈蚀特征逐渐明显。

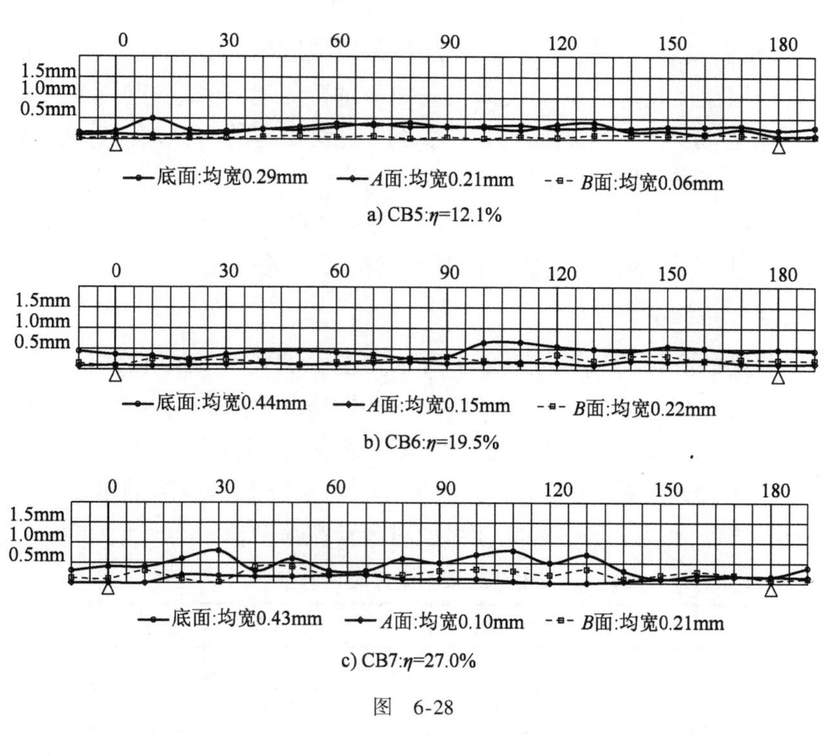

a) CB5:η=12.1%

b) CB6:η=19.5%

c) CB7:η=27.0%

图　6-28

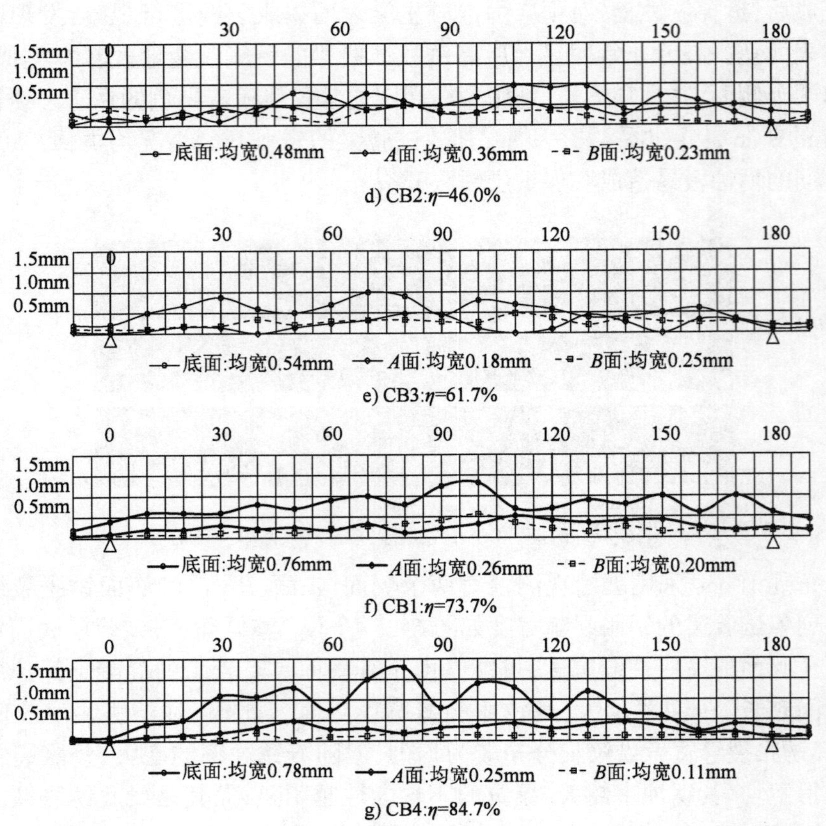

图 6-28　CB 系列试验梁锈胀裂缝宽度

待试验梁加载完成后，敲除混凝土保护层将钢绞线取出，采用标准方法对钢绞线进行清洗。干燥之后，采用截面轮廓法对最大截面锈蚀率进行测定，各试验梁的最大截面锈蚀率见表 6-8。由于预应力筋具有较快的锈蚀速率，可以达到较高的锈蚀率。为此，本试验设计了一些具有较大预应力筋锈蚀率的试件，各试件之间设计了较大的锈蚀率间隔，以明确各锈蚀程度下预应力混凝土梁的抗弯响应。下文将分别从裂缝开展、挠曲变形、极限荷载等方面，分析密实压浆下预应力筋锈蚀对预应力混凝土梁抗弯性能的影响。

6.4.2　裂缝分布特征

CB 系列试验梁的开裂荷载值如表 6-9 所示。由于试验梁 CB4 在锈蚀加载过程中已经开裂，故未采集到其开裂荷载值。其他试验梁的开裂荷载值随着锈蚀率的增加而逐渐降低。以 B1 为对比梁，求得其他试验梁开裂荷载与其荷载值得比率，绘制不同开裂荷载比率随锈蚀率的变化关系曲线，如图 6-29 所示。试验梁开裂荷载随着锈蚀率的增加呈线性递减。对于其他类似结构形式，可采用图中的拟合函数对其开裂荷载值进行近似计算。

CB 系列试验梁开裂荷载值　　表 6-9

编号	B1	CB5	CB6	CB7	CB2	CB3	CB1	CB4
锈蚀率 η（%）	0	12.1	19.5	27.0	46.0	61.7	73.7	84.7
开裂荷载（kN）	60	55	50	45	35	25	18	—

预应力混凝土结构的开裂荷载值与预应力筋的预加力水平密切相关，钢绞线锈蚀必然引起其预加力的损失，从而影响其开裂荷载。下文将就各试验梁的开裂荷载值对锈蚀预应力筋混凝土结构的剩余预加力进行分析，详见第 7 章相关内容。

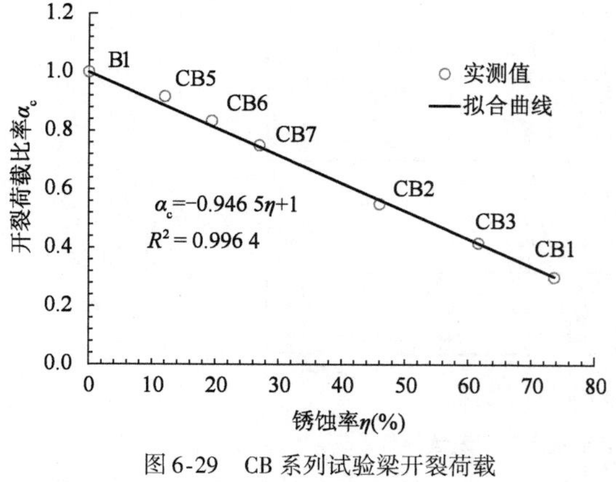

图 6-29　CB 系列试验梁开裂荷载

图 6-30 中给出了 PCB 系列试验梁极限状态时的裂缝分布，不同预应力筋锈蚀率对试验梁的裂缝分布具有不同的影响。对于轻微锈蚀试验梁 CB5、CB6、CB7（$\eta < 27.0\%$），其裂缝数量、间距等与对比梁试验梁 B1 相类似，甚至裂缝数量略有增加，裂缝沿梁长分布较均匀，各裂缝高度基本相等。轻微的预应力筋锈蚀对预应力混凝土梁裂缝分布影响不大。当预应力筋锈蚀率大于 27.0% 时，试验梁 CB2、CB3、CB1、CB4 的裂缝发生了较大的变化，裂缝延伸出现畸形，数量减少，间距增大，并且裂缝高度很不均匀，有些裂缝位置很高，伸入至混凝土受压区，有些裂缝很矮，基本上在裂缝形成后便停止延展。这种情况下，很容易导致主裂缝的形成，对预应力混凝土梁抗弯很不利。

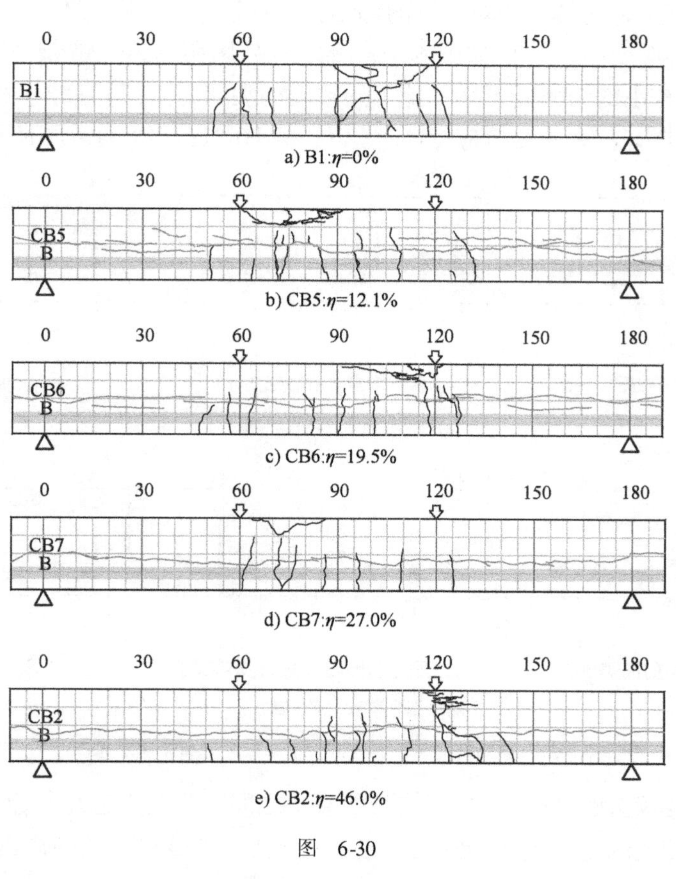

a) B1:η=0%

b) CB5:η=12.1%

c) CB6:η=19.5%

d) CB7:η=27.0%

e) CB2:η=46.0%

图　6-30

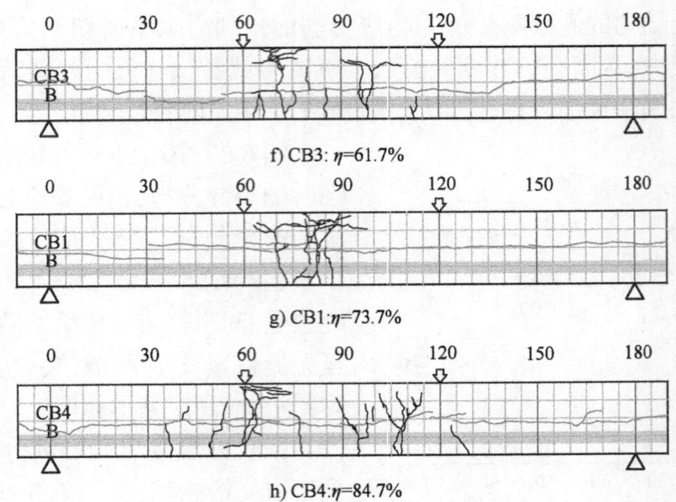

图 6-30　PCB 系列试验梁极限状态时的裂缝分布

锈蚀预应力筋与周围混凝土黏结性能的改变是影响其裂缝分布的主要原因。黏结性能对预应力混凝土梁裂缝开展的影响如图 6-31 所示。通常可以假设裂缝周边应力传递范围内钢绞线和混凝土拉应变呈线性变化[124]。对于锈蚀程度较轻的试验梁,裂缝的出现通常只会引起混凝土较小的受压应变能损失。裂缝出现后,相应位置处混凝土受拉应变减少为 0,由于钢绞线与混凝土之间具有相对较好的黏结,经过较小一段距离(L_c)的传递后,混凝土可以达到较大的受拉应变($\varepsilon_{cb,max}$),如图 6-31a)的(a)分图所示。也就是说开裂后,混凝土的残余拉应变很大,较小的结构变形增量即可导致新的裂缝,并且具有较小的间距。新裂缝出现后,混凝土仍然具有较大的受拉应变($\varepsilon_{cb,max}$),如图 6-31a)的(b)分图所示。

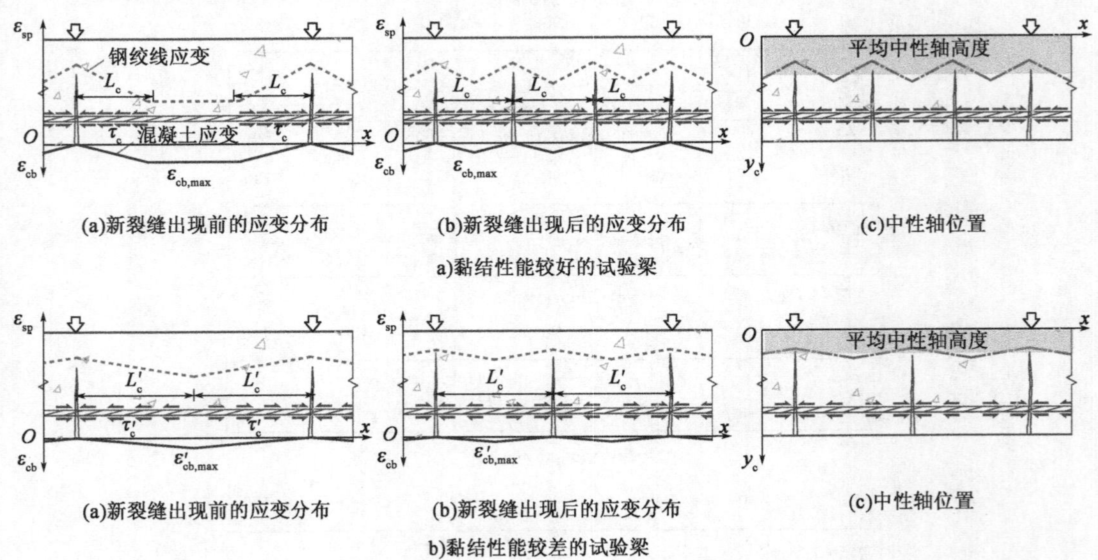

图 6-31　黏结性能对预应力混凝土梁裂缝分布影响示意图

对于锈蚀程度较重的试验梁,钢绞线与混凝土之间的黏结力退化严重,裂缝的出现通常只会引起混凝土较大的受压应变能损失。裂缝出现后,需要较长的距离(L_c')来进行混凝土应变传递,混凝土可以达到一个相对较大的受拉应变($\varepsilon_{cb,max'}$),如图6-31b)的(a)分图所示。混凝土拉应变沿传递长度范围内的增长很慢,并且开裂后混凝土的残余拉应变较小。因此,必须经过一个大的结构变形才会出现新的裂缝,并且具有较大的间距。新裂缝出现后,混凝土具有较小的受拉应变($\varepsilon_{cb,max'}$),如图6-31b)的(b)分图所示。在这个过程中原有裂缝会增宽,并继续向上延伸,使得混凝梁受压区高度减少,如图6-31b)的(c)分图所示。

6.4.3 挠曲变形

CB系列试验梁荷载-跨中挠度曲线如图6-32所示。开裂之前,除了试验梁CB4之外,各试验梁的荷载-跨中挠度曲线基本重合。这是因为试验梁CB4在锈蚀加载过程中已经开裂,故本次加载过程开始就处于开裂工作状况。可见,试验梁具有相同的初始抗弯刚度,预应力筋锈蚀对其影响不大。开裂之后,对比试验梁B1,其较其他锈蚀试验梁具有最大的抗弯刚度,锈蚀导致预应力混凝土梁开裂后的抗弯刚度退化,其退化程度与锈蚀率密切相关。对于不同的锈蚀率小于27.0%的试验梁,其刚度退化不明显;随着锈蚀的进一步加深,将会导致其抗弯刚度的严重退化。此外,对于锈蚀严重的试验梁,加载过程中出现的钢绞线钢丝断裂会导致其荷载挠度的突然跳跃,如图6-32所示。

混凝土梁的抗弯刚度主要是由未开裂有效混凝土截面决定的,而预加力的影响主要体现在对裂缝扩展的约束上。开裂之前,各试验梁混凝土截面均完整有效,故其初始抗弯刚度基本相等;开裂之后,轻微锈蚀试验梁裂缝扩展延伸速率缓慢,梁截面中性轴高度较高,如图6-31A)中的c)分图所示。此时,混凝土有效截面退化缓慢,其刚度退化相应缓慢。锈蚀严重时,预加力损失严重,其对裂缝开展的约束作用减弱,裂缝扩展延伸迅速,梁截面中性轴高度较低,如图6-31B)中的c)分图所示。混凝土有效截面退化剧烈,刚度递减十分明显。

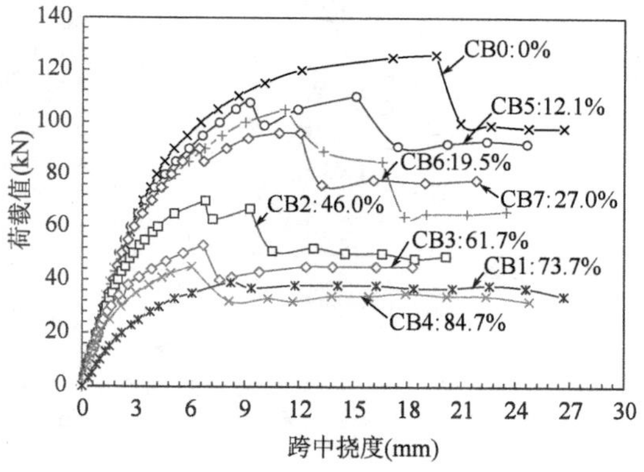

图6-32 CB系列试验梁荷载-跨中挠度曲线

6.4.4 混凝土受压区高度

CB系列试验梁跨中截面混凝土应变沿梁高的应变分布,如图6-33所示。不同荷载下,各试验梁跨中截面混凝土应变基本服从平截面假定。加载初期,试验梁上缘受压,下缘受拉,混凝土应变沿梁高呈线性分布。混凝土开裂后,受拉区应变片破坏,受拉应变无法采集,但受压区混凝土应变依然呈线性分布。压浆密实下预应力筋锈蚀对混凝土应变沿梁高的线性分布影响很小。

随着锈蚀率的提高,试验梁极限状态时受压区混凝土应变逐渐减少。对比梁和锈蚀轻微的试验梁CB5,其混凝土极限受压应变约为0.003;而锈蚀较为严重的试验梁CB6、CB7,其混凝土极限受压应变减小,约为0.002;对于严重锈蚀的其他试验梁,其破坏时的混凝土极限受压应变仅为0.001左右。可见,随着锈蚀率的提高,试验梁的破坏模式必然发生了改变,具体将在6.4.5节进行探讨。

试验梁混凝土受压区高度随着荷载和锈蚀率的增加表现出不同的变化规律。当荷载水平较低时(约为预应力混凝土梁开裂之前),各试验梁的受压混凝土高度几乎相等,约为梁高的一半。可见,该阶段预应力筋锈蚀对其影响很小。开裂之后,相比轻微锈蚀试验梁,严重锈蚀试验梁的中性轴高度随着荷载的增加迅速减小,并且极限状态时严重锈蚀试验梁具有较小的混凝土受压区高度。可见,预应力筋锈蚀能加速预应力混凝土梁开裂后中性轴上移的速度,减小了混凝土受压区高度。

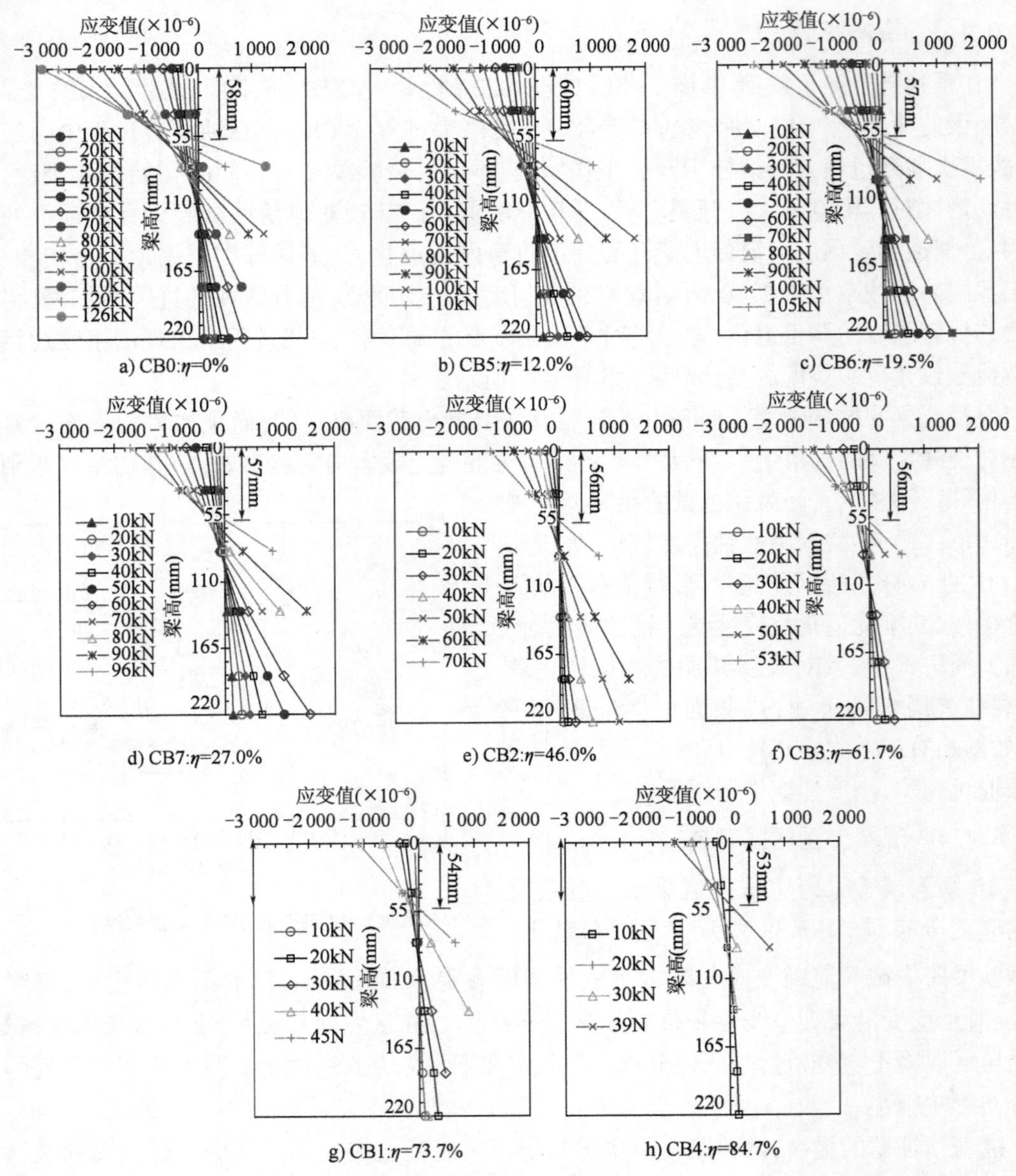

图 6-33　CB 系列试验梁跨中截面混凝土应变沿梁高分布

究其原因,可能是锈蚀预应力筋截面积损失以及黏结退化共同影响的结果。与前文中的缺陷压浆试验梁类似,锈蚀黏结退化也会引起荷载下控制截面处预应力筋的拉力的减小,加之预应力筋截面积减小,其荷载下所受拉力较无锈蚀预应力筋偏小。为了承受相同截面弯矩,拉力较小的锈蚀预应力筋必须依靠较大的力臂,必然会引起混凝土合压力作用点上移，导致其受压区高度的减小。

6.4.5　破坏模式和极限承载力

CB 系列锈蚀试验梁的破坏模式随着锈蚀率的增加而逐渐发生改变，各试验梁破坏时的控制梁段如图 6-34 所示。加载过程中，未锈蚀试验梁首先发生预应力筋屈服，变形加快，随后受压区混凝土压碎而破坏。与对比梁相比，其他锈蚀试验梁的破坏模式都略有差异。加载过程中，锈蚀试验梁首先出现钢绞线钢丝的断裂，并伴随着震耳的响声。此时，有些试验梁随即发生破坏，有些试验梁尚能继续承载。对于后者，随着荷载的增加，其裂缝和变形都增长迅速，并陆续有钢丝的断裂，其最终的破坏形式因预应力筋锈蚀率的不同而略有差异。如轻微锈蚀试验梁 CB5、CB7 最终是由于混凝土压碎导致的破坏；试验梁 CB6 在钢丝断裂破坏的同时也发生了混凝土压碎的情况；试验梁 CB2、CB3、CB1、CB4 的破坏则是由于钢丝断裂引起的，破坏时混凝土压应变很小。随着锈蚀率的增加，试验梁的破坏模式由混凝土的压碎破坏逐渐向钢丝断裂转变，由延性破坏向脆性破坏转变。

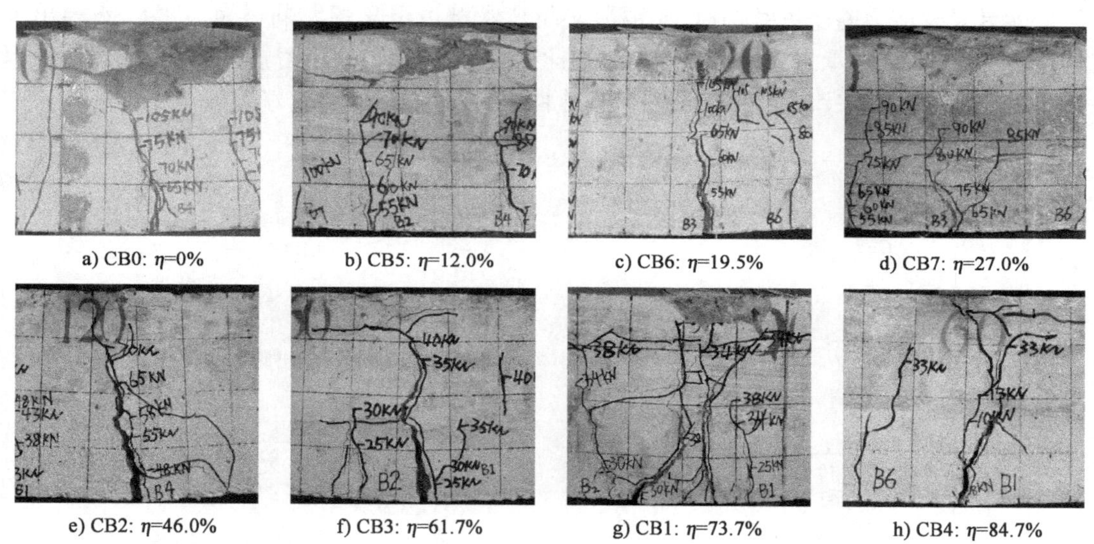

a) CB0: η=0%　b) CB5: η=12.0%　c) CB6: η=19.5%　d) CB7: η=27.0%

e) CB2: η=46.0%　f) CB3: η=61.7%　g) CB1: η=73.7%　h) CB4: η=84.7%

图 6-34　CB 系列试验梁破坏时的控制梁段

CB 系列锈蚀试验梁的荷载挠度曲线与 PCB 系列试验梁类似，均不存在明显的屈服变形阶段，其屈服变形难以确定。因此，也采用 0.75 倍极限荷载对应的变形作为屈服变形[198]。本书采用试验梁的跨中挠度作为变形表征，各试验梁的极限变形、屈服变形以及各自的延性系数见表 6-10。

CB 系列试验梁延性系数　　表 6-10

编号	B1	CB5	CB6	CB7	CB2	CB3	CB1	CB4
锈蚀率（%）	0	12.1	19.5	27.0	46.0	61.7	73.7	84.7
极限荷载(kN)	126	110	105	96	70	53	45	39
屈服变形(mm)	5.8	4.9	5.0	4.1	3.2	2.9	2.8	4.3
极限变形(mm)	19.6	15.1	11.2	12.1	6.8	6.7	6.1	8.2
延性系数	3.4	3.1	2.3	3.0	2.1	2.3	2.2	1.9

未锈蚀对比试验梁的延性系数比其他锈蚀试验梁都大，说明预应力筋锈蚀会导致预应力混凝土梁延性的退化，如图6-35所示。试验梁不同的破坏模式对其延性也具有较大的影响。以钢绞线断裂为最终破坏模式的试验梁，其延性明显差于以混凝土压碎为最终破坏模式的试验梁。比如，试验梁CB6的锈蚀率小于试验梁CB7，但是其延性系数远小于试验梁CB7，就是因为试验梁CB6的最终破坏模式是钢绞线断裂和混凝土压碎同时发生，而试验梁CB7的破坏模式是由于混凝土压碎导致的。此外，轻微锈蚀钢绞线断裂破坏对试验梁延性的影响更强于其对承载力退化的影响。比如，锈蚀导致试验梁CB6延性系数退化33.4%，但承载力退化只有16.7%。

CB系列各试验梁的极限抗弯承载见表6-10，对比梁B1的极限抗弯承载力为126kN。锈蚀较轻微的试验梁CB5、CB6、CB7，其抗弯承载力较对比梁分别下降12.7%、16.7%、23.8%。对于锈蚀严重的试验梁CB2、CB3、CB1、CB4，其锈蚀率分别为46.0%、61.7%、73.7%、84.7%，分别导致抗弯承载力下降44.4%、57.9%、64.3%、69.0%。可见，预应力筋锈蚀，尤其是预应力筋严重锈蚀时，对混凝土抗弯承载力退化的影响很大。图6-36给出了试验梁与对比梁抗弯承载力比值随锈蚀率变化的关系曲线。试验梁抗弯承载力随着锈蚀率的增加而逐渐退化，采用二次抛物线对其退化曲线进行拟合，效果较好。

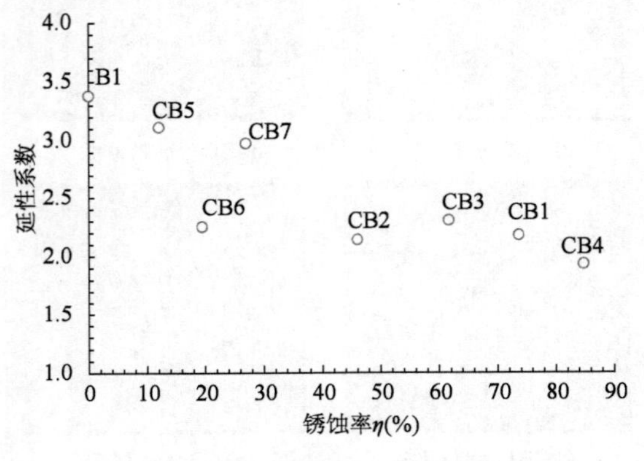

图6-35 CB系列试验梁延性系数

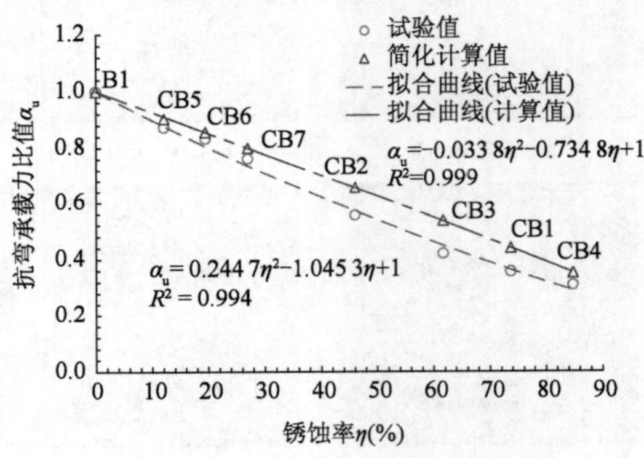

图6-36 CB系列试验梁极限抗弯承载力

锈蚀钢绞线影响下，预应力混凝土梁抗弯承载力的退化主要来自以下几个方面的原因：锈蚀钢绞线截面积减小，锈蚀钢绞线受力性能退化和锈蚀钢绞线与混凝土间的黏结退化。承载力计算预测时，预应力筋的截面积减小和力学性能退化的影响可以通过其锈蚀率以及锈蚀后材料的本构关系模型进行考虑。锈蚀黏结退化会引起预应力筋与混凝土之间的不协调变形，从而导致抗弯承载力的退化。目前，承载力计算预测尚无有效的方法对该因素考虑进行考虑。为此，本书将分析黏结退化对预应力混凝土梁抗弯承载力的影响。首先，根据平截面假定，考虑预应力筋截面积损失和力学性能的退化，对其抗弯承载力进行简化计算；进而试验梁抗弯承载力试验值和简化计算值的对比，分析锈蚀黏结退化的影响。

抗弯承载力简化计算时，需考虑混凝土压碎以及预应力筋断裂等多种破坏模式，计算步骤：①给定一个初始计算荷载，计算控制截面弯矩值；②假定截面上下缘混凝土应变；③根据平截面假定和假设的应变值，计算截面上预应力筋、普通钢筋和混凝土的受力；④判定步骤③中得到的各力是否满足平衡方程，若不满足，应重新假设，重复步骤②至步骤④,直至满足;⑤判定是否达到极限状态,若混凝土最大压应变和钢绞线应变未达到其允许值,则增大计算荷载,重复步骤①~步骤⑤,若达到其允许值,则该计算荷载即为所求的抗弯承载力。

计算中通过锈蚀率考虑截面的损失,采用本书第2章建立的锈蚀钢绞线本构关系模型考虑其力学性能的退化。CB系列试验梁抗弯承载力的简化计算值见表6-11,图6-36也给出了抗弯承载力简化比值比率随锈蚀率的变化关系曲线。

CB系列试验梁抗弯承载力对比 表6-11

编号	B1	CB5	CB6	CB7	CB2	CB3	CB1	CB4
锈蚀率(%)	0	12.1	19.5	27.0	46.0	61.7	73.7	84.7
试验值(kN)	126	110	105	96	70	53	45	39
简化计算值(kN)	125	113	107	100	82	67	55	44
协调系数	1	0.95	0.78	0.67	0.61	0.56	0.55	0.53

未锈蚀对比试验梁的抗弯承载力简化计算值和试验值较为接近,其他锈蚀试验梁的抗弯承载力简化计算值比试验值之间有偏差,其程度随锈蚀率的不同而发生改变。当锈蚀率较低时,简化计算值略大于试验值。随着锈蚀率的增大,偏差的程度逐渐变大,当锈蚀率大于27%时,抗弯承载力简化计算值比试验值偏大约为20%左右。正如前文所述,简化计算模型中已经考虑了锈蚀预应力筋截面积损失和力学性能的退化,该偏差必然是由锈蚀黏结退化造成的。可见,当锈蚀率大于27%时,锈蚀黏结退化对后张预应力混凝土梁抗弯承载力退化影响可以达到20%左右,承载力计算预测时应该予以考虑。

锈蚀黏结退化导致预应力筋与混凝土间的不协调变形,进而影响其抗弯承载力。为此,本书引入极限变形协调系数,以量化锈蚀黏结退化引起的不协调变形的影响。图6-37给出了锈蚀黏结退化影响下梁截面预应力筋以及混凝土的应变关系示意图。变形协调系数定义为极限状态时控制截面处预应力筋应变实测值与其应变简化计算值的比值,可表示为:

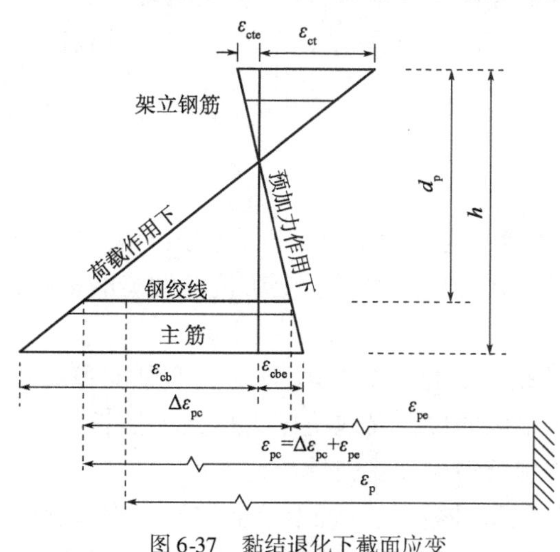

图6-37 黏结退化下截面应变

$$\Omega_u = \frac{\varepsilon_p}{\varepsilon_{pc}} \tag{6-2}$$

式中,Ω_u为极限变形协调系数;ε_p为极限状态时预应力筋的应变实测值;ε_{pc}为极限状态时预应力筋应变简化计算值,$\varepsilon_{pc} = \Delta\varepsilon_{pc} + \varepsilon_{pe}$;$\varepsilon_{pe}$为预应力筋的预拉应变值;$\Delta\varepsilon_{pc}$为荷载作用下预应力筋位置处混凝土应变增量,可通过平截面假定进行计算。

本书通过试探法对本试验中的各锈蚀率水平下试验梁的变形系数进行了计算。首先,假定极限变形协调系数;进而带入前文的承载力简化计算方法中对预应力筋的应变进行修正;然后,用修正后的预应力筋的应变进行承载力计算。若计算得到的抗弯承载力值与试验值相等,则假设的变形协调系数可行;否则重新假设,重新计算。CB系列试验梁的变形协调系数见表6-11,图6-38也给出了其随锈蚀率的变化关系曲线。

锈蚀预应力混凝土梁的极限变形协调系数随着锈蚀率增加而逐渐减少。对于三分点加载下预应力混凝土梁,锈蚀将导致变形协调系数减小到0.55左右。采用二次抛物线对不同锈蚀率下的变形协调系数进行拟合,具有较高的精度。三分点加载下预应力筋锈蚀混凝土梁的变形协调系数可以表示为:

$$\Omega_{\mathrm{u}} = 0.809\,9\eta^2 - 1.227\,1\eta + 1 \qquad (6\text{-}3)$$

式中,η 为预应力筋锈蚀率。

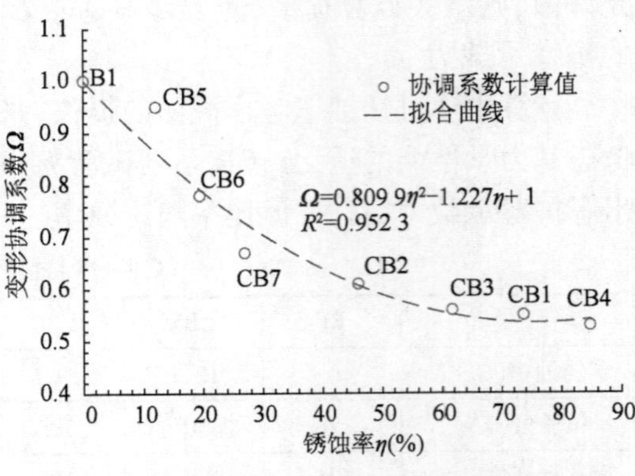

图6-38　变形协调系数随锈蚀率的变化关系

本书提出的极限变形协调系数提供了一种有效的途径,在抗弯承载力计算预测时考虑锈蚀黏结退化的影响。通过该系数,传统的基于平截面假定的计算方法可以方便用于锈蚀黏结退化结构的承载力计算。计算时,先按平截面假定对预应力筋变形进行计算,然后采用变形协调系数进行修正,即可考虑锈蚀黏结退化的影响,对承载力进行计算。该协调系数计算式是一个基于试验的拟合式,其相关的理论推导和计算将在第9.1节中介绍。

以上试验现象表明,密实压浆下预应力筋锈蚀极易导致混凝土保护层锈胀开裂,随着锈蚀率的增加,预应力筋的锈蚀沿梁长的不均匀分布十分明显;锈蚀黏结退化对裂缝分布影响较大,27%的预应力筋锈蚀将会引起构件表面裂缝出现畸形,数量减小,间距增大;混凝土梁的抗弯刚度主要是由未开裂有效混凝土截面决定的,而预加力的影响主要体现在对裂缝扩展的约束上;锈蚀预应力混凝土梁破坏模式的改变引起延性的退化;锈蚀引起混凝土受压区高度加速减小,导致抗弯承载力退化,锈蚀率大于27%时,锈蚀黏结退化不协调变形导致的退化量约占抗弯承载力的20%。

6.5　本章小结

缺陷压浆及预应力筋锈蚀必然引起结构抗弯性能的退化。本章设计后张预应力混凝土梁,分别探究了缺陷压浆类型和压浆缺陷下钢绞线锈蚀对预应力混凝土梁抗弯性能的影响,相关结论如下:

(1)孔道局部无压浆对构件开裂的影响在于其是否引起黏结退化;而对抗弯刚度和承载力等的影响在于其引起的变形不协调,既依靠无压浆区的位置又取决于无压浆区的长度,弯剪段无压浆对构件抗弯性能影响很大,无压浆区域越长对构件受力性能越不利。

(2)压浆缺陷下预应力筋的锈蚀具有较为明显的坑蚀特征,锈蚀溶液能够沿着钢丝缝隙转移,造成更大范围的锈蚀;缺陷区预应力筋锈蚀进一步导致结构裂缝数量的减少,间距增大,扩展速率加快,当锈蚀率大于30%时尤为明显;预应力筋锈蚀对预应力混凝土梁开裂前的刚度影响较小,严重锈蚀时引起无压浆区开裂后抗弯刚度的严重退化,导致不对称变形;试验梁抗弯承载力和延性随着锈蚀率的增加而逐渐退化,其破坏模式由混凝土的压碎破坏逐渐向钢丝断裂转变。

(3)密实压浆下预应力筋锈蚀极易导致混凝土保护层锈胀开裂,随着锈蚀率的增加,预应力筋的锈蚀沿梁长的不均匀分布十分明显;锈蚀黏结退化对裂缝分布影响较大,27%的预应力筋锈蚀将会引起构件表面裂缝出现畸形,数量减小,间距增大;预应力混凝土梁的抗弯刚度主要是由未开裂有效混凝土截面决定的,而预加力的影响主要体现在对裂缝扩展的约束上;锈蚀预应力混凝土梁破坏模式的改变引起延性的退化;锈蚀引起混凝土受压区高度加速减小,导致抗弯承载力退化,锈蚀率大于27%时,锈蚀黏结退化不协调变形导致的退化量约占抗弯承载力的20%。

第 7 章　缺陷压浆及预应力筋锈蚀影响下 PC 梁受弯响应全过程模拟

如前所述，既有预应力混凝土桥梁面临着缺陷压浆、预应力筋锈蚀等方面的耐久性问题。缺陷压浆造成截面损伤，不仅降低了预应力筋和混凝土的共同工作能力，导致结构性能的退化，还削弱了对预应力筋的保护，有害物质更易侵入加速锈蚀。预应力筋锈蚀后必然会引起其面积减少、受拉性能退化、预加力损失、黏结性能退化，进一步导致结构性能的退化，对其使用性能极为不利，严重威胁到结构的服役安全[200]。考虑锈蚀和缺陷压浆的影响，对既有桥梁剩余抗弯性能进行计算评估，对于保证结构安全，正确采取维修、加固措施具有重要意义。

目前，一些学者对锈蚀预应力筋的力学性能退化规律[54-55,201]和预应力筋锈蚀 PC 构件的结构响应进行了研究[103-104,202-203]，很少有学者涉及预应力筋锈蚀后的预加力损失的分析计算。计算中常采用预应力筋面积损失率近似估计锈蚀预应力筋剩余预加力[52]。然而，预加力损失会引起预应力筋及周围混凝土弹性变形的改变，使剩余预应力筋有效应力增大，采用预应力筋的面积锈蚀量来估算锈蚀引起的预加力损失可能会存在误差。

准确评估预应力筋锈蚀后预加力的大小是结构服役性能分析的前提，尤其是当采用预应力 FRP 和体外预应力筋等对预应力筋锈蚀 PC 构件进行维修加固时，有效评估结构的剩余预加力尤为重要。锈蚀预加力损失估计过低，可能导致受压区混凝土压溃，受拉区开裂；反之，将可能导致梁体抗裂度和刚度不足，出现下挠、开裂等病害，影响桥梁服役性能[204]。可见，考虑锈蚀对预加力损失的影响，建立锈蚀后剩余预加力计算方法是摆在桥梁设计研究人员面前的首要任务。

除锈蚀预加力损失之外，构件抗弯性能的计算尚需考虑预应力筋截面积减小、受力性能退化以及黏结退化等方面的影响。预应力筋截面积减小、受力性能退化可以方便地通过预应力筋锈蚀率和前面建立的锈蚀本构模型进行考虑，目前为止尚无系统考虑黏结退化的有效方法。既有桥梁结构中预应力筋和混凝土之间的黏结退化主要来自缺陷压浆和预应力筋锈蚀两个方面，锈蚀黏结退化下抗弯性能的计算已在本书第 6 章介绍，本章旨在建立缺陷压浆以及缺陷压浆区预应力筋锈蚀下构件抗弯性能的计算方法。

缺陷压浆区预应力筋和混凝土黏结性能退化，两者之间的协同工作性退化，其应变变形不再服从平截面假定，而是取决于整个缺陷压浆段的整体变形[125]。一些学者对无黏结构件的抗弯性能计算进行了研究，提出了一些有限元计算方法，也建立了一些荷载作用下无黏结预应力筋应变应力增量计算模型[124,126]。缺陷压浆比无黏结构件的计算将更加复杂，其还受到不同缺陷压浆类型、位置和长度等的影响。Cavell 等[133]考虑局部无压浆、预应力筋的锈断以及重锚等影响对构件的抗弯承载力进行了计算。然而，该模型没有明确对不同缺陷压浆类型的适用性，只针对预应力筋锈断、未断的情况，没有考虑锈蚀预应力筋性能退化的影响。此外，目前尚缺乏局部缺陷、预应力筋锈蚀影响下结构不对称变形的计算方法。

针对上述问题，本章首先分析锈蚀预应力筋和混凝土的弹性变形改变对锈蚀预加力损失的影响，提出锈蚀剩余预加力计算方法，进而明确预应力筋锈蚀后预应力混凝土梁的预加力状态。在此基础上，考虑锈蚀预应力筋面积损失、力学性能退化以及缺陷压浆段预应力筋与混凝土变形不协调等影响，建立缺陷压浆及预应力筋锈蚀影响下预应力混凝土梁抗弯性能全过程分析方法，尤其提出了不对称变形下构件挠度预测方法。

7.1　预应力筋锈蚀影响下 PC 梁剩余预加力计算方法

7.1.1　考虑弹性变形改变的锈蚀预加力计算方法

锈蚀预应力筋截面积损失导致预加力减少，混凝土和预应力筋发生伸缩变形，引起剩余预应力筋应力改变。为此，本节以典型 T 形梁为例（图 7-1），考虑弹性变形改变的影响对锈蚀剩余预加力进行分析计算。预应力作用下构件截面上下缘混凝土应变相对较小，故可假设预加力作用下预应力筋和混凝土处于弹性变形阶段，其本构关系均采用线弹性模型。预应力筋锈蚀前预应力筋位置处混凝土应变为：

$$\varepsilon_{cp,0} = \frac{T_0}{E_c A_0} + \frac{T_0 e^2}{E_c I_0} \tag{7-1}$$

式中，$\varepsilon_{cp,0}$为锈蚀前截面预应力筋位置处混凝土应变；T_0 为锈蚀前预应力筋预加力值；e 为预应力筋重心位置到换算截面重心的距离；A_0 为梁截面换算截面积；I_0 为梁截面换算截面惯性矩；E_c 为混凝土弹性模量。

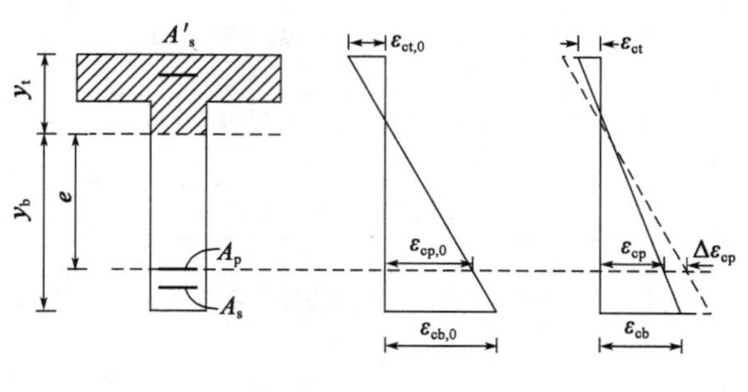

图 7-1　T 形截面及锈蚀前后截面应变

假设锈蚀率为 η 的预应力筋剩余预加力为 βT_0，则预应力筋锈蚀后截面预应力筋位置处混凝土应变为：

$$\varepsilon_{cp} = \frac{\beta T_0}{E_c A_{0,\eta}} + \frac{\beta T_0 e_\eta^2}{E_c I_{0,\eta}} \tag{7-2}$$

式中，ε_{cp}为锈蚀后截面预应力筋位置处混凝土应变；e_η 为预应力筋重心位置到锈蚀后换算截面重心的距离；$A_{0,\eta}$为锈蚀后换算截面积；$I_{0,\eta}$为锈蚀后换算截面惯性矩。

预应力筋锈蚀前后，预应力筋位置处的混凝土应变增量为：

$$\Delta\varepsilon_{cp} = \varepsilon_{cp,0} - \varepsilon_{cp} \tag{7-3}$$

式中，$\Delta\varepsilon_{cp}$为锈蚀前后预应力筋位置处的混凝土应变增量。

根据变形协调条件，预应力钢绞线的应变与该位置处混凝土的应变相等，即：

$$\Delta\varepsilon_{p} = \Delta\varepsilon_{cp} \tag{7-4}$$

式中，$\Delta\varepsilon_{p}$ 锈蚀前后预应力筋的应变增量。

锈蚀后预应力筋的应变值为：

$$\varepsilon_{p} = \varepsilon_{p,0} + \Delta\varepsilon_{p} \tag{7-5}$$

式中，ε_{p}、$\varepsilon_{p,0}$分别为锈蚀前后预应力筋的应变值。

预应力筋锈蚀前后均采用线弹性本构关系模型，则锈蚀后预应力筋拉力值为：

$$T_{\eta} = E_{p}\varepsilon_{p}(1-\eta)A_{p} \tag{7-6}$$

式中，T_{η} 为预应力筋锈蚀后的剩余预加力；E_{p} 为预应力筋弹性模量；A_{p} 为锈蚀前预应力筋截面积；η 为预应力筋锈蚀率。

若推导计算得到锈蚀后剩余预加力 T_{η} 与前面假设值 βT_0 相等，则 $T_{\eta}=\beta T_0$ 为锈蚀率为 η 的预应力筋剩余预加力。否则，需要改变 β 重新进行计算，直到两者相等，详细的迭代计算过程如图 7-2 所示。

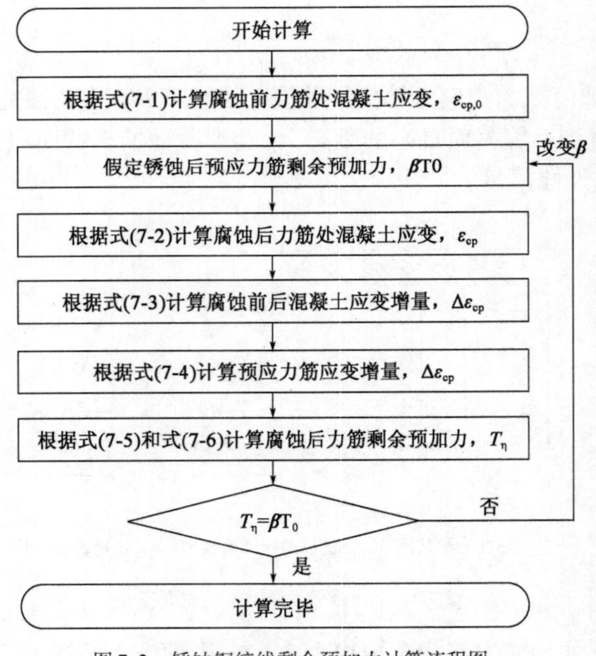

图 7-2 锈蚀钢绞线剩余预加力计算流程图

7.1.2 锈蚀剩余预加力影响因素分析

分别以一片预应力混凝土 T 形梁和一片预应力混凝土小箱梁为例，考虑混凝土和预应力筋弹性变形的改变影响，对不同锈蚀率下跨中截面预应力筋的预加力损失进行计算，以分析弹性变形的改变对锈蚀预加力损失的影响。

预应力混凝土 T 形梁和小箱梁均采用 C50 混凝土，弹性模量 E_c 为 3.45 10^4MPa，预应力筋采用高强度低松弛 7 丝捻制钢绞线，公称直径为 15.2mm，弹性模量 E_p 为 1.95 10^5MPa，控制张拉应力为 1 395MPa。由于预应力筋锈蚀通常发生在结构使用较长时间后，可假设锈蚀前混凝土收缩和徐变等预应力损失均已发生，考虑 20% 的预应力损失，则锈蚀前钢绞线的初始预应力为 1 116MPa。

预应力混凝土 T 形梁和小箱梁的跨中截面尺寸和配筋如图 7-3 所示。对于 T 形梁，截面换算面积 $A_0 = 8\ 351\text{cm}^2$，换算惯性矩 $I_0 = 29\ 516\ 486\text{cm}^4$，共配置 4 束钢绞线，每束 7 根钢绞线，预应力钢绞线总面积为 $A_p = 39.2\text{cm}^2$，钢束群重心至换算截面重心的距离为 $e = 93.8\text{cm}$；对于小箱梁，截面换算面积 $A_0 = 12\ 969\text{cm}^2$，换算惯性矩 $I_0 = 41\ 563\ 106\text{cm}^4$，共配置 8 束钢绞线，每束 8 根钢绞线，预应力钢绞线总面积为 $A_p = 67.2\text{cm}^2$，钢束群重心至换算截面重心的距离为 $e = 82.6\text{cm}$。

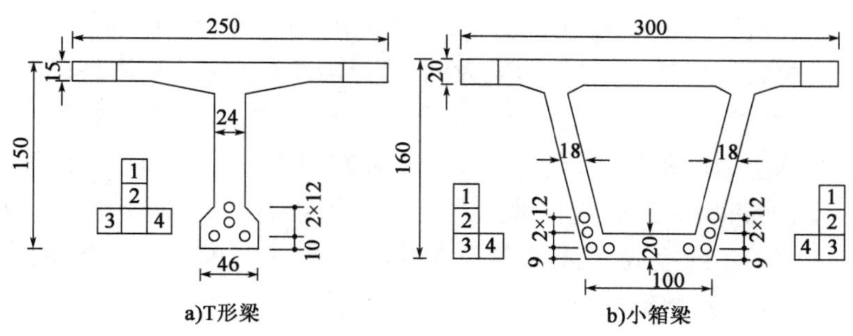

图 7-3　预应力混凝土 T 形梁和小箱梁截面尺寸和配筋（尺寸单位：cm）

考虑预应力筋和混凝土在预应力筋锈蚀过程中弹性变形的改变，采用计算机程序对不同锈蚀率下预应力筋的剩余预加力、有效应力与初始应力比值进行分析计算，分别得到了锈蚀后的预应力筋剩余预加力和有效应力/初始应力与锈蚀率之间的关系曲线，如图 7-4 和图 7-5所示。

由图 7-4 和图 7-5 可以发现，考虑预应力筋锈蚀过程中预应力筋和混凝土弹性变形的改变，计算所得的剩余预应力筋预加力略大于仅根据锈蚀预应力筋截面积减少计算所得的预应力筋剩余预加力值，预应力筋锈蚀后的有效应力略大于初始应力，但是差值不大。其原因可能是由于混凝土截面与预应力筋截面相差太大（两个数量级）造成的。混凝土截面面积大，预应力筋预加力作用下，混凝土发生的弹性压缩变形很少，故预应力筋锈蚀后引起的混凝土弹性伸长量也很少，导致锈蚀剩余预应力筋的应力增长不大。

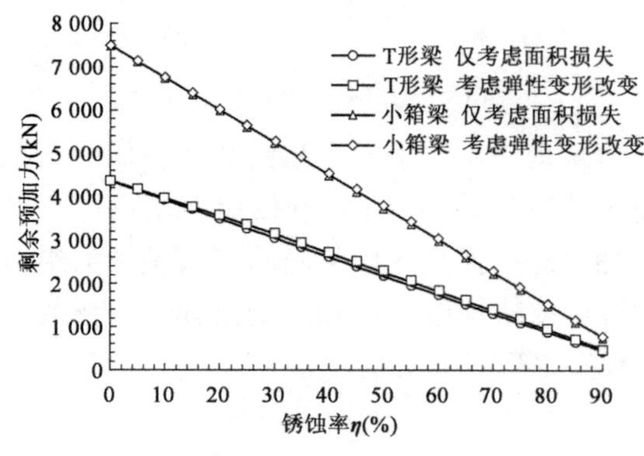

图 7-4　预应力筋锈蚀剩余预加力-锈蚀率曲线

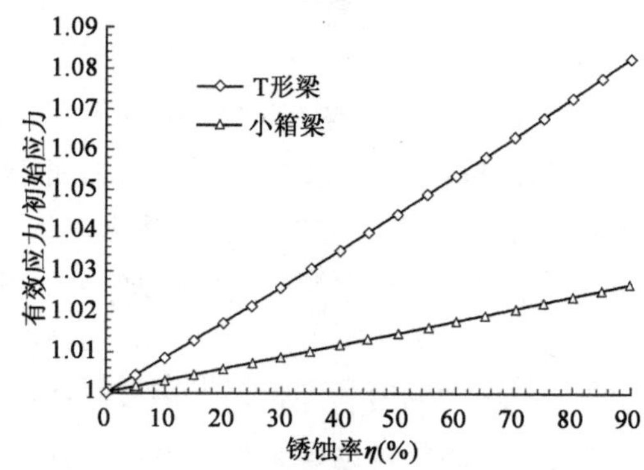

图 7-5　预应力筋锈蚀有效应力/初始应力-锈蚀率曲线

由图 7-5 可知,即使预应力筋锈蚀率达到 90%,考虑弹性变形的改变导致的 T 形梁锈蚀后有效应力的增大约为 8%,而小箱梁的锈蚀后有效应力增大只有 2% 左右。对于预应力筋锈蚀率较小的情况,混凝土和预应力筋弹性变形的影响对剩余预加力的影响将更小。此外,随着锈蚀率的增加,剩余预加力值减少,弹性变形引起的剩余预加力绝对增量很少,如图 7-4 所示。因此,工程实际计算时,可忽略预应力筋和混凝土弹性变形的影响,直接采用预应力筋面积损失率近似估计锈蚀预应力筋剩余预加力。

由图 7-5 可知,考虑弹性变形可导致 T 形梁预应力筋锈蚀后有效应力增大 8% 左右,而小箱梁的预应力筋锈蚀后有效应力增大只有 2% 左右,弹性变形对 T 形梁的有效应力的影响大于小箱梁。可见,不同的截面形状、配筋设计和材料特性可能导致不同的弹性变形响应。为此,本书以 $G = I_0/A_0$ 作为截面形状参量,以配筋率 $\rho = A_p/A_0$ 作为配筋设计参量,以混凝土弹性模量 E_c 作为材料特性参量,以 T 形梁为例,分析构件有效应力对上述各参量的敏感性。

对于截面形状参量 $G = I_0/A_0$,采用不同的截面形式(如矩形、T 形和箱形)可能存在较大的差异;在满足结构受力的条件下,预应力筋的配筋率可以在一定的范围内波动,故考虑以上两个参量分别增加和减少 50% 进行敏感性分析。预应力构件混凝土强度等级通常在 C50 左右,随着施工工艺的不断改进,混凝土浇筑质量不断提高,其弹性模量波动相对较少,故考虑其增加和减少 20% 进行敏感性分析。

锈蚀后预应力筋的有效应力对各参数的敏感性分析结果如图 7-6 至图 7-8 所示。各参量取值下,预应力筋的有效应力随着锈蚀的加剧而增大。有效应力值的增量对截面形状参量和配筋率相对敏感,混凝土弹性模量次之。有效应力的增量随着截面惯性矩和混凝土弹性模量的增大而减少,随着配筋率的增大而增大。

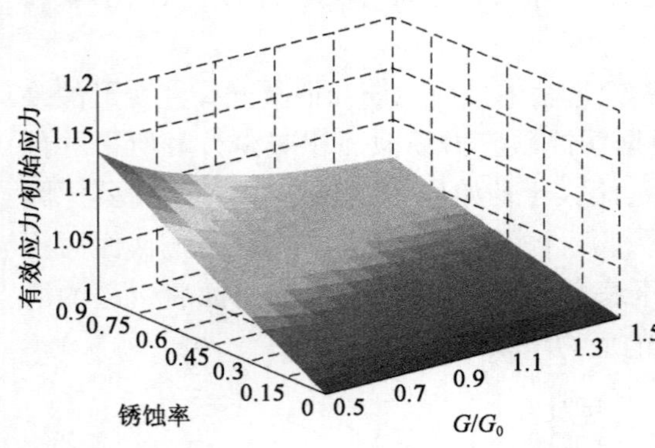

图 7-6　截面形状参量对有效应力的影响

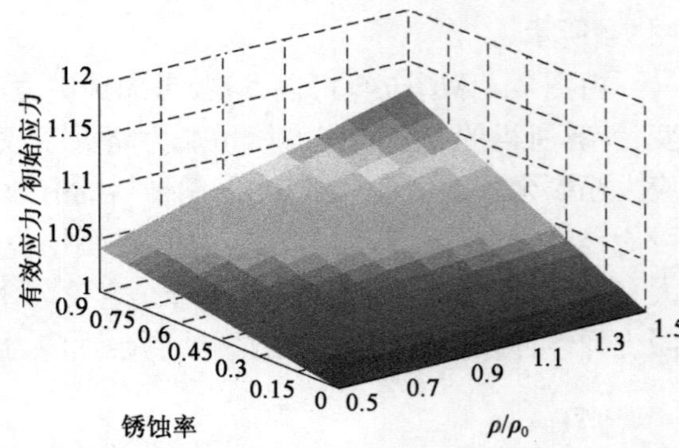

图 7-7　配筋率对有效应力的影响

各参量取值下,预应力筋锈蚀后的有效应力增量均较小。预应力筋锈蚀率较低的情况(40% 以内),有效应力增量仅在 5% 以内,即使锈蚀率到达 90% 时,有效应力增量也仅在 15% 以内。此外,随着锈蚀率的增加,剩余预加力值减少,弹性变形引起的剩余预加力绝对增量很小,如图 7-4 所示。因此,工程实际计算时,可忽略预应力筋和混凝土弹性变形的影响,直接采用预应力筋面积损失率近似估计锈蚀预应力筋剩余预加力。

7.1.3　简化锈蚀剩余预加力计算方法

通过前文的算例分析结果可知,忽略锈蚀后预应力筋和混凝土弹性变形改变的影响,直接采用预应力筋面积损失率近似估算锈蚀预应力筋剩余预加力具有较高的精度。预应力筋锈蚀后剩余预加力简化计算模型为：

$$T_\eta = (1 - \eta) T_0 \tag{7-7}$$

式中，T_η 为锈蚀率为 η 时预应力筋的剩余预加力；T_0 为锈蚀前预应力筋预加力值；η 为预应力筋锈蚀率。

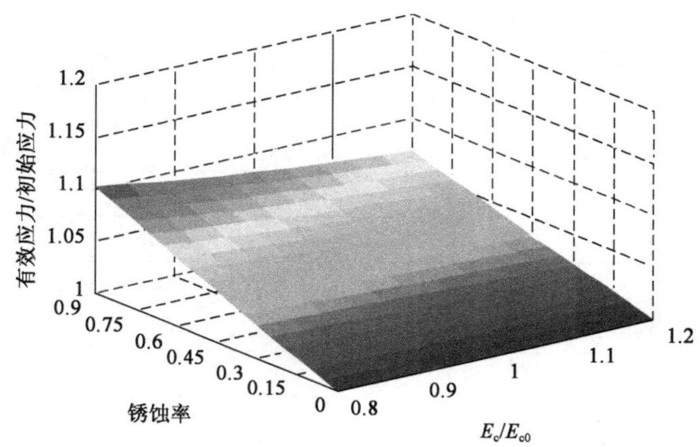

图 7-8　混凝土弹性模量对有效应力的影响

7.1.4　锈蚀剩余预加力计算方法验证

预应力混凝土结构的预加力水平与其开裂荷载值密切相关，预应力筋锈蚀引起其预加力的损失，必然导致其开裂荷载的改变。为此，本节通过第 6 章中预应力筋锈蚀试验梁的开裂荷载值计算锈蚀后钢绞线剩余预加力大小，进而对锈蚀剩余预加力计算方法进行验证。

通过梁底混凝土拉应力与作用荷载的关系对预应力筋锈蚀后的剩余预加力进行计算。荷载作用下，梁下缘拉应力的大小主要取决于以下几个方面：①梁的自重；②钢绞线预加力；③试验外加荷载。随着试验外加荷载的增加，试验梁梁底混凝土的预压应力逐渐减少；消压后，梁底混凝土将处于受拉状态；当受拉应力超过其最大拉应力时，构件下缘将出现裂缝。开裂时，试验梁梁底拉应力等于混凝土的最大拉应力[205]：

$$f_t = \frac{T_\eta}{A_{0,\eta}} + \frac{T_\eta e_\eta y_b}{I_{0,\eta}} - \frac{M_{sw} y_b}{I_{0,\eta}} - \frac{M_{cr} y_b}{I_{0,\eta}} \tag{7-8}$$

式中，f_t 为混凝土最大拉应力；T_η 为预应力筋锈蚀后的剩余预加力；e_η 为预应力筋重心位置到换算截面重心的距离；y_b 为试验梁梁底截面到换算截面重心的距离；M_{sw} 为自重作用下试验梁开裂截面弯矩值；M_{cr} 为外加力作用下试验梁开裂截面开裂弯矩。

已知开裂荷载的情况下，预应力筋锈蚀梁的剩余预加力值可以通过式(7-8)确定。自重荷载开裂界面弯矩值根据混凝土密度计算确定；混凝土轴心抗拉强度值 f_t 通常采用轴心对拉试验和劈裂试验确定。

本次试验没有进行混凝土轴心对拉试验和劈裂试验，故其轴心抗拉强度值未知。然而，所有梁的混凝土配合比相同，且同一时间浇筑，养护条件完全相同，混凝土立方体抗压强度值相差不大，故可近似假设各试验梁具有相同的混凝土轴心抗拉强度。对于预应力筋未锈蚀梁 B1，其预应力筋预加力值已知，可通过式(7-8)对其混凝土轴心抗拉强度进行计算，其他试验梁混凝土轴心抗拉强度近似与其相等。

根据开裂弯矩值计算得到的锈蚀预应力筋剩余预加力试验值、考虑混凝土和预应力筋弹性变形改变的计算值以及采用简化方法得到的简化值分别如表7-1所示。对比可以发现:计算值和简化值均具有较高的精度。然而,计算值计算相对复杂、烦琐,且简化值的计算已能满足工程需要,故实际工程中可直接采用简化计算方法对预应力筋锈蚀后的剩余预加力进行计算。

锈蚀剩余预加力计算结果对比

表7-1

编　号	η(%)	开裂弯矩(kN·m)	试验值 T_{exp}(kN)	计算值 T_{cal}(kN)	简化值 $T_{cal,s}$(kN)	T_{cal}/T_{exp}	$T_{cal,s}/T_{exp}$
B1	0	18	194.0	194.0	194.0	1.00	1.00
PCB8	1.28	18	194.0	191.5	191.5	0.99	0.99
CB5	12.1	16.5	177.2	171.2	170.5	0.97	0.96
CB6	19.5	15	160.3	157.2	156.2	0.98	0.97
CB7	27.0	13.5	143.5	143.0	141.6	1.00	0.99
PCB7	35.89	10.5	109.8	126.0	124.4	1.15	1.13
CB2	46.0	10.5	109.8	106.5	104.8	0.97	0.95
PCB6	48.04	10.5	109.8	102.6	100.8	0.93	0.92
PCB5	55.1	7.5	76.2	88.9	87.1	1.17	1.14
CB3	61.7	7.5	76.2	76.0	74.3	1.00	0.98
CB1	73.7	5.4	52.6	52.4	51.0	1.00	0.97
PCB1	77.0	4.5	42.5	45.9	44.6	1.08	1.05

注:试验值 T_{exp} 为基于开裂弯矩的试验值;计算值 T_{cal} 为考虑弹性变形改变的锈蚀预加力计算值;简化计算值 $T_{cal,s}$ 为简化锈蚀剩余预加力计算值。

7.2 压浆缺陷及预应力筋锈蚀影响下PC梁抗弯性能全过程分析

缺陷压浆下预应力筋的锈蚀会引起结构开裂后抗弯刚度退化,导致不对称变形,其破坏模式由混凝土的压碎破坏逐渐向钢丝断裂转变,引起试验梁抗弯承载力和延性的退化。本节将考虑锈蚀预应力筋面积损失、力学性能退化以及无压浆区变形不协调等因素的影响,对其抗弯性能进行全过程分析,对其不对称变形进行计算。

7.2.1 荷载下PC梁抗弯性能分析

缺陷压浆下预应力筋的锈蚀主要集中在无压浆区,虽然锈蚀溶液能够沿着钢绞线缝隙流动造成较大范围的锈蚀,但其锈蚀程度相对轻微。前面研究表明,钢绞线锈蚀后的黏结性能表明,轻微的锈蚀对其黏结性能退化影响较小。为了简化计算,本节计算模型中只考虑无压浆区的黏结退化影响,认为密实压浆段预应力筋与周围混凝土黏结良好。此外,本方法中还忽略了无压浆区钢绞线和预留孔道壁之间的摩擦作用,并认为混凝土和普通钢筋的变形在结构的整个受力过程中服从平截面假定。

缺陷压浆区预应力筋和周围混凝土黏结退化,引起其不协调变形。预应力筋与周围混凝土的变形不再服从平截面假定,但是整个无黏结段内预应力筋和周围混凝土具有相同的总变形,即无压浆区内预应力筋的总伸长与周围混凝土的等效伸长量相等。本节将根据这个原理,将 PC 梁划分为多个平面单元,分别进行计算,进而累积得到无压浆区预应力筋和混凝土总变形建立整体变形协调关系,对荷载作用下 PC 梁抗弯响应进行分析。现以一片具有局部无压浆的试验梁为例,对具体的计算过程介绍如下。

首先,对 PC 梁进行平面单元划分。如图 7-9 所示,将该试验梁划分为 g 个平面单元,从左支点开始向右支点依次编号为 1, 2, 3⋯g,无压浆区单元编号为 $e \sim f$ 和 $m \sim n$,密实压浆段单元编号为 $1 \sim e-1$,$f+1 \sim m-1$ 和 $n+1 \sim g$。各平面单元长度可以相等,也可以不等,对于任意单元 $k(k=1,2,3\cdots i\cdots g)$,其长度记为 $l_{w,k}$。计算中采用各平面单元中截面的应力应变值作为该单元的平均值。

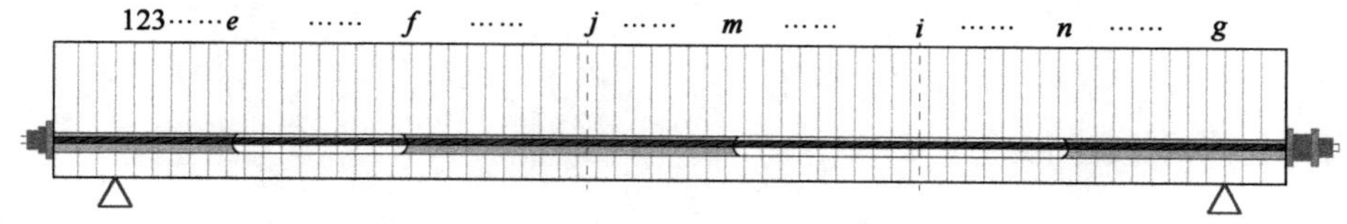

图 7-9　缺陷压浆试验梁平面单元划分

对于任意无压浆区 $m \sim n$ 的任意单元 i,其荷载作用下单元截面的应力-应变关系如图 7-10所示。由于无压浆黏结失效,预应力筋与混凝土两者的变形不满足平截面假定,即相同截面处预应力筋的应变增量 $\Delta\varepsilon_{pc,i}$ 与同一位置处混凝土的应变增量 $\Delta\varepsilon_{p,i}$ 不等。

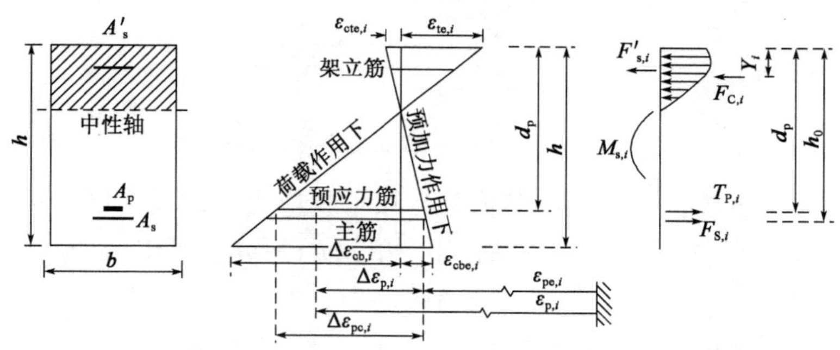

图 7-10　无压浆区单元截面的应力-应变关系示意图

荷载作用下,单元 i 截面上、下缘混凝土应变分别为 $\varepsilon_{ct,i}$ 和 $\varepsilon_{cb,i}$。根据前述假设可知,预应力筋位置处的混凝土应变增量 $\Delta\varepsilon_{pc,i}$ 为:

$$\Delta\varepsilon_{pc,i} = (\varepsilon_{cb,i} - \varepsilon_{cbe,i}) + \frac{d_p}{h}[(\varepsilon_{ct,i} - \varepsilon_{cte,i}) - (\varepsilon_{cb,i} - \varepsilon_{cbe,i})] \tag{7-9}$$

式中,$\varepsilon_{cte,i}$、$\varepsilon_{cbe,i}$ 为预应力作用下上、下缘混凝土初始应变;h 为截面高度;d_p 为钢绞线重心到梁混凝土上缘距离。

无压浆区 $m \sim n$ 内,预应力筋与其周围混凝土的总伸长量相等,可表示为:

$$\Delta L_w = \Delta L_c = \sum_{i=m}^{n} \Delta\varepsilon_{pc,i} l_{w,i} \tag{7-10}$$

式中,ΔL_w 和 ΔL_c 分别为无压浆区内预应力筋与其周围混凝土的总伸长量;$l_{w,i}$ 为单元 i 的长度。

不考虑无压浆区钢绞线和预留孔道壁之间的摩擦作用,无压浆区内各单元预应力筋的应变增量相等,可表示为:

$$\Delta\varepsilon_{\mathrm{p},i} = \frac{\Delta L_{\mathrm{w}}}{\sum_{i=m}^{n} l_{\mathrm{w},i}} \tag{7-11}$$

式中，$\Delta\varepsilon_{\mathrm{p},i}$为单元 i 预应力筋的应变增量。

对于任意密实压浆区段的任意单元 j，荷载作用下单元截面的应力-应变关系如图 7-11 所示。由于假设密实压浆区预应力筋与周围混凝土黏结良好，两者的变形满足平截面假定。荷载作用下，预应力筋的应变增量与相同截面高度处混凝土的应变增量相等，则单元 j 截面钢绞线应变增量梁 $\Delta\varepsilon_{\mathrm{pc},j}$为：

$$\Delta\varepsilon_{\mathrm{p},j} = (\varepsilon_{\mathrm{cb},j} - \varepsilon_{\mathrm{cbe},j}) + \frac{d_{\mathrm{p}}}{h}[(\varepsilon_{\mathrm{ct},j} - \varepsilon_{\mathrm{cte},j}) - (\varepsilon_{\mathrm{cb},j} - \varepsilon_{\mathrm{cbe},j})] \tag{7-12}$$

式中，$\varepsilon_{\mathrm{ct},j}$和 $\varepsilon_{\mathrm{cb},j}$分别为单元 j 截面上、下缘混凝土应变；$\varepsilon_{\mathrm{cte},j}$、$\varepsilon_{\mathrm{cbe},j}$分别为预应力作用下单元 j 截面上、缘混凝土初始应变。

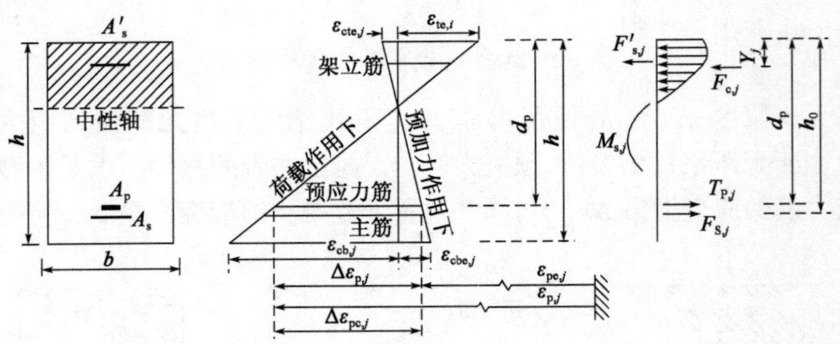

图 7-11　密实压浆区单元截面的应力-应变关系示意图

综上可知，对于任意平面单元 k，其荷载作用下预应力筋的应变增量可以分别根据式(7-11)和式(7-12)进行计算。因此，荷载作用下单元 k 的预应力筋应变 $\varepsilon_{\mathrm{p},k}$为：

$$\varepsilon_{\mathrm{p},k} = \Delta\varepsilon_{\mathrm{p},k} + \varepsilon_{\mathrm{pe},k} \tag{7-13}$$

式中，$\Delta\varepsilon_{\mathrm{p},k}$为任意单元 k 预应力筋的应变增量，当该单元位于无压浆区时，$k=i$，采用式(7-11)进行计算，当该单元位于密实压浆段时，$k=j$，采用式(7-12)进行计算；$\varepsilon_{\mathrm{pe},k}$为单元 k 截面预应力筋预拉应变。

已知预应力筋拉应变，根据其材料本构关系、预应力筋截面积等，可以求得其所受拉力。对于预应力筋锈蚀混凝土梁，应考虑锈蚀导致的预应力筋截面积损失和力学性能的退化。无压浆区内各单元预应力筋的拉力相等，任意单元预应力筋的断裂都可以引起结构的破坏。因此，本节推荐采用最大截面锈蚀率考虑钢绞线截面的损失。至于锈蚀预应力筋力学性能的退化，本节采用第 2 章建立的锈蚀预应力筋本构关系模型进行考虑。对于任意单元 k，其预应力筋拉力 $T_{\mathrm{p},k}$可以表示为：

$$T_{\mathrm{p},k} = A_{\mathrm{p}}(1-\eta)\sigma(\varepsilon_{\mathrm{p},k},\eta) \tag{7-14}$$

式中，A_{p} 为预应力筋锈蚀前的截面积；$\sigma(\varepsilon_{\mathrm{p},k},\eta)$为荷载作用下预应力筋的应力，其值跟预应力筋应变和锈蚀率有关，可根据式(2-1)进行确定；η 为预应力筋最大截面锈蚀率。

前述假设普通钢筋和混凝土变形满足平截面假定，荷载作用下，任意单元 k 截面主筋和架立钢筋的应变可以表示为：

$$\varepsilon_{s,k} = \varepsilon_{ct,k} + \frac{\varepsilon_{cb,k} - \varepsilon_{ct,k}}{h} h_0 \tag{7-15}$$

$$\varepsilon'_{s,k} = \varepsilon_{ct,k} + \frac{\varepsilon_{cb,k} - \varepsilon_{ct,k}}{h} a'_s \tag{7-16}$$

式中，$\varepsilon_{s,k}$ 和 $\varepsilon'_{s,k}$ 分别为荷载作用下单元 k 截面主筋和架立钢筋的应变；$\varepsilon_{ct,k}$ 和 $\varepsilon_{cb,k}$ 分别为单元 k 截面上、下缘混凝土截面应变；h_0 为主筋重心到梁混凝土上缘距离；a'_s 为架立钢筋重心到梁混凝土上缘距离。

普通钢筋本构关系采用弹塑性模型，任意单元 k 截面主筋拉力和架立筋压力可以表示为：

$$F_{s,k} = A_s E_s \varepsilon_{s,k} \leqslant f_{sy} A_s \tag{7-17}$$

$$F'_{s,k} = A'_s E'_s \varepsilon'_{s,k} \leqslant f'_{sy} A'_s \tag{7-18}$$

式中，$F_{s,k}$ 和 $F'_{s,k}$ 分别为荷载作用下单元 k 截面主筋所受拉力和架立钢筋所受压力；A_s，E_s 和 f_{sy} 分别为主筋的截面积、弹性模量和屈服强度；A'_s、E'_s 和 f'_{sy} 分别为架立钢筋的截面积、弹性模量和屈服强度。

混凝土受压的非线性变形特性通常可以采用 Collins 和 Mitchell[206] 提出的抛物线本构关系模型来表征。本节忽略混凝土的受拉应力，则混凝土应力应变关系可以表示为：

$$f_c = \begin{cases} f'_c[2(\varepsilon/\varepsilon_0) - (\varepsilon/\varepsilon_0)^2] & (\varepsilon \geqslant 0) \\ 0 & (\varepsilon < 0) \end{cases} \tag{7-19}$$

式中，f'_c 为混凝土抗压强度值；ε_0 为对应的混凝土应变值，一般取 0.002。

任意单元 k 中截面混凝土的合力 $F_{c,k}$ 及其作用点到梁顶截面的距离 Y_k 可以分别表示为：

$$F_{c,k} = \int_0^h f_c b \mathrm{d}y \tag{7-20}$$

$$Y_k = \frac{\int_0^h f_c b y \mathrm{d}y}{\int_0^h f_c b \mathrm{d}y} \tag{7-21}$$

式中，y 为计算截面上任意一点到截面上边缘的距离；b 为梁截面宽度。

荷载作用下，任意单元 k 截面上的预应力筋拉力、主筋拉力、架立钢筋压力、混凝土合压力以及截面所受弯矩等应满足受力平衡条件和弯矩平衡条件，即：

$$F_{c,k} + F'_{s,k} + F_{s,k} + T_{p,k} = 0 \tag{7-22}$$

$$M_{s,k} = F_{c,k}(d_p - Y_k) + F'_{s,k}(d_p - a'_s) + F_{s,k}(a_p - a_s) \tag{7-23}$$

式中，$M_{s,k}$ 为荷载作用下任意单元 k 截面所承受的弯矩值，可以根据单元 k 截面位置和外加荷载值进行计算。

7.2.2　PC 梁抗弯性能全过程计算求解

观察前述的推导可以发现，荷载作用下，任意单元 k 截面上的预应力筋拉力、主筋拉力、架立钢筋压力、混凝土合压力等均可由该截面上、下缘混凝土应变 $\varepsilon_{ct,k}$ 和 $\varepsilon_{cb,k}$ 为基本未变量进行推导。因此，只需求得荷载作用任意单元 k 截面上、下缘混凝土应变 $\varepsilon_{ct,k}$ 和 $\varepsilon_{cb,k}$，即可明确其抗弯响应。本节将讨论荷载作用下单元 k 截面上、下缘混凝土应变 $\varepsilon_{ct,k}$ 和 $\varepsilon_{cb,k}$ 的计算求解方法。

对于密实压浆区段，任意单元截面上各部分的受力，如预应力筋拉力、主筋拉力、架立钢筋压力等，均是独立的，截面上、下缘混凝土应变 $\varepsilon_{ct,k}$ 和 $\varepsilon_{cb,k}$ 可以直接通过式(7-22)和式(7-23)进行求解。

对于无压浆区，同一无压浆区内所有单元截面的预应力筋拉应力相等，其值与该无压浆区所有单元的变形相关。此时，若要采用解析方法对混凝土应变 $\varepsilon_{ct,k}$ 和 $\varepsilon_{cb,k}$ 进行求解，涉及建立无压浆区内所有单元的联立平衡方程组，加之混凝土材料非线性的积分运算，求解难度很大。尤其是当无压浆区较长，平面单元数量较多时，求解难度更大。为此，本节采用迭代法对无压浆区各单元的混凝土应变 $\varepsilon_{ct,k}$ 和 $\varepsilon_{cb,k}$ 进行求解，计算步骤如下。

第一步：给定计算荷载 P，计算各单元 k 截面所受的弯矩值 $M_{s,k}$。

第二步：假设无压浆区内各单元 k 截面的预应力筋拉力值 $T_{a,k}$。无压浆区内各单元 k 截面预应力筋拉力相等，$T_{a,m}=\cdots=T_{a,k}=\cdots=T_{a,n}$。

第三步：假设各单元 k 截面上缘混凝土应变 $\varepsilon_{ct,k}$。

第四步：假设各单元 k 截面下缘混凝土应变 $\varepsilon_{cb,k}$。

第五步：根据式(7-15)至式(7-21)计算单元 k 截面主筋拉力 $F_{s,k}$、架立钢筋压力 $F'_{s,k}$、混凝土合压力 $F_{c,k}$ 及其合力作用点到梁顶截面的距离 Y_k。

第六步：对于任意单元 k，验算其截面各部分受力($T_{a,k}$、$F_{s,k}$、$F'_{s,k}$、$F_{c,k}$，用 $T_{a,k}$ 代替 $T_{p,k}$)是否满足平衡方程式(7-22)。若不满足，改变截面下缘混凝土应变 $\varepsilon_{cb,k}$，重复第四步至第六步重新计算；若满足，则进入下一步。

第七步：对于任意单元 k，验算其截面各部分受力和力矩($T_{a,k}$、$F_{s,k}$、$F'_{s,k}$、$F_{c,k}$、Y_k、$M_{s,k}$ 用 $T_{a,k}$ 代替 $T_{p,k}$)是否满足平衡方程式(7-23)。若不满足，改变截面上缘混凝土应变 $\varepsilon_{ct,k}$，重复第三步至第七步重新计算；若满足，则进入下一步。

第八步：根据式(7-9)、式(7-10)、式(7-11)、式(7-13)和式(7-14)计算单元 k 截面预应力筋拉力值 $T_{p,k}$。

第九步：验算其假设的无压浆区预应力筋拉力值 $T_{a,k}$ 与计算得到的预应力筋拉力值 $T_{p,k}$ 是否相等。若不满足，改变假设预应力筋拉力值 $T_{a,k}$，重复第二步至第九步重新计算；若满足，则计算结束。

计算得到的预应力筋拉力值 $T_{a,k}=T_{p,k}$，即为无压浆区的预应力筋平均拉力值，相应的各单元 k 截面上、下缘混凝土应变 $\varepsilon_{ct,k}$ 和 $\varepsilon_{cb,k}$ 为给定荷载 P 作用下的各单元混凝土应变值。根据混凝土应变的大小，进而可以求出该截面上的预应力筋拉力、主筋拉力、架立钢筋压力、混凝土合压力等抗弯响应。可采用计算机编程进行计算，计算速度较快，详细的计算流程图将在下面给出。

当给定的计算荷载值 P，从一个较小值逐渐增大时，即可对该梁各个加载阶段的抗弯响应进行分析，进而对梁抗弯全过程进行性能分析。随着荷载的增加，当任意单元截面处的混凝土最大压应变或预应力筋拉应变超过其允许值时，则可以认为该梁达到其极限状态，对应的荷载即为极限抗弯荷载。

7.2.3 PC 梁不对称变形计算方法

通过前述的分析求解,可以得到各平面单元截面上、下缘混凝土应变值,进而可以求得各单元的截面曲率。通过截面曲率和构件挠度间的关系可以对其挠曲变形进行计算预测。一些学者对钢筋锈蚀的普通钢筋混凝土梁的跨中挠度进行了计算分析[143]。然而,这些工作均是针对钢筋均匀锈蚀的混凝土构件,其挠曲变形相对跨中对称,构件最大挠度点即为跨中截面。对于缺陷压浆下钢筋锈蚀 PC 梁,其变形具有明显的非对称性,如图 7-12 所示,其最大挠度点不一定出现在跨中截面,现有的计算模型对其难以适用。

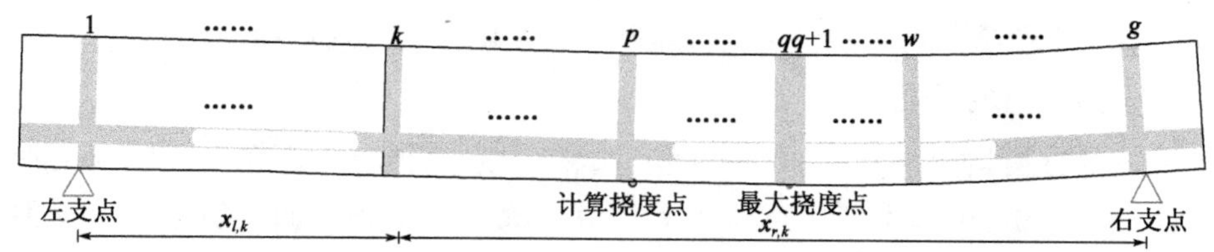

图 7-12 不对称变形下 PC 梁挠度预测示意图

针对该情况,基于截面曲率与构件变形的关系,建立了不对称变形下 PC 梁变形计算方法。该方法首先确定最大挠度点位置,然后再确定计算挠度点的挠度,现介绍如下。

根据前述的求解,可以得到各平面单元截面上、下缘混凝土应变 $\varepsilon_{ct,k}$ 和 $\varepsilon_{cb,k}$,因此各单元处的截面曲率可以表示为:

$$\phi_k = \frac{(\varepsilon_{cb,k} - \varepsilon_{cbe,k}) - (\varepsilon_{ct,k} - \varepsilon_{cte,k})}{h} \tag{7-24}$$

式中,ϕ_k 为单元 k 处的截面曲率;$\varepsilon_{cte,k}$、$\varepsilon_{cbe,k}$ 分别为预应力作用下单元 k 截面上、下缘混凝土初始应变。

对于试验梁最大挠度点单元 q 截面,其挠度可以从左支点和右支点分别进行计算,分别表示为:

$$\Delta_{max,ql} = \sum_{k=1}^{q} \phi_k l_{w,k} x_{l,k} \tag{7-25}$$

$$\Delta_{max,qr} = \sum_{k=q+1}^{g} \phi_k l_{w,k} x_{r,k} \tag{7-26}$$

式中,$\Delta_{max,ql}$ 和 $\Delta_{max,qr}$ 分别为从左支点和右支点计算得到的最大挠度截面 q 的挠度值;$x_{l,k}$ 和 $x_{r,k}$ 分别任意单元 k 截面到试验梁左、右支点的距离;$l_{w,k}$ 为单元 k 的长度;g 为划分单元的最大编号。

观察式(7-25)和式(7-26)可以发现,由于各截面曲率大于或者等于零,这两个公式的计算结果均是随着计算单元数梁增多的单调不减函数。因此,只有当计算单元 q 截面为真正的最大挠度点时,由左右两支点计算得到的挠度值才会相等。否则,当计算单元 q 截面位于最大挠度点左侧时,由式(7-25)计算得到的挠度值必然小于由式(7-26)计算得到的挠度值,反之亦然。

根据前述发现的规律,可以采用试算法对最大挠度点进行确定。首先,任意假设一点作为最大挠度点;然后分别采用式(7-25)和式(7-26)分别对其挠度进行计算,进而,判断两个挠度计算值是否相等。若相等,则该假设点即为最大挠度点;若不相等,则需根据计算挠度值改变最大挠度点位置重新进行计算。如果式(7-25)的计算挠度值大于式(7-26)的计算挠度值,则最大挠度点在假设点的左侧,反之亦然。通过试算可以得到最大挠度点的挠度为:

$$\Delta_{\max,q} = \Delta_{\max,qr} = \Delta_{\max,ql} \tag{7-27}$$

式中,$\Delta_{\max,q}$ 为最大挠度点的挠度值。

已知最大挠度点的位置和挠度值以后,即可对其他计算任意挠度点 p 的挠度进行计算,可表示为:

$$\Delta_p = \Delta_{\max,q} - \sum_{k=p}^{q} \phi_k l_{w,k} x_{p,k} \tag{7-28}$$

式中,Δ_p 为计算挠度点 p 的挠度;$x_{p,k}$ 任意单元 k 截面到计算挠度点的距离。

7.2.4 整体计算流程

根据前述的分析讨论可知,该方法可以对缺陷压浆及预应力筋锈蚀下预应力混凝土梁的抗弯性能进行分析,可以得到任意荷载下预应力混凝土梁各截面位置处上下缘混凝土应变、预应力筋拉力、主筋拉力、架立钢筋压力、混凝土合压力以及构件挠度等抗弯性能数据。当计算荷载值从一个较小值逐渐增大时,即可实现对预应力混凝土梁抗弯性能全过程的计算分析。整体计算流程如图 7-13 所示。

具体介绍如下:

阶段Ⅰ:获取计算参数,划分平面单元,计算混凝土预压应变。

①获取计算参数,如构件截面尺寸、配筋、材料性能、压浆情况等。

②对构件进行平面单元划分,单元数目,应根据构件长度确定。如单元数过少,将导致以单元中截面受力代替整体计算带来较大误差;而单元数越多,计算精度越高,但计算用时较长。

③根据 7.1 节中的提出的方法对混凝土锈蚀后的剩余预加力值进行计算,进而对各单元截面上下缘混凝土预压应变进行计算。

阶段Ⅱ:给定荷载 P,计算该荷载下预应力混凝土梁的受力响应。

①计算各单元 k 截面所受的弯矩值 $M_{\mathrm{s},k}$。

②假设各单元 k 截面的预应力筋拉力值 $T_{\mathrm{a},k}$。对于无压浆区内各单元 k 截面预应力筋拉力相等,$T_{\mathrm{a},m} = \cdots = T_{\mathrm{a},k} = \cdots = T_{\mathrm{a},n}$。

③假设各单元 k 截面上缘混凝土应变 $\varepsilon_{\mathrm{ct},k}$。

④假设各单元 k 截面下缘混凝土应变 $\varepsilon_{\mathrm{cb},k}$。

⑤根据式(7-15)~式(7-21)计算单元 k 截面主筋拉力 $F_{\mathrm{s},k}$、架立钢筋压力 $F'_{\mathrm{s},k}$、混凝土合压力 $F_{\mathrm{c},k}$ 及其合力作用点到梁顶截面的距离 Y_k。

⑥对于任意单元 k,验算其截面各部分受力($T_{\mathrm{a},k}$、$F_{\mathrm{s},k}$、$F'_{\mathrm{s},k}$、$F_{\mathrm{c},k}$,用 $T_{\mathrm{a},k}$ 代替 $T_{\mathrm{p},k}$)是否满足平衡方程式(7-22)。若不满足,改变截面下缘混凝土应变 $\varepsilon_{\mathrm{cb},k}$,重复第④步至第⑥步重新计算;若满足,则进入下一步。

⑦对于任意单元 k,验算其截面各部分受力和力矩($T_{a,k}$、$F_{\mathrm{s},k}$、$F'_{\mathrm{s},k}$、$F_{\mathrm{c},k}$、Y_k、$M_{\mathrm{s},k}$,用 $T_{\mathrm{a},k}$ 代替 T_p,k)是否满足平衡方程式(7-23)。若不满足,改变截面上缘混凝土应变 $\varepsilon_{\mathrm{ct},k}$,重复第③步至第⑦步重新计算;若满足,则进入下一步。

⑧对于无压浆区单元根据式(7-9)、式(7-10)、式(7-11)、式(7-13)和式(7-14)计算单元

k 截面预应力筋拉力值 $T_{p,k}$；对于压浆密实段单元根据式(7-12)至式(7-14)计算单元 k 截面预应力筋拉力值 $T_{p,k}$。

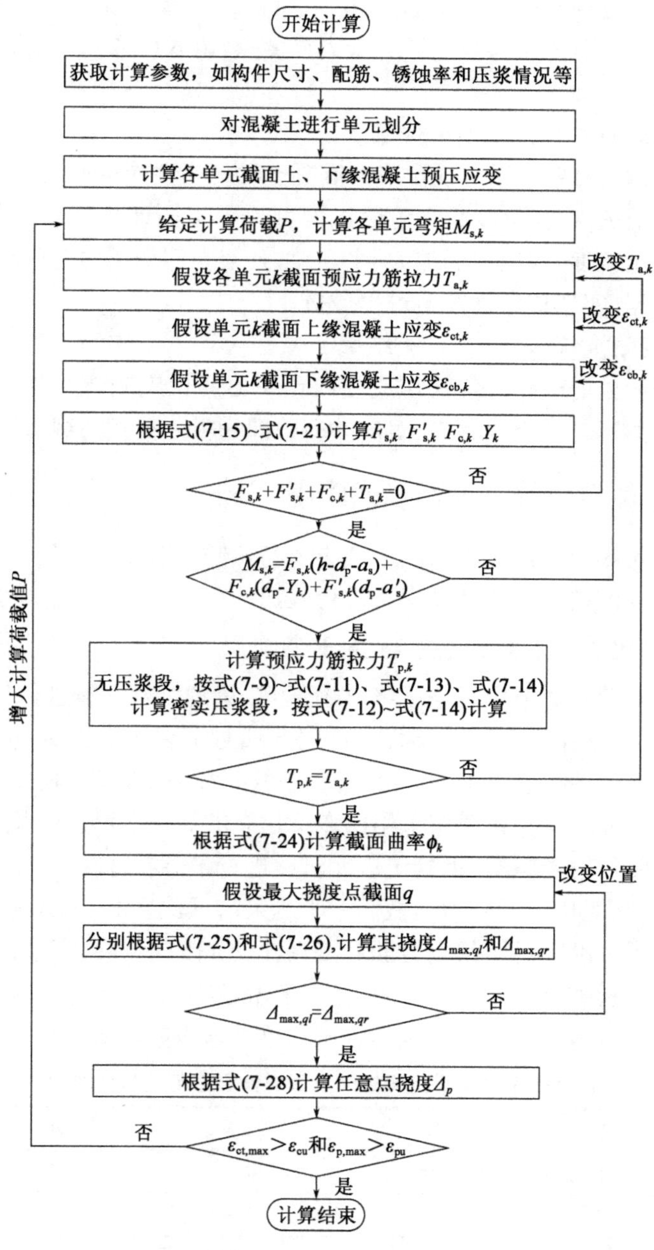

图 7-13　缺陷压浆及预应力筋锈蚀影响下预应力混凝土梁抗弯性能计算流程图

⑨验算其假设的预应力筋拉力值 $T_{a,k}$ 与计算得到的预应力筋拉力值 $T_{p,k}$ 是否相等。若不满足，改变假设预应力筋拉力值 $T_{a,k}$ 重复第②步至第⑨步重新计算；若满足，则进入下一步。

阶段Ⅲ：计算给定荷载 P 下预应力混凝土梁的变形。

①根据式(7-24)计算任意单元 k 截面曲率 ϕ_k。

②假设最大挠度点位置 p，分别采用式(7-25)和式(7-26)分别对其挠度进行计算 $\Delta_{max,ql}$ 和 $\Delta_{max,qr}$。

③验算两计算挠度值是否相等。若不相等，则需改变最大挠度点位置，重复第②步、第③步重新进行计算；若相等，则假设点即为最大挠度点，由式(7-27)计算最大挠度点挠度，并进入下一步。

④根据式(7-28)计算任意点 p 的挠度。

阶段Ⅳ：增大计算荷载 P，以实现预应力混凝土梁抗弯性能全过程分析。

增大计算荷载值 P，重复阶段Ⅱ~阶段Ⅳ即可得到不同计算荷载下预应力混凝土梁任意截面上下缘混凝土应变、预应力筋拉力、主筋拉力、架立钢筋压力、混凝土合压力以及构件挠度等抗弯性能数据，实现抗弯性能全过程分析。

阶段Ⅴ：确定极限抗弯承载 P_u，计算结束。

当任意单元截面处的混凝土最大压应变或预应力筋拉应变超过其允许值时，则可以认为该预应力混凝土梁达到其极限状态，对应的荷载即为极限抗弯荷载，计算结束。

7.3 抗弯性能全过程计算方法的应用

本节将分别采用第6章的压浆缺陷下预应力筋无锈蚀试验梁和压浆缺陷下预应力筋锈蚀试验梁数据对建立的抗弯性能计算模型进行验证。

7.3.1 压浆缺陷影响下 PC 梁抗弯性能计算应用

采用上述方法对第6.2节中缺陷压浆影响下 PC 梁的抗弯性能进行计算，通过与试验值的对比，分析该方法的适用性。试验梁加载净跨径段划分为180个单元，各单元长度相等，均为10mm长。计算初始荷载为1kN，计算过程中的荷载增量也为1kN。混凝土极限压应变取为0.003 5，预应力筋本构关系模型采用第2章建立的简化模型。分别对试验梁的极限承载力、荷载挠度曲线及荷载作用下混凝土应变云图进行了分析计算，其结果分别讨论如下。

需要指出的是，试验中发现孔道横截面一半压浆的试验梁 B3 和跨中局部区段无压浆的试验梁 B5，其缺陷压浆没有引起预应力筋和混凝土之间的不协调变形，这两片试验梁的抗弯性能与密实压浆试验梁十分相似。因此，本节按密实压浆的情况对这两片梁的抗弯性能进行计算。采用上述计算方法计算得到的各试验梁抗弯极限承载力见表7-2。

缺陷压浆试验梁抗弯极限承载力计算值与试验值对比 表7-2

编号	B1	B2	B3	B4	B5
实测值(kN)	126	95	125	113	122
计算值(kN)	124	98	124	112	124
相对误差(%)	2	3	1	1	2

通过计算结果的对比分析可以发现，各试验梁的抗弯承载力的计算值与试验值十分接近，最大误差为3%，这说明所建立的计算方法对缺陷压浆 PC 梁的抗弯承载力具有较高的计算精度。对于孔道横截面一半压浆的试验梁 B3 和跨中局部区段无压浆的试验梁 B5，采用与密实压浆的相同的情况对其进行承载力预测具有较高的计算精度，说明该假设与这两片梁的抗弯受力情况相符，这也进一步说明缺陷压浆引起的预应力和混凝土间不协调应变

是影响PC梁抗弯承载力的关键因素。

图7-14给出了各试验梁跨中荷载-跨中挠度计算曲线和实测曲线对比。由于B3、B5梁抗弯性能与对比梁B1相似,其荷载挠度计算曲线和实测曲线较为相近。因此,本节仅列出了试验梁B1、B2、B4的跨中荷载-跨中挠度计算曲线和实测曲线的对比图。开裂之前,各梁实测曲线与理论曲线基本重合;开裂之后,理论挠度略小于实测挠度,但误差在可接受范围内,可能是材料本构关系理论模型与实际之间的差异造成的;屈服后,实测曲线与理论曲线又趋于重合。整体上,各试验梁的计算挠度曲线与实测挠度曲线吻合较好,所建立的计算方法对PC梁的挠度预测具有较高的计算精度。关于该方法对于非对称变形预测的有效性验证将在7.3.2中讨论。

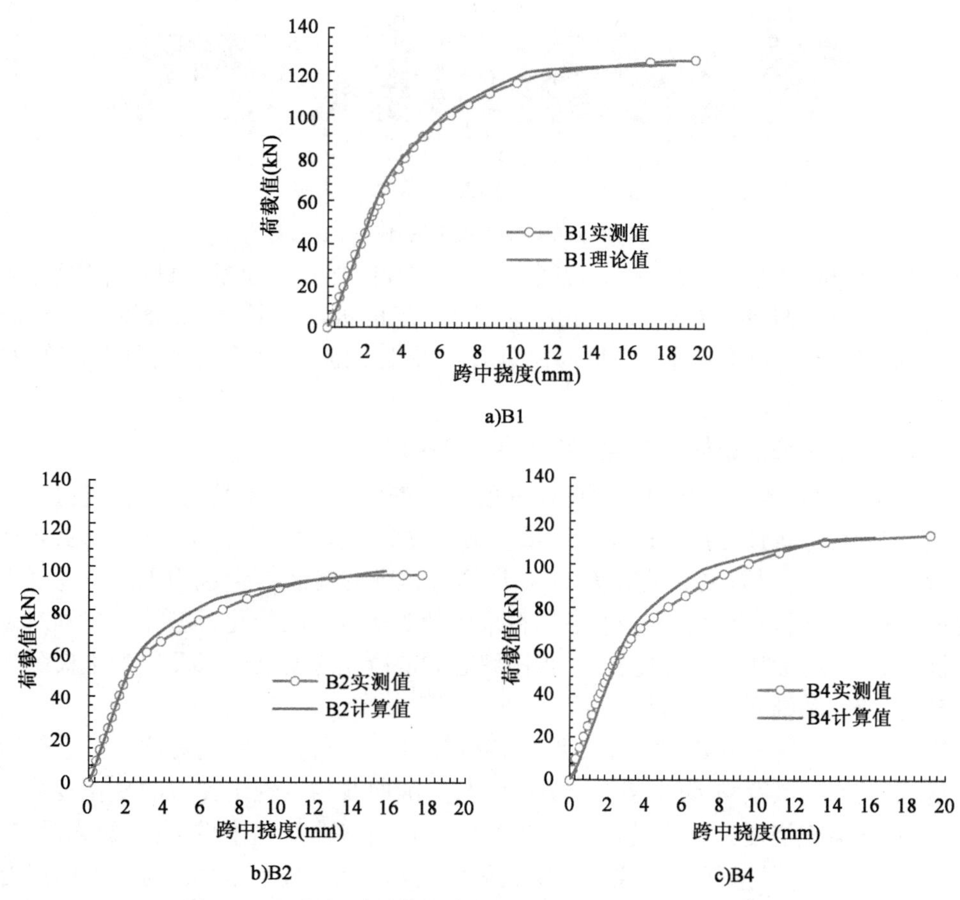

图7-14　B系列试验梁荷载-跨中挠度计算曲线和实测曲线对比图

为对比同级荷载、不同压浆试验梁的应力状况,从理论上分析缺陷压浆对构件受力影响,特通过该方法分别计算各试验承载90kN时混凝土的应变分布,并进行分析。承载90kN时各试验梁混凝土应力云图如图7-15所示。

由图7-15可以发现,相同荷载下构件应力分布受压浆状况影响较大。跨中区域内,密实压浆构件B1的受压区高度比无压浆构件B2的稍高;B4梁表现得更为明显,左边无压浆区混凝土受压区高度明显小于密实压浆段。相同荷载下,受压区高度越小,其顶面混凝土应力越大,混凝土可能更早达到极限状态,使得构件进入极限状态更早,这也与试验结果相吻合。

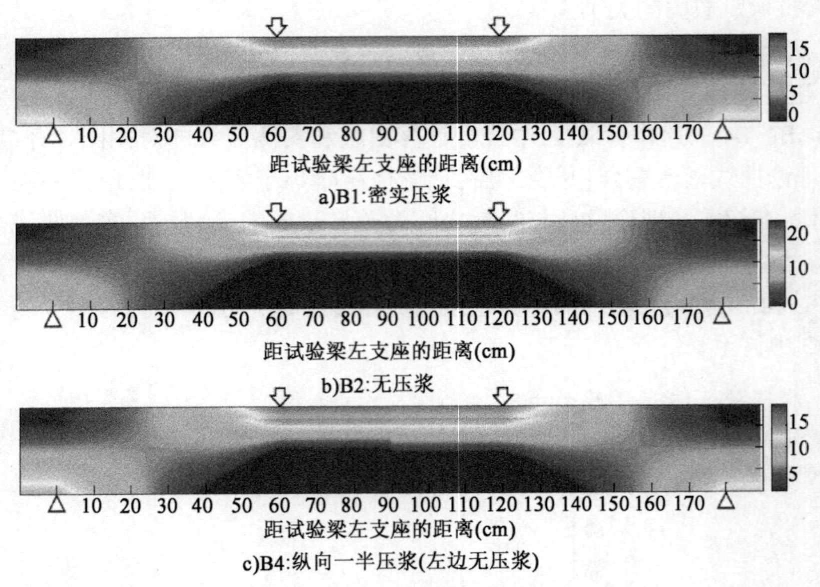

a)B1:密实压浆

b)B2:无压浆

c)B4:纵向一半压浆(左边无压浆)

图 7-15　荷载为 90 kN 时应力云图(应力单位:MPa)

通过上述分析,本书提出的计算方法能有效考虑缺陷压浆和混凝土材料非线性,可对缺陷压浆 PC 梁的抗弯性能进行全过程分析,包括 PC 梁的极限荷载、荷载挠度曲线任意加载水平下 PC 梁的应力、应变值等,并且理论计算结果与试验结果均吻合,具有较好的计算精度。

7.3.2　压浆缺陷下锈蚀 PC 梁抗弯性能计算应用

采用上述方法对第 6.3 节中缺陷压浆下预应力筋锈蚀 PC 梁的抗弯性能进行计算,通过与试验值的对比,分析该方法的适用性。试验梁加载净跨径段划分为 180 个单元,各单元长度相等,均为 10mm。计算初始荷载为 1kN,计算过程中的荷载增量也为 1kN。混凝土极限压应变取为 0.003 5,预应力筋本构关系模型采用第 2 章建立的简化模型式。分别对试验梁的荷载挠度曲线、有无压浆区支座转角、极限状态时混凝土应变云图以及混凝土极限承载力进行了分析计算,其结果分别讨论如下。

图 7-16 给出了各试验梁跨中荷载-跨中挠度计算曲线和实测曲线对比。对于轻微锈蚀和严重锈蚀试验梁,其荷载-跨中挠度计算曲线与实测曲线均表现出类似的变化规律。开裂之前,各试验梁荷载挠度计算曲线与实测曲线吻合很好,各曲线基本重合;开裂之后,计算曲线和实测曲线间稍有偏差;随后接近 PC 梁屈服时,各试验梁的计算曲线与实测曲线有吻合较好。此外,对于严重锈蚀混凝土试验梁,其极限挠度计算值与实测值也具有一定差异,其原因可能是锈蚀预应力筋力学性能的随机性以及锈蚀率测定的误差等造成的。整体而言,各试验梁的计算挠度曲线与实测挠度曲线吻合较好,建立的计算方法对 PC 梁的挠度预测具有较高的计算精度。

观察图 7-16 可以发现,锈蚀率相近试验梁的荷载挠度曲线相差不大。因此,试验梁 PCB8、PCB4、PCB7 和 PCB1 等具有较大锈蚀率间隔的 4 片梁被选用,进行下述的分析对比,以进一步验证所建立的计算方法对预应力筋锈蚀程度的敏感程度。图 7-17 给出这 4 片梁在有无压浆区支座截面处转角的计算和实测数据对比。

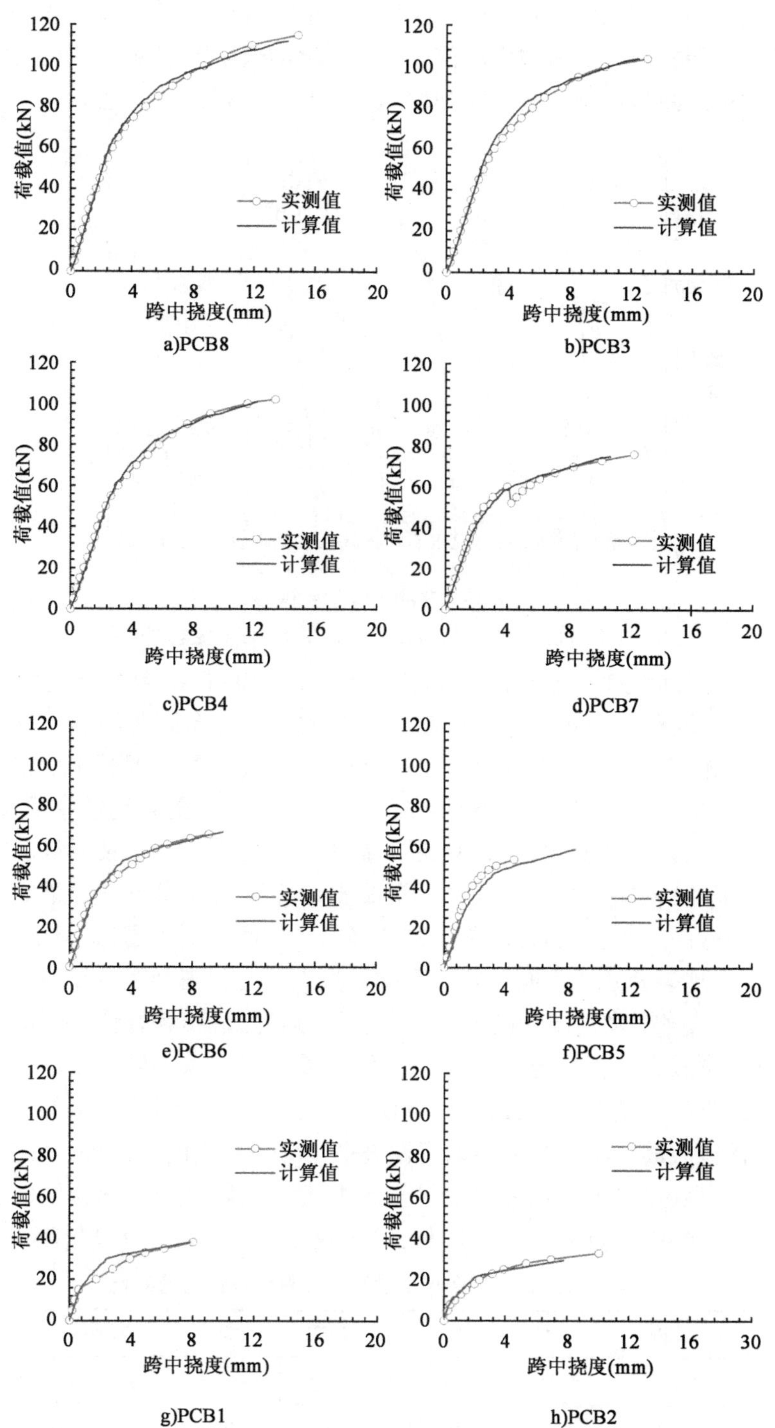

图7-16　PCB系列试验梁荷载－跨中挠度计算曲线和实测曲线对比图

计算分析结果显示，开裂之前，各试验梁有无压浆端支座截面转角相同；开裂之后，试验梁无压浆锈蚀端支座截面转角较密实压浆段偏大。计算结果与实测数据规律基本一致，这表明该方法对随机无压浆下PC梁的非对称变形具有很好的预测精度。此外，通过对比可以发现，轻微锈蚀的试验梁开裂后有无压浆端支座截面转角相差不大，随着锈蚀率的增加，其变得越发明显。截面转角计算值与实测值一致，能够体现该变化规律。可见，本书建立的非对称变形计算方法对缺陷压浆位置和锈蚀率水平均具有较好的适应性。

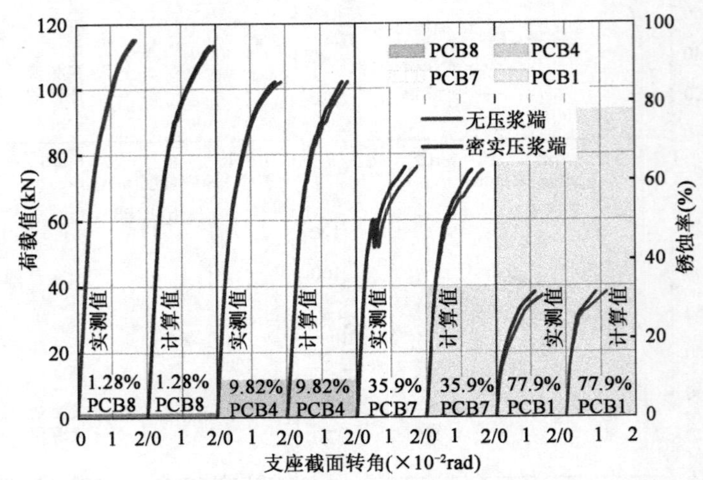

图 7-17　PCB 系列试验梁有无压浆区支座截面处转角对比图

图 7-18 给出极限状态时，试验梁 PCB8、PCB4、PCB7 和 PCB1 混凝土应力云图。同时，为了更好地对比分析验证，将这 4 片梁的极限状态时的裂缝分布同时绘制于该图中。由应力云图可以发现，有无压浆区混凝土应力存在一定的差异，无压浆区混凝土的最大压应力要大于密实压浆区，同时无压浆区具有较小的混凝土受压区高度。随着锈蚀率的增加，有无压浆区混凝土应力之间的差异越发明显，尤其是严重锈蚀试验梁 PCB1，极限状态时密实压浆梁段尚未消压，而无压浆锈蚀梁段已经破坏。混凝土计算云图规律与试验梁的裂缝分布十分吻合，无压浆端裂缝高于密实压浆段，并随锈蚀率的增加而逐渐明显，试验梁 PCB1 中未消压密实压浆梁段也出现裂缝。这表明计算得到的混凝土应力云图具有较高的计算精度。

表 7-3 列出了缺陷压浆各试验梁抗弯极限承载力实测值和计算值。预应力筋锈蚀轻微时，试验梁的抗弯承载力计算值与试验值相差不大，最大试验误差约为 2%；预应力筋锈蚀严重时，该模型的计算精度稍有降低，最大计算误差不超过 9%。误差产生的原因可能是随着锈蚀率的加深，预应力筋力学性能的不确定性进一步增强导致的。此外，还可能受到自混凝土材料性能的随机性、试验测量误差以及计算模型的简化假设等方面原因的影响。总体而言，本书建立的抗弯性能计算方法对 PC 梁抗弯承载力具有较高的计算精度。

缺陷压浆试验梁抗弯极限承载力计算值与试验值对比　　表 7-3

编　号	PCB8	PCB3	PCB4	PCB7	PCB6	PCB5	PCB1	PCB2
锈蚀率（%）	1.28	6.35	9.82	35.89	48.04	55.10	77.90	100.00
试验值（kN）	115	105	102	76	65	53	38	33
计算值（kN）	113	105	101	75	66	58	38	30
相对误差（%）	-2	0	-1	-1	+2	+9	0	-9

通过上述分析，本节提出的计算方法能有效考虑缺陷压浆和预应力筋锈蚀的影响，可以

对其抗弯性能进行全过程分析。本节所建立的模型能够对缺陷压浆下预应力筋锈蚀 PC 梁的非对称变形进行预测,得到梁的抗弯承载力、荷载挠度曲线以及任意加载水平下 PC 梁的应力和应变值等,均具有较好的计算精度。

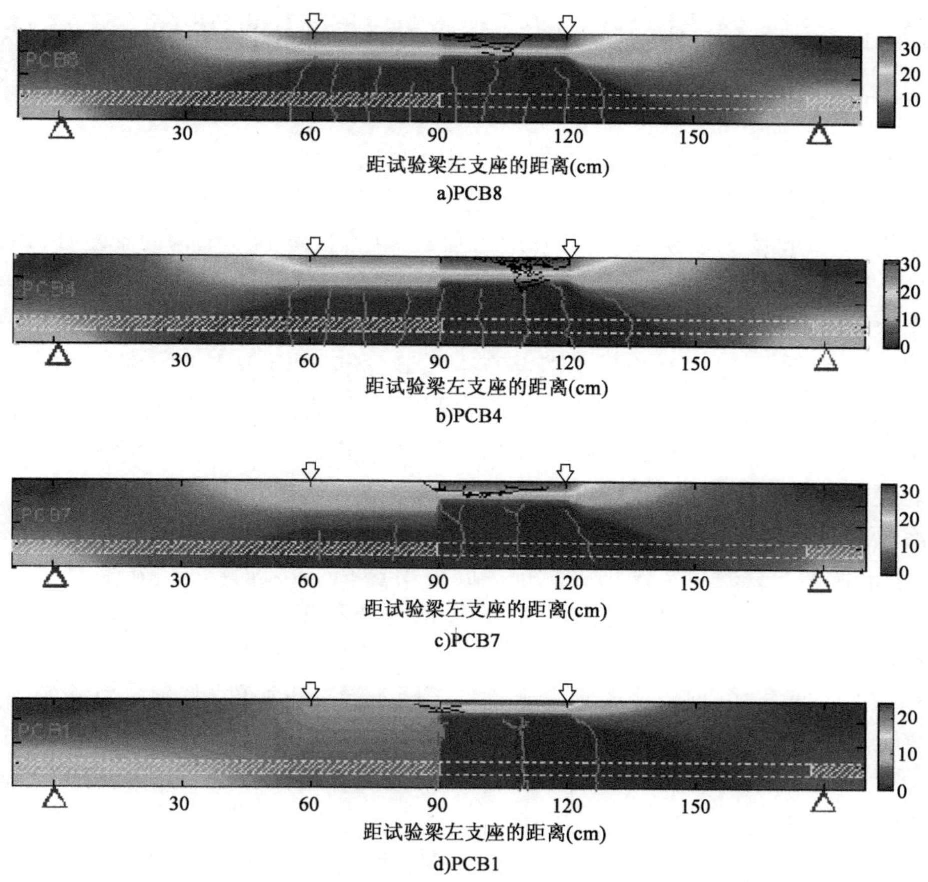

图 7-18　PCB 系列试验梁极限状态时混凝土应力云图和裂缝分布图(应力单位:MPa)

7.4　本章小结

本章首先分析了锈蚀预应力筋和混凝土的弹性变形改变对锈蚀预加力损失的影响,提出锈蚀剩余预加力计算方法,进而明确了锈蚀后 PC 梁的预加力状态。在此基础上,考虑锈蚀预应力筋面积损失、力学性能退化以及缺陷压浆区预应力筋与混凝土变形不协调等影响,建立了缺陷压浆及预应力筋锈蚀 PC 梁抗弯性能全过程分析方法,得到以下结论:

(1)锈蚀预应力筋和混凝土弹性变形的改变对锈蚀预加力损失影响不大,可直接采用预应力筋面积锈蚀率来估算锈蚀后剩余预加力值,具有较高的计算精度。

(2)缺陷压浆区预应力筋与混凝土不协调变形对 PC 梁抗弯性能影响很大。通过平面单元法,建立缺陷压浆区段预应力筋和混凝土的整体变形协调关系,同时考虑锈蚀预应力筋截面积损失和力学性能的退化,对其抗弯性能进行分析,对其不对称变形进行计算,均具有较高的计算精度。

第 8 章　锈蚀 PC 梁裂缝宽度和刚度预测方法

预应力混凝土结构以其独有的优势,在我国建筑、水利、交通等各领域得到广泛应用,并已在我国桥梁混凝土结构中占有很大比重。在施工和使用阶段,由于外界环境等不良因素的作用,造成预应力筋锈蚀,导致预应力损失,这直接影响了结构的安全性、耐久性和使用寿命。

预应力混凝土结构在正常使用阶段,因受到外界不良因素的作用,不同部位处会出现不同程度的开裂[207]。结构受力后必然会产生裂缝,既降低了构件的承载能力,又加速了钢筋的锈蚀,使得其耐久性严重降低[208]。一般而言,裂缝越宽、锈蚀越快,而裂缝宽度直接关系结构安全的耐久性问题。因此,如何精确计算锈蚀预应力混凝土梁在荷载作用下产生的裂缝宽度是一个值得关注的问题。

目前,已有很多学者研究锈蚀混凝土构件在荷载作用下的裂缝宽度问题。R. Saliger 于 1936 年根据钢筋混凝土构件轴心受拉试验得出黏结滑移理论[112],并推导出裂缝宽度计算公式;Broms 和 Base 于 20 世纪 60 年代提出无滑移理论[113-114]。在以上研究的基础上,部分学者将两者结合发展出了综合理论。各国规范也对正常使用状态下的裂缝宽度提出了相应的计算公式,但预应力混凝土构件不同于混凝土构件,其预应力筋的预压力会限制裂缝的发展。当预应力筋锈蚀时,其抗拉承载力的下降也会影响最大裂缝宽度。现有规范中对于正常使用极限状态下的最大裂缝宽度计算公式并没有考虑预应力筋锈蚀的影响,其相关的研究工作仍有待深入。

预应力筋锈蚀是导致预应力混凝土结构耐久性失效的主要原因之一[109]。与普通钢筋相比,预应力筋在高应力状态下极易发生坑蚀造成材料性能退化[50]。锈蚀将导致预应力筋截面面积、极限应变的降低[50],有效预应力的减少,进而造成预应力混凝土梁开裂、荷载减小及挠曲变形增大[104]。研究预应力筋锈蚀对构件刚度的影响是评估结构变形能力的重要环节。

目前,对于无损伤预应力混凝土构件的变形计算各国均有相应的技术标准。而对锈蚀后的预应力混凝土构件的变形计算仍处于初步研究阶段。变形计算的关键是确定构件的刚度。通常预应力混凝土梁开裂前,构件处于弹性受力状态,刚度可按照传统的方法,采用换算截面惯性矩来计算。对于开裂后预应力混凝土构件的刚度,目前主要有刚度折减分析法、直接双线性法、有效惯性矩法、刚度解析法和曲率积分法[116,209]。叶见曙等基于非线性有限元分析提出了预应力混凝土箱梁开裂后的刚度退化模型[117]。Sato 等假设钢筋与混凝土间应力线性分布,提出了预应力混凝土梁长期刚度方程[118]。胡志坚等通过预应力混凝土梁缩尺模型开裂荷载试验得出我国技术标准对于截面刚度考虑不足的问题[119]。李进洲等通过预应力混凝土梁的疲劳试验建立了疲劳荷载下预应力混凝土梁刚度退化模型[120]。曾严红等假设刚度降低系数在有黏结与无黏结之间随着锈蚀率线性变化,基于现有技术标准推荐算式提出了锈蚀预应力混凝土梁短期刚度计算式[121]。目前,国内外关于预应力混凝土构件刚度的研究并不多,尤其是关于其预应力筋锈蚀后的刚度研究更少。

本章结合现有的钢筋混凝土裂缝综合理论,在规范公式的基础上,考虑锈蚀率的影响,提出预应力混凝土梁在不同的锈蚀程度下的受荷裂缝宽度计算公式,并结合实验数据对其进行验证;同时通过对预应力混凝土梁的人工快速锈蚀,并对其进行抗弯试验,研究不同锈蚀率情况下预应力混凝土梁截面抗弯刚度变化的规律,结合弯矩-曲率曲线变化规律,采用与《混凝土结构设计规范》(GB 50010—2010)[209]相同的直接双线性法,提出锈蚀预应力混凝土梁短期刚度计算式,并对其计算精度进行验证。

8.1　锈蚀 PC 梁裂缝宽度预测方法

由于混凝土的抗拉强度低,在正常使用阶段不可避免地会出现裂缝。工程实践表明,在一般环境情况下,只要将构件的裂缝宽度限制在一定范围以内,才不会引起结构安全问题、耐久性的严重退化。目前关于裂缝宽度的计算理论多数基于裂缝间的变形满足平截面的假定而提出的,主要包括黏结滑移理论和无滑移理论,其中黏结滑移理论忽略了混凝土保护层厚度对内外裂缝宽度的影响,而无滑移理论忽略了钢筋与混凝土之间的滑移。结合 6.4 节中的试验现象,上述两个理论在锈蚀预应力混凝土构件裂缝应用方面均存在一定偏差。同时由于锈蚀梁的样本较少,也无法通过数理统计的方法得到裂缝宽度计算公式。综合分析,结合工程实践及我国的设计规范要求,本书采用综合理论计算锈蚀预应力混凝土的裂缝宽度。

为探究锈蚀造成预应力混凝土梁裂缝性能退化的机理,通过对预应力混凝土梁进行快速锈蚀以及抗弯性能试验,研究试验梁的裂缝分布规律、裂缝宽度等,深入分析锈蚀对梁裂缝宽度的影响,具体试验方案详见 6.1 节相关内容。

8.1.1　试验梁的裂缝特征分析

极限荷载状态下试验梁在纯弯段的平均裂缝间距和最大裂缝宽度见表 8-1,锈蚀率与试验梁裂缝数量、平均裂缝间距及最大裂缝宽度之间的关系见图 8-1 ~ 图 8-3。

极限荷载状态下试验梁在纯弯段的裂缝数据　　表 8-1

梁编号	B1	CB1	CB2	CB3	CB5	CB6	CB7
n	7	4	5	4	7	7	6
l_{cr}(mm)	108.2	165.1	145.9	158.3	111.2	107.9	128.7
W_{max}(mm)	0.52	1.01	0.52	0.74	0.46	0.50	0.48

注:n 为出现的裂缝数量;W_{max} 为最大裂缝宽度;l_{cr} 为平均裂缝间距。

由表 8-1 和图 8-1 ~ 图 8-3 可知:当锈蚀率小于 19.74% 时,锈蚀对试验梁裂缝数量及间距的影响较小;当锈蚀率较大时,随着锈蚀率的增加,裂缝数量持续减小,而裂缝产生的位置逐渐集中,平均裂缝间距增大。未锈蚀的试验梁在极限荷载下的最大裂缝宽度为 0.52mm,而局部截面锈蚀率为 73.84% 时,最大裂缝宽度为 1.01mm,二者相差 2 倍以上。主要原因为锈蚀使钢绞线本身的性能降低,同时与混凝土之间产生黏结滑移,其等效应力的降低导致钢筋与混凝土的应变差变大,从而扩大了裂缝宽度。因此,在进行受荷裂缝分布间距和宽度计算时需考虑锈蚀的影响。

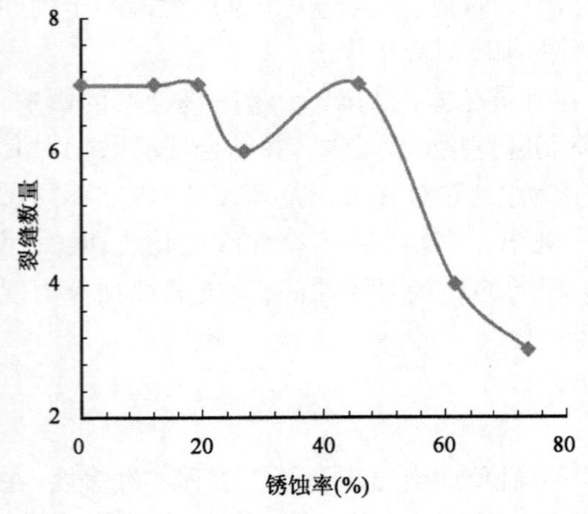

图 8-1　锈蚀率与裂缝数量的关系

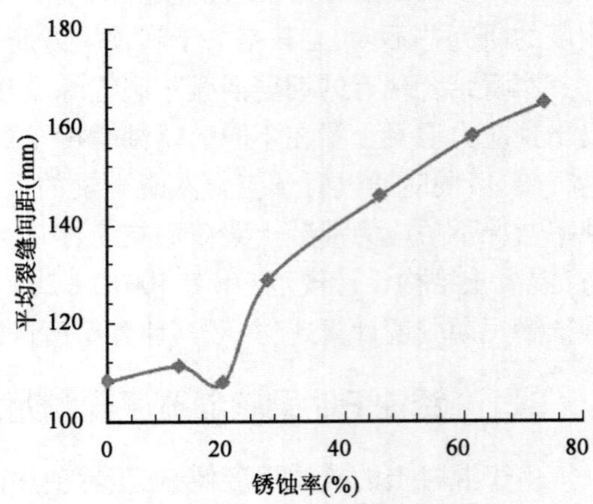

图 8-2　锈蚀率与平均裂缝间距的关系

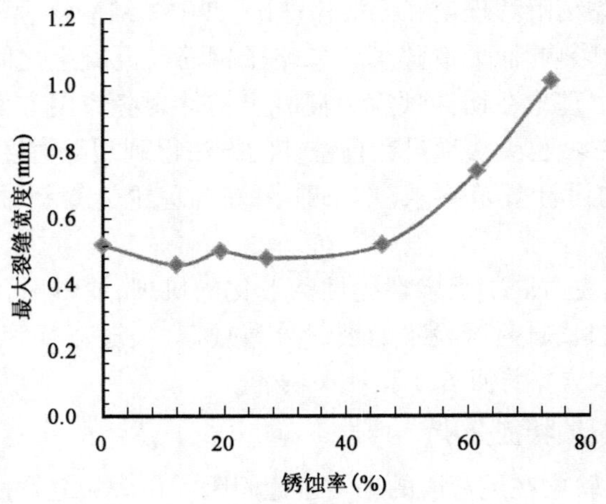

图 8-3　锈蚀率与最大裂缝宽度的关系

8.1.2　平均裂缝间距 l_{cr}的计算

试验研究表明,影响平均裂缝间距的因素很多,机理也十分复杂。参照《混凝土结构设计规范》(GB 50010—2010)[209]中的计算公式,通过引入两个修正系数分别考虑锈蚀及其引起的黏结退化影响,提出锈蚀下混凝土梁受荷裂缝平均间距 l_{cr}的计算公式:

$$l_{cr} = K_1 c + K_2 \frac{d_{eq}}{\rho_{te}} \tag{8-1}$$

式中,c 为最外层纵向受拉钢筋的保护层厚度,即最外层纵向受拉钢筋外边缘至受拉区下缘的距离;d_{eq}为受拉区纵向钢筋的等效直径;ρ_{te}为按有效受拉混凝土截面面积计算的纵向受拉钢筋配筋率;K_1、K_2 为参数。其中,$K_1 c$ 反映纵筋保护层厚度对锈蚀预应力混凝土梁裂缝间距的影响;$K_2 d_{eq}/\rho_{te}$反映纵向受拉钢筋与混凝土之间的黏结滑移对裂缝间距的影响。

锈蚀预应力混凝土梁的有效配筋率,是以有效受拉混凝土截面面积 A_{te}计算的纵向受拉钢筋的配筋率为基础,考虑预应力筋的锈蚀影响,即:

$$\rho_{te} = \frac{A_p(\eta) + A_s}{A_{te}} \tag{8-2}$$

式中，$A_p(\eta)$为受拉区纵向预应力筋锈蚀后的剩余截面面积，用局部坑蚀处原截面面积减去坑蚀截面面积求得；A_s 为受拉区纵向普通钢筋截面面积；A_{te}为有效受拉混凝土截面面积，对矩形截面的受弯构件，$A_{te}=0.5bh$。

对于等效钢筋直径 d_{eq}，则按下述规范中的公式进行计算：

$$d_{eq} = \frac{\sum n_i d_i^2}{\sum n_i v_i d_i} \tag{8-3}$$

式中，n_i 为受拉区第 i 种纵向钢筋的根数；d_i 为受拉区第 i 种纵向钢筋的公称直径；v_i 为受拉区第 i 种纵向钢筋的相对黏结特性系数，对于环氧涂层的普通钢筋，以非预应力带肋钢筋的 0.8 倍计，即 $v_i=1.0\times0.8=0.8$。

按照上述公式计算出主要因素的试验值，再对变量 c、d_{eq}/p_{te}进行线性回归，可得如下方程：

$$l_{cr} = 4.3768c + 0.175\frac{d_{eq}}{\rho_{te}} \tag{8-4}$$

式(8-4)的相关系数为 0.85。为验证上述平均裂缝间距计算公式的正确性，现将本试验的试验值与提出公式计算所得的计算值进行对比，见表 8-2。从结果可以看出，公式的计算精度较高。

试验梁平均裂缝间距的计算值与试验值　　表 8-2

梁号	计算值 l_{cr}^{cal}(mm)	试验值 l_{cr}^{exp}(mm)	$l_{cr}^{cal}/l_{cr}^{exp}$	平均值	变异系数
CB1	174.4	165.7	1.05	1.04	0.09
CB2	132.7	145.9	0.94		
CB3	149.5	158.3	0.94		
CB5	116.0	111.2	1.04		
CB6	118.5	107.9	1.09		
CB7	121.5	128.7	0.94		

8.1.3　锈蚀 PC 梁的裂缝平均宽度计算模型

根据裂缝开展的综合理论可知，平均裂缝宽度 ω_m 应等于平均裂缝间距 l_{cr}之间沿钢筋水平位置处钢筋和混凝土总伸长之差。则裂缝平均宽度基本表达式为：

$$\omega_m = \int_0^{l_{cr}} (\varepsilon_s - \varepsilon_c)\,dl \tag{8-5}$$

为方便计算，参照规范[209]将上述应变的曲线分布简化为直线分布，化简后可得：

$$\omega_m = \alpha_c \psi \frac{\sigma_{ss}}{E_s} l_{cr} \tag{8-6}$$

式中，α_c 为反映混凝土平均应变与钢筋平均应变的比值的参数，通常由材料试验可得 $\alpha_c=0.85$；ψ 裂缝间纵向受拉钢筋应变不均匀系数，其中 $0.2\leqslant\psi\leqslant1.0$；$\sigma_{ss}$为按标准组合计算的预应力混凝土构件纵向受拉钢筋等效应力；E_s 为钢筋弹性模量；l_{cr}为平均裂缝间距。其中，未知量 σ_{ss}、ψ 需要进行推导确定。

8.1.3.1 纵向受拉钢筋的等效应力 σ_{ss} 的计算

预应力混凝土构件的纵向受拉钢筋等效应力是指在该钢筋合力点处混凝土预压应力抵消后钢筋中的应力增量,等效为压弯受力应力状态下预应力构件中钢筋的应力 σ_{ss}。

采用钢筋混凝土大偏心受压构件的计算方法来求解开裂后的预应力混凝土梁在压弯受力状态下的截面上钢筋和混凝土的应力,计算时采用以下假定:不考虑混凝土的抗拉强度;受压混凝土的极限压应变 $\varepsilon_{cu}=0.003\sim0.0033$;受压区混凝土应力分布为三角形。开裂截面及截面应力计算简图如图 8-4 所示。

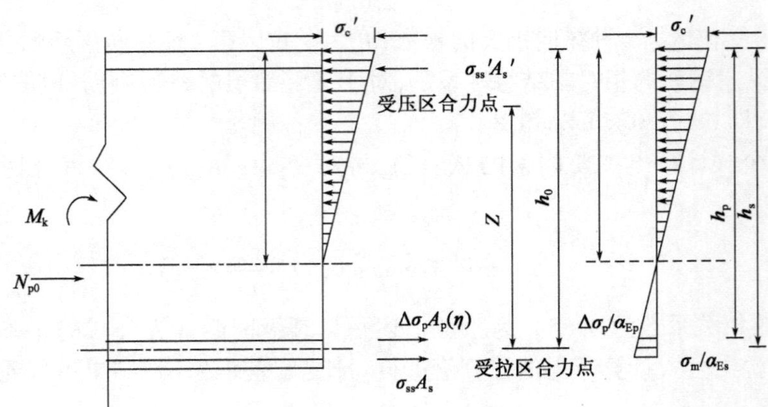

图 8-4 开裂截面及截面应力计算简图

截面上的合力对受压区合力作用点取矩,由力矩平衡,可得:

$$M_k = N_{p0}(z-e_p) + [\Delta\sigma_p A_p(\eta) + \sigma_{ss}A_s]z \tag{8-7}$$

引入预应力筋的等效应力系数 $\alpha=\dfrac{\Delta\sigma_p}{\sigma_{ss}}$,可得:

$$\sigma_{ss} = \frac{M_k - N_{p0}(z-e_p)}{[\alpha A_p(\eta) + A_s]z} \tag{8-8}$$

式中,N_{p0} 代表混凝土法向应力取零时普通钢筋和纵向预应力筋的合力;e_p 代表 N_{p0} 的作用点到纵向受拉预应力筋和普通钢筋的合力之间的距离;A_s 为纵向受拉普通钢筋的面积;z 代表受拉区的预应力筋和纵向普通钢筋的合力点到截面受压区合力点的距离,即内力臂。

(1)内力臂 z

采用《混凝土结构设计规范》(GB 50010—2010)[209]中公式(8.1.4-5)计算:

$$z = \left[0.87 - 0.12(1-\gamma_f')\left(\frac{h_0}{e}\right)^2\right]h_0 \tag{8-9}$$

其中:

$$e = e_p + \frac{M_k}{N_{po}} \tag{8-10}$$

$$\gamma_f' = \frac{(b_f'-b)h_f'}{bh_0} \tag{8-11}$$

式中,γ_f'为受压受压翼缘截面面积与腹板有效截面面积之比;e 为轴向压力作用点至纵向受拉普通钢筋合理点的距离。

根据实验数据得，$z = 0.139$。

(2)锈蚀预应力筋的等效折减系数 α

根据规范，用有黏结预应力钢带代替无黏结预应力钢筋，其等效应力系数取值为 0.3，而后张灌浆预应力筋假设不会发生黏结滑移，其等效系数取值为 1。锈蚀会导致预应力筋的截面积减小，和混凝土的黏结强度也会发生退化，因此其受力状态应该界于无黏结预应力筋和后张灌浆预应力筋之间，则等效折减系数也应在 0.3 ~ 1 之间取值。因此，本书提出计算考虑锈蚀影响的预应力筋等效折减系数计算公式：

$$\alpha = K_1 + K_2 \frac{\tau(\eta)}{\tau} \tag{8-12}$$

式中，$\tau(\eta)$为不同锈蚀率下预应力筋平均黏结应力；K_1 和 K_2 为待定系数。

预应力筋平均黏结应力的退化按下述公式计算：

$$\frac{\tau(\eta)}{\tau} = \frac{f_{\mathrm{ptm,c}}}{f_{\mathrm{ptm,0}}} = 1.00 - 3.41\eta \tag{8-13}$$

将式(8-13)带入式(8-12)中，在不考虑截面积减少的前提下，当锈蚀率为 100% 时，黏结失效，此时等效折减系数取 0.3；当锈蚀率为 0 时，等效折减系数取值为 1，由此可以确定应力等效折减系数公式为：

$$\alpha = 0.29 + 0.71\eta \tag{8-14}$$

8.1.3.2　纵向受拉钢筋应变不均匀系数 ψ 的计算

按照定义可知，裂缝间纵向受拉钢筋应变不均匀系数 ψ 表示的是裂缝之间钢筋的平均应变与裂缝截面钢筋应变之比。当初始裂缝出现后，裂缝处截面上的应力转为全部由钢筋承担，未开裂截面混凝土仍能协助钢筋而共同承担拉力，直到第二条裂缝的出现。当钢筋与混凝土之间黏结力完全退化时，即系数 $\psi = 1$，表示裂缝截面之间的钢筋应力等于裂缝截面的钢筋应力。因此，由系数 ψ 的物理意义可知，系数 ψ 越小，裂缝之间的混凝土协助钢筋抗拉作用越强。

《混凝土结构设计规范》(GB 50010—2010)[209]在依据试验研究的基础上，分析得出受弯构件裂缝间纵向受拉钢筋应变不均匀系数的基本公式，可表示为：

$$\psi = \omega\left(1 - \frac{M_{\mathrm{crc}}}{M_{\mathrm{kc}}}\right) \tag{8-15}$$

式中，ω 为表征钢筋与混凝土之间握裹力的系数，统一取 1.1；M_{crc} 为锈蚀预应力混凝土梁开裂弯矩；M_{kc} 为锈蚀预应力混凝土梁按标准荷载组合计算的弯矩值，取计算区间内最大弯矩值。

《混凝土结构设计规范》(GB 50010—2010)[209]中关于预应力混凝土受弯构件开裂裂缝间纵向受拉钢筋应变不均匀系数的基本公式可表示为：

$$M_{\mathrm{crc}} = (\sigma_{\mathrm{pcc}} + \gamma f_{\mathrm{tk}}) W_{\mathrm{oc}} \tag{8-16}$$

式中，σ_{pcc} 为扣除全部预应力损失后锈蚀预应力筋在抗裂边缘的混凝土的法向应力；γ 为混凝土构件截面抵抗塑性影响系数，按规范确定；f_{tk} 为混凝土轴心抗拉强度标准值；W_{oc} 为锈蚀构件换算截面受拉边缘的弹性抵抗矩。

对于偏心受压构件,后张法预加力产生的构件抗裂边缘混凝土的有效预加应力 σ_{pcc},应按下式进行计算:

$$\sigma_{pcc} = \frac{N}{A_o} + \frac{Ne}{W_{oc}} \tag{8-17}$$

式中,N 为预应力筋锈蚀后的预加力;e 为锈蚀预应力筋对换算截面重心的偏心距。

为求上式中预应力筋锈蚀后的预加力 N,笔者综合考虑锈蚀预应力筋截面积的减小以及预应力筋和混凝土在锈蚀过程中的弹性变形,引入预应力筋锈蚀影响系数 $\lambda(\eta_s)$。假设由于锈蚀造成损失后的预加力 N 为 $\lambda(\eta_s)T_0$,其中 T_0 为扣除全部预应力损失后的初始预加力。沿纵向截取某一段微元体对锈蚀前后混凝土截面应变进行分析,如图 8-5 所示。

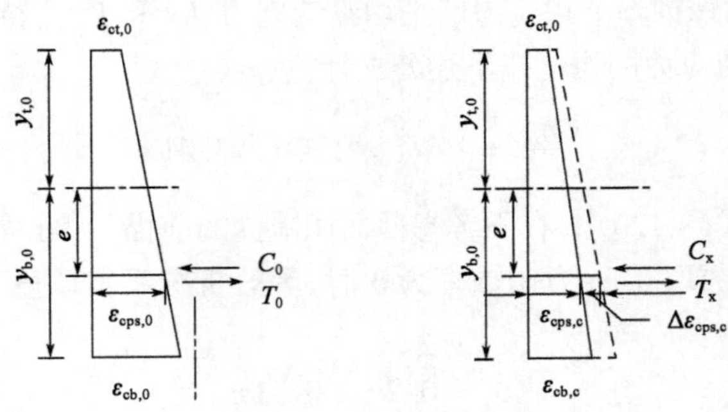

图 8-5 锈蚀前后混凝土截面应变

预应力钢筋锈蚀之前,预应力钢筋置处混凝土的应力为:

$$\sigma_{cps,0} = \frac{T_0}{A_c} - \frac{T_0 e^2}{I_c} \tag{8-18}$$

预应力钢筋锈蚀之后,预应力钢筋置处混凝土的应力为:

$$\sigma_{cps,c} = \frac{\lambda(\eta_s)T_0}{A_c} - \frac{\lambda(\eta_s)T_0 e^2}{I_c} \tag{8-19}$$

结合式(8-18)、式(8-19)可知,预应力钢筋位置处的混凝土应力增量为:

$$\Delta\varepsilon_{cps,c} = \varepsilon_{cps,c} - \varepsilon_{cps,0} = \frac{1}{E_c}(\sigma_{cps,c} - \sigma_{cps,0}) \tag{8-20}$$

开裂前钢绞线与混凝 土之间 一般不会出现滑移,根据变形协调条件,预应力钢筋的应变应与该位置处混凝土的应变相等,即:

$$\Delta\varepsilon_{ps,c} = \Delta\varepsilon_{cps,c} \tag{8-21}$$

则锈蚀后预应力钢筋的应变为:

$$\varepsilon_{ps,c} = \varepsilon_{ps} + \Delta\varepsilon_{ps,c} = \varepsilon_{ps} + \Delta\varepsilon_{cps,c} \tag{8-22}$$

已知锈蚀后预应力钢筋的剩余面积 A_{pc},根据锈蚀预应力钢筋的本构关系,可以得出预应力钢筋锈蚀后的预加力:

$$T_x = f_{ps,c}A_{pc} = E_{ps}(\varepsilon_{ps} + \Delta\varepsilon_{cps,c})A_{pc} \tag{8-23}$$

而混凝土截面的受压应力为:

$$C_x = \int_{A_c} f_c \mathrm{d}A_c \tag{8-24}$$

使用计算机软件(Matlab)对上述公式进行编程计算,由平衡方程可知若 T_x 成立,表示所假设的 $\lambda(\eta_s)T_0$是合理的,否则需要改变,重新 $\lambda(\eta_s)$进行迭代运算,直到 $T_x=C_x$成立为止。迭代计算框架如图 8-6 所示。

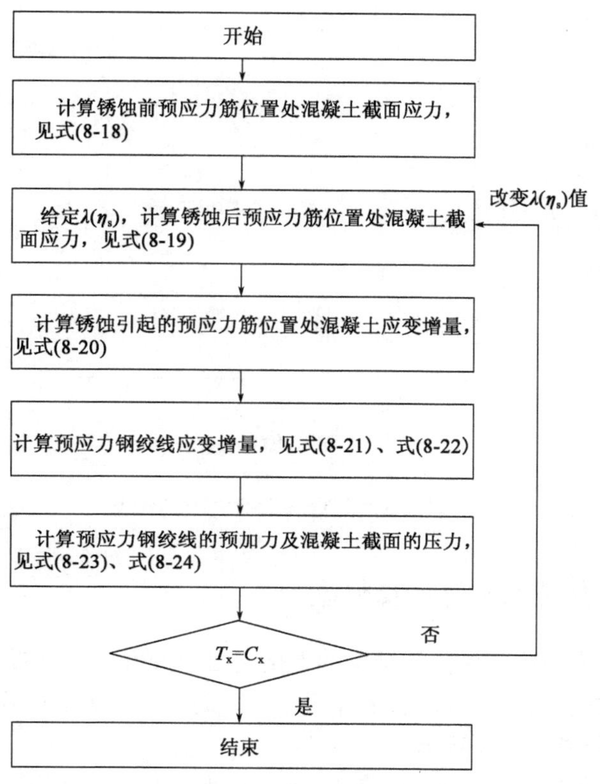

图 8-6　开裂弯矩迭代计算框架

将计算所得锈蚀后预加力 $\lambda(\eta_s)T_0$ 结合公式(8-16)、公式(8-17)即可求得锈蚀预应力混凝土梁的开裂弯矩 M_{crc},将所求的开裂弯矩 M_{crc} 代入公式(8-15),可得纵向受拉钢筋应变不均匀系数 ψ。

8.1.4　模型的验证

为验证本书提出的公式正确性,本书使用文献[104]中 4 片锈蚀预应力混凝土的原始试验数据进行了验证。梁尺寸为 150mm×200mm×2 000mm,计算跨度为 1 800mm。混凝土设计强度等级为 C30。纵向普通受拉钢筋为 2ϕ6R235,受压钢筋为 2 ϕ 12HRB335,箍筋采用 ϕ6HPB235,间距为 100mm。预应力筋采用 ϕ15.2(1×7)1860 级钢绞线。通电加速锈蚀得到不同锈蚀率(0.94%、1.12%、1.51%、1.98%)。试验采用三分点加载。

利用本章提出的裂缝平均宽度计算公式计算锈蚀预应力混凝土梁的裂缝平均宽度值,结合规范给出的最大裂缝宽度公式(8-25),对最大裂缝宽度模型进行验证。

$$\omega_{max}=\tau_s\tau_1\omega_m \tag{8-25}$$

式中,τ_s 为荷载短期效应裂缝扩大系数;τ_1 为荷载长期效应裂缝扩大系数。

最大裂缝宽度试验值与计算值的对比如图 8-7 所示，其比较结果如下：均值为 1.06，标准差为 0.27，变异系数为 0.24。从图 8-7 可以看出，计算值与试验值总体吻合良好，计算结果较为精确。

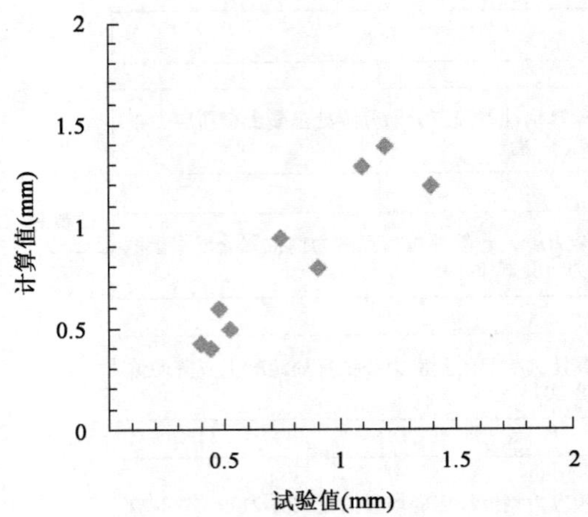

图 8-7　最大裂缝宽度试验值与计算值的对比

8.2　锈蚀 PC 梁短期刚度计算模型

调查研究表明，在役预应力混凝土结构的下挠问题十分突出，其中预应力筋锈蚀已成为导致预应力混凝土结构耐久性失效的主要原因之一。研究预应力筋的锈蚀对构件短期刚度的影响是评估结构变形能力重要环节。

目前，国内外关于预应力混凝土构件短期刚度的研究并不多，尤其是关于其预应力筋锈蚀后的短期刚度研究更少。本书对预应力混凝土梁进行人工通电快速锈蚀，并对其进行了抗弯性能试验，研究了在不同锈蚀程度的情况下预应力混凝土梁截面抗弯刚度变化规律，在此基础上，提出锈蚀预应力混凝土梁短期刚度计算模型，并对其计算精度进行了验证。本书所列方法可用于锈蚀预应力混凝土耐久性评估及规范公式的修订。

8.2.1　试验结果分析

为研究锈蚀预应力混凝土的变形性能，分析静载试验结果是其中关键的环节，通过对比分析试验梁的开裂荷载、极限荷载、荷载-挠度曲线，确定锈蚀对预应力混凝土梁刚度的影响。分析锈蚀预应力混凝土梁的破坏形式，最终确定锈蚀预应力混凝土梁的在正常使用极限状态下的材料模型。基于试验结果提出锈蚀预应力混凝土梁的刚度计算模型。综上所述，对实测数据进行分析是建立锈蚀预应力混凝土刚度计算模型最重要的环节。

8.2.1.1　加载曲线及试验结果

图 8-8 ~ 图 8-15 给出了 B1、CB1 ~ CB7 试验梁加载曲线，并根据试验记录的数据标出相应的开裂、屈服、混凝土压碎等关键加载点。大图加载曲线主要为荷载-跨中挠度曲线；各大图中右下角小图为荷载与 L2、L3、L4 测点的挠度关系曲线；图中分别表示为左、中、右（L3 为跨中位置）。如此便可更加清晰地了解加载过程中试验梁的变形情况。

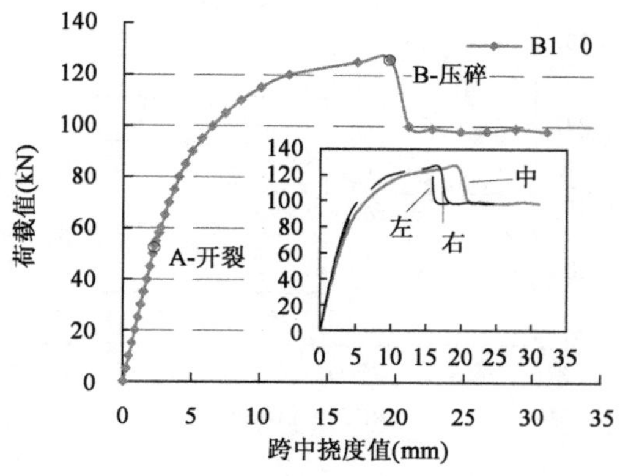

图 8-8　B1 梁加载曲线

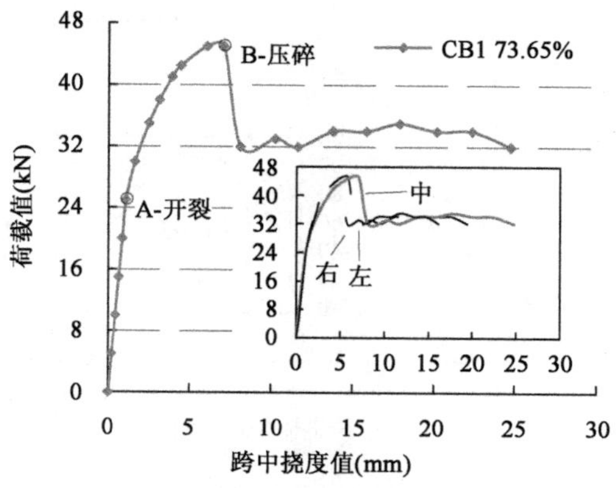

图 8-9　CB1 梁加载曲线

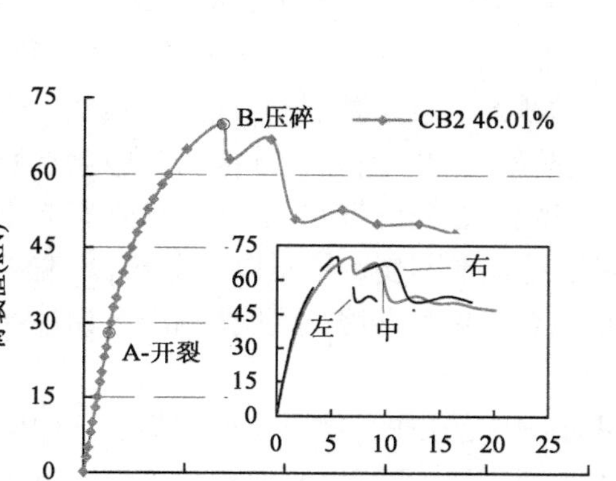

图 8-10　CB2 梁加载曲线

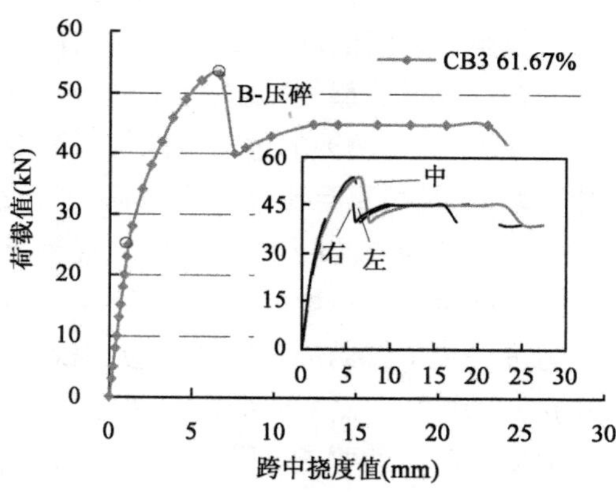

图 8-11　CB3 梁加载曲线

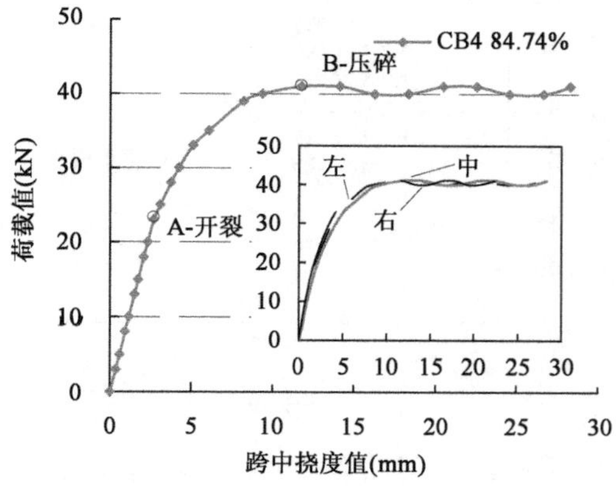

图 8-12　CB4 梁加载曲线

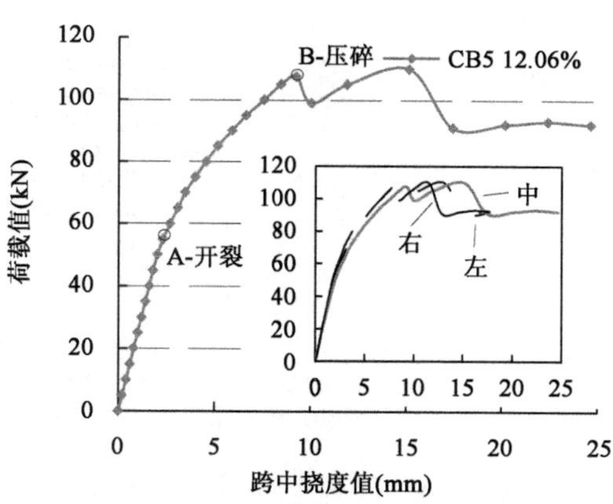

图 8-13　CB5 梁加载曲线

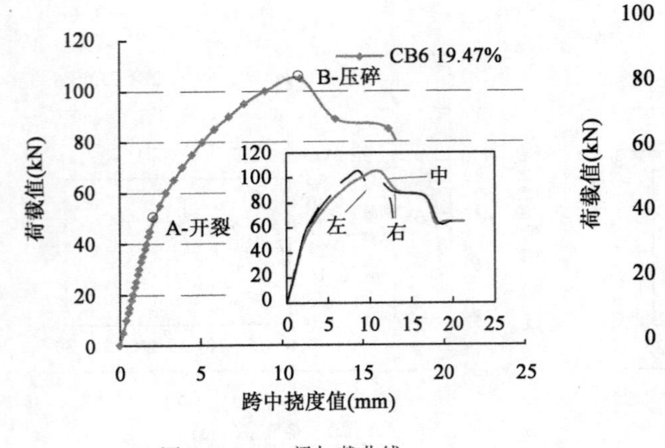

图 8-14　CB6 梁加载曲线

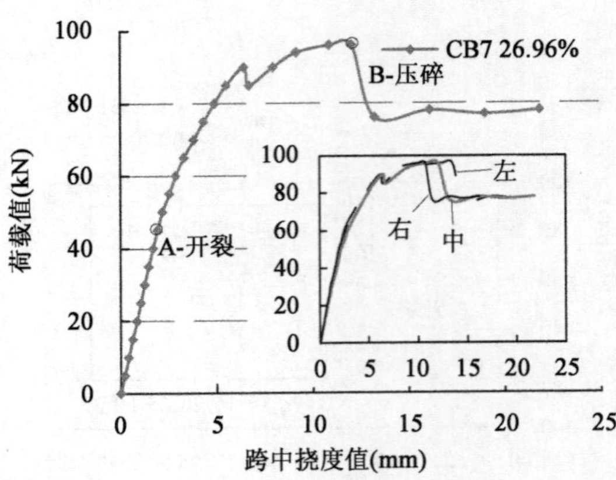

图 8-15　CB7 梁加载曲线

通过对图 8-8 至图 8-15(B1、CB1、CB2、CB3、CB4、CB5、CB6、CB7 试验梁加载曲线)的初步分析可以得出一些比较直观的结论。加载曲线的走势均基本一致,开裂前的线性上升期,开裂后直至压碎前的逐步缓慢上升期,压碎后出现的跳跃(钢绞线断丝),断丝后加载出现应力重分布,继续加载后曲线有所上升,最后进入稳定阶段。CB4 梁在设计中与其他梁有所不同,CB4 梁在通电锈蚀的过程中施加了荷载,通过对图 8-12 分析可知,加载曲线开裂前也为线性上升期,开裂直至压碎前为缓慢上升期,压碎以后基本不变。依据以上分析,研究可得出的初步结论为:锈蚀会造成预应力混凝土梁截面抗弯刚度显著降低,具体响应为锈蚀后试验梁的挠度会进一步增大。

为进一步了解锈蚀程度对预应力混凝土梁截面刚度的影响,现对试验梁(除了 CB4 梁以外)的荷载-跨中挠度曲线进行对比分析,如图 8-16 所示。试验主要考察预应力混凝土梁在正常使用阶段的要求,所以选取压碎前的数据进行对比分析。由于开裂前的数据较为密集,不易观察研究,为此将开裂前数据绘于图 8-17 中,以便分析研究。

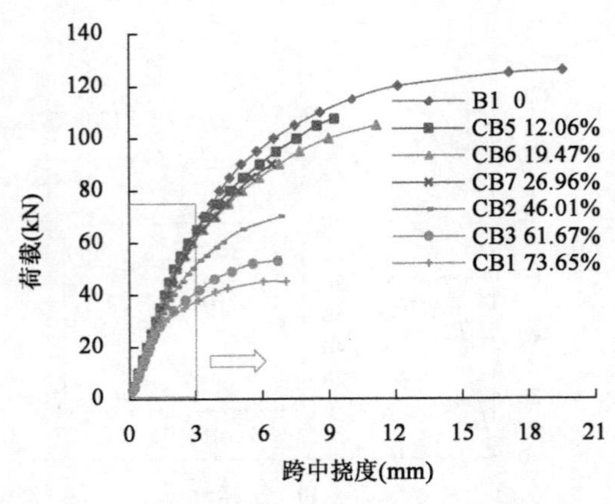

图 8-16　试验梁荷载-跨中挠度曲线(全过程)

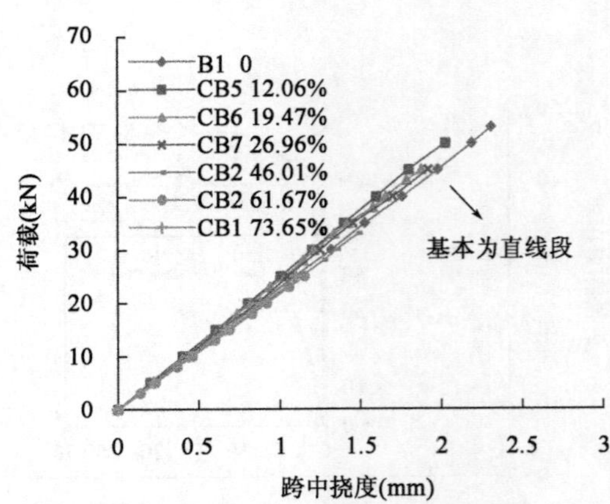

图 8-17　试验梁荷载-跨中挠度曲线(开裂前)

对上述试验梁荷载-跨中挠度曲线进行初步分析,试验结果表明:开裂前,截面刚度基本不变,锈蚀梁荷载-跨中挠度直线段均在 B1 梁的直线段附近,如图 8-17 所示,锈蚀对截面刚度基本无影响;开裂后,随着锈蚀率的增加,开裂点到屈服点的直线斜率在减小。为进一步深入研究锈蚀预应力混凝土梁刚度退化规律，将在 8.2.2 节中采用解析法计算试验梁的截面短期刚度，通过具体刚度数据变化来寻找规律。

8.2.1.2　试验梁的破坏形态

在进行静载试验过程中，全过程记录了试验梁在加载过程中的破坏特征。在加载过程中，所有试验梁均出现了较为均匀的垂直裂缝，几乎没有较为明显的斜裂缝，而且所有裂缝均基本出现在试验梁的纯弯段内。在加载后期，部分试验梁出现了断丝爆响和受压区混凝土的压碎，加载完成后的试验梁呈平滑的曲线走势。各试验梁破坏形态如图 8-18 至图 8-25 所示。

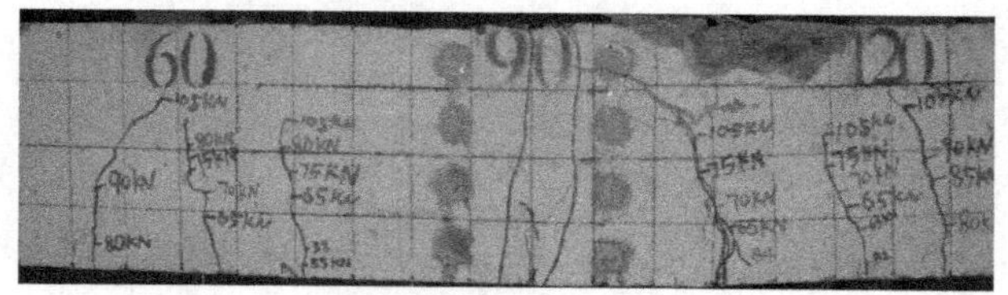

图 8-18　B1 梁破坏形态

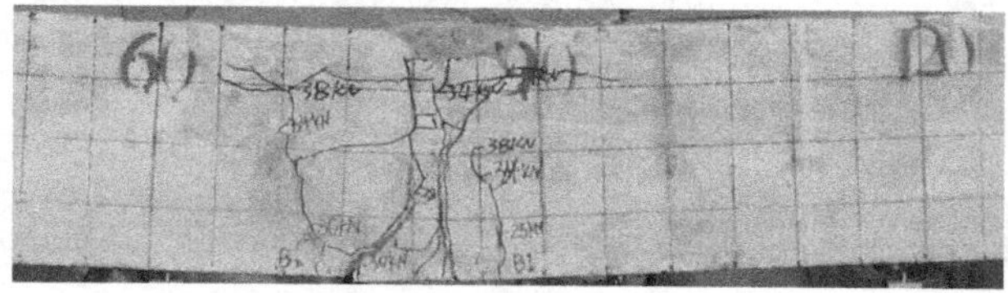

图 8-19　CB1 梁破坏形态

图 8-20　CB2 梁破坏形态

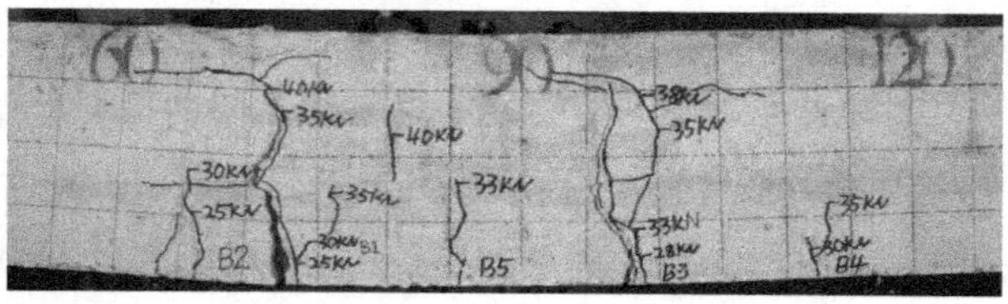

图 8-21　CB3 梁破坏形态

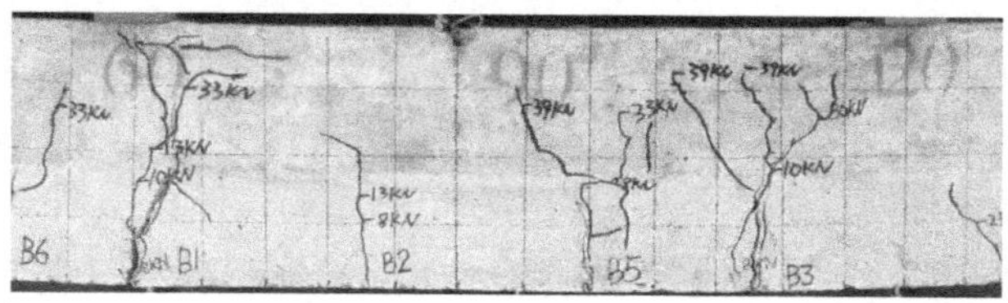

图 8-22　CB4 梁破坏形态

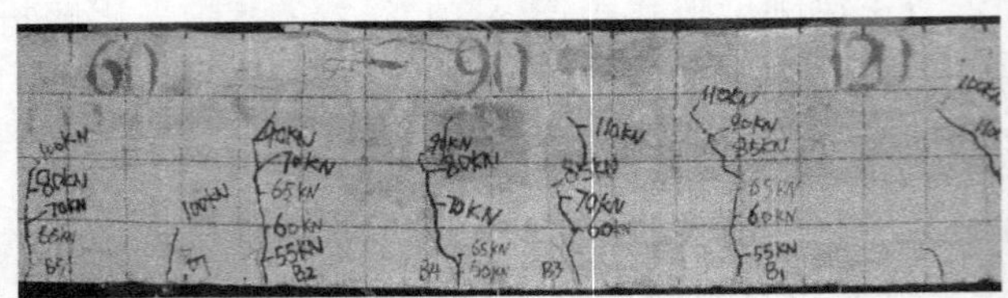

图 8-23　CB5 梁破坏形态

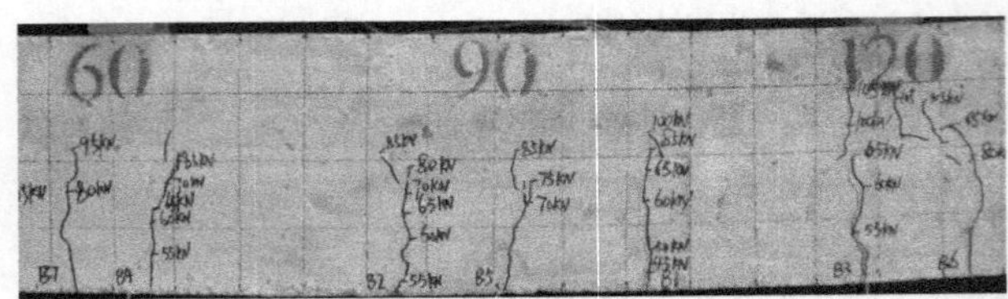

图 8-24　CB6 梁破坏形态

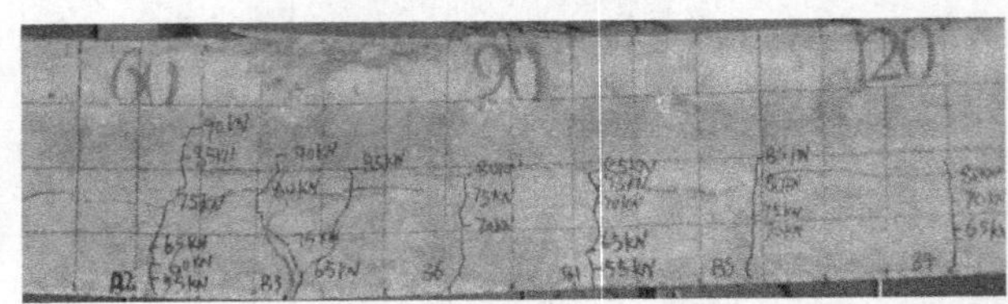

图 8-25　CB7 梁破坏形态

分析上述试验梁的破坏形态,试验结果表明,锈蚀梁均出现的是正截面受弯破坏,所以以下主要分析锈蚀梁的正截面受弯破坏问题。

依据图 8-20 至图 8-22 破坏时的性质可知,CB2、CB3、CB4 梁正截面破坏形态的类型为少筋梁破坏——脆性破坏。由于预应力钢筋出现了严重锈蚀(最大锈蚀率为73.65%),导致梁的配筋率较小,故当锈蚀梁截面开裂后,混凝土退出工作,钢筋也会很快达到屈服应力,并迅速经历整个流幅而达到极限强度。此时梁体出现一条宽度较大的集中裂缝,而且会向上延伸很高到达受压区边缘,此时的受压区混凝土仍然未被压碎,当继续加载后出现钢绞线断丝。由于上述破坏均毫无征兆,故将此类破坏形式归纳为脆性破坏。

依据图 8-18、图 8-19、图 8-23、图 8-24、图 8-25 的破坏时的性质可知,B1、CB1、CB5、CB6、CB7 梁正截面破坏形态的类型为适筋梁破坏——塑性破坏。荷载在一定范围内时,随着荷载的增加,挠度与荷载呈线性关系。当荷载达到开裂荷载值时,在梁下缘首先出现竖向裂缝,随着荷载增加,裂缝数量明显增多。当下缘钢筋达到屈服强度以后,随着荷载增加,钢筋应力基本保持不变而钢筋应变却在不断增大,直至受压区混凝土被压碎。从以上分析可知在试验梁破坏前,裂缝急剧开展,试验梁挠度进一步增大,梁截面产生较大的塑性变形,这种破坏毫无征兆,结合以上分析,把这些试验梁的破坏形式归纳为塑性破坏。

8.2.2　锈蚀 PC 梁短期刚度计算

8.2.2.1　刚度退化分析

在进行短期刚度计算前,应确定锈蚀预应力混凝土梁的材料模型,因此首先明确锈蚀预应力混凝土梁加载破坏特征。在本试验研究的基础上,依据文献[104]的试验研究结果进行归纳总结,锈蚀预应力混凝土梁全过程破坏大体可以分为以下三个阶段:

第Ⅰ阶段为不开裂弹性工作阶段。从开始加载直到试验梁下缘混凝土出现裂缝,作用荷载和挠度基本成正比。

第Ⅱ阶段为开裂弹性工作阶段。开裂后下缘混凝土基本退出工作,开裂处全部拉应力转由预应力钢筋承担,由此出现明显的应力重分布。上缘混凝土压应力曲线由三角形分布变为曲线分布,此阶段由于裂缝高度并未明显上升,中性轴只出现较小上移,无显著变化。

第Ⅲ阶段为塑性工作阶段。受拉区钢筋均已经基本达到屈服强度,随着荷载增加,钢筋应力不变而应变增大,裂缝数量不变而裂缝高度上升,即中性轴出现上移,截面上缘混凝土被压碎。

以上是通过对试验现象进行总结得出的锈蚀预应力混凝土梁正截面破坏的全过程。

一般正常情况下,锈蚀预应力混凝土梁截面通常是带裂缝工作的,即为近似弹性工作阶段(当卸载后基本能恢复变形),而且锈蚀预应力混凝土梁的变形验算针对的是弹性工作阶段和开裂弹性工作阶段,综合以上分析,可基本确定研究对象为均质弹性材料模型。

由于裂缝的间断分布,所以试验梁的截面抗弯刚度在沿轴长方向是不断变化的。在最大裂缝处截面的抗弯刚度最小,锈蚀梁的整体抗弯刚度介于完全开裂构件与未开裂构件之间,而且位于最大裂缝处曲率最大,而锈蚀梁的整体平均曲率介于完全开裂截面与未开裂截面之间。鉴于各截面曲率沿轴长方向不断变化,为简化计算,特此选取纯弯段进行研究。

鉴于在试验梁的全跨长范围内截面抗弯刚度不等,故采用最大弯矩处截面抗弯刚度进行挠度计算,这就所谓的"最小刚度原则"。如此便简化了计算,其误差值也在容许范围以内。由于外荷载作用时间较短,所以此处的截面刚度均指锈蚀预应力混凝土梁的短期刚度。

综上所述,在已知荷载和挠度数据的情况下,本书采用解析法反算截面抗弯刚度,通过具体数据的变化来研究锈蚀对预应力混凝土梁截面刚度退化的影响。

对于受弯构件,通过对曲率进行二次积分可求得构件的挠度计算公式为:

$$w = \iint \left(\frac{1}{\rho}\right)_x \mathrm{d}x = \iint \frac{M_x}{B_s}\mathrm{d}x \tag{8-26}$$

本试验梁为简支梁,采用两点静力单次加载,求解以上积分,得试验梁的跨中挠度:

$$f = S\frac{Ml_0^2}{EI} \tag{8-27}$$

式中,S 为挠度系数;l_0 为试验梁的计算跨度。

$$\Delta_M = \int \frac{\bar{M}M_{\mathrm{P}}}{EI}\mathrm{d}s = \frac{0.345M}{EI} \tag{8-28}$$

根据 f 与 Δ_M 相等,同时将 $l_0 = 1.80\mathrm{m}$ 代入上式,计算得出试验梁挠度系数 $S = 0.106$。

将式(8-28)中所求得的结果代入式(8-27)中,进行变换可得跨中截面抗弯刚度为:

$$B = \frac{SMl_0^2}{f} = \frac{0.106 \times 0.3P \times 1.8^2}{f} = \frac{0.104P}{f} \tag{8-29}$$

式中,P 为试验荷载值;f 为对应荷载下的跨中挠度。

运用式(8-29)计算出各试验梁的跨中截面抗弯刚度,将所求结果与对应荷载绘于图8-26中。对比图8-26中锈蚀梁与未锈蚀梁刚度-荷载关系,试验梁开裂之前,当锈蚀率达到73.65%时,截面抗弯刚度与未锈蚀相比仍然基本不变,即可认为开裂前锈蚀对截面刚度影响很小。开裂后,随着锈蚀率的增大,AB 两点间的斜率越来越大,即截面抗弯刚度下降越来越急剧,锈蚀对截面刚度影响很大。简而言之,开裂前,锈蚀对试验梁的截面刚度基本无影响;开裂后,预应力筋对截面刚度的作用主要通过限制裂缝的扩展来实现,锈蚀造成预加力下降,会导致截面抗弯刚度显著降低。

图 8-26 从锈蚀梁的角度来分析,在锈蚀后预应力混凝土梁刚度变化总趋势为下降趋势,具有明显的两阶段:预应力混凝土加载至裂缝出现阶段,截面刚度基本保持不变;预应力混凝土梁开裂至压碎,截面刚度急剧下降。锈蚀预应力混凝土梁的荷载-挠度(弯矩-曲率)曲线仍满足双折直线变化规律,而且刚度变化规律与预应力混凝土构件十分相似。

8.2.2.2 锈蚀梁的刚度计算模型

归纳总结各种刚度计算方法,其核心工作都是推导出截面的 M-φ(弯矩-曲率)曲线。由于材料的非线性直接通过截面平衡方程、物理方程、几何方程很难得出 M-φ 曲线,而且在进行变形值验算时并不需要全过程分析,因此一般直接对实测数据进行拟合,建立反映M-φ关系的计算公式。在对锈蚀预应力混凝土梁的试验结果分析后得出,锈蚀后的预应力混凝土梁 M-φ 曲线(荷载-挠度)仍然基本满足双折线变化规律,因此,可考虑开裂前后两阶段,采用直接双线性法来计算锈蚀预应力混凝土梁的短期刚度,如图 8-27 所示。

该方法中弯矩-曲率曲线为双折直线模型,双折线的交点位于腐蚀后的开裂弯矩 M_{crc}处,终点位于锈蚀后屈服弯矩 M_{ζ} 处。在临界开裂弯矩和屈服弯矩两种受力状态之间进行插值求解正常工作弯矩下刚度折减系数 β,可以得出锈蚀预应力混凝土梁短期刚度基本公式为:

$$B_{\text{sc}} = \beta E_{\text{c}} I_{0\text{c}} = \frac{E_{\text{c}} I_{0\text{c}}}{\dfrac{1}{\beta_{\zeta}} + \dfrac{\dfrac{M_{\text{crc}}}{M_{\text{kc}}} - \zeta}{1 - \zeta}\left(\dfrac{1}{\beta_{\text{cr}}} - \dfrac{1}{\beta_{\zeta}}\right)} \tag{8-30}$$

式中,β_{cr}和β_{ζ} 分别为 $M_{\text{crc}}/M_{\text{kc}}=1.0$ 和 ζ 时的刚度降低系数;M_{crc}为锈蚀预应力混凝土梁开裂弯矩;M_{kc}为锈蚀预应力混凝土梁按标准组合计算的弯矩值,取计算区间内最大弯矩值;$I_{0\text{c}}$为锈蚀预应力混凝土梁换算截面惯性矩。

8.2.2.3 模型参数的确定

开裂前锈蚀对截面刚度影响不大,结合《混凝土结构设计规范》(GB 50010—2010)[209]和文献[210]试验研究与数值模拟经验,在锈蚀预应力混凝土梁中取 $\beta=\beta_{\text{cr}}=0.85$,进行刚度折减;开裂后,首先需要确定刚度折减终点 ζ 的位置,其次需要确定刚度折减系数β_{ζ} 值,当 $M_{\text{crc}}/M_{\text{kc}}$在 $\zeta\sim1.0$ 取值时,刚度折减系数值 β 通过线性内插确定。通过以上分析可知,运用公式(8-30)进行计算,需要对未知量 M_{crc}、ζ、β_{ζ} 进行确定。其中,锈蚀预应力混凝土梁开裂弯矩计算公式已在 8.1 节提出,本节将不再赘述。

(1)ζ 参数的计算

在《混凝土结构设计规范》(GB 50010—2010)[209]中,预应力筋未锈蚀时取 $M_{\text{cr}}/M_{\zeta}=\zeta=0.4$;在《无黏结预应力混凝土结构技术规程》(JGJ 92—2004)[211]中,预应力筋与混凝土之间无黏结强度时取 $M_{\text{cr}}/M_{\zeta}=\zeta=0.4$。但由于锈蚀作用,开裂后预应力筋与混凝土之间的黏结力会降低,预应力混凝土梁的承载力会下降,并且锈蚀程度不同所对应的 ζ 值差别也较大,故不可直接对锈蚀预应力混凝土梁取一个特定的 ζ 值,而应综合考虑锈蚀率 η_{s} 来评估 ζ 值。

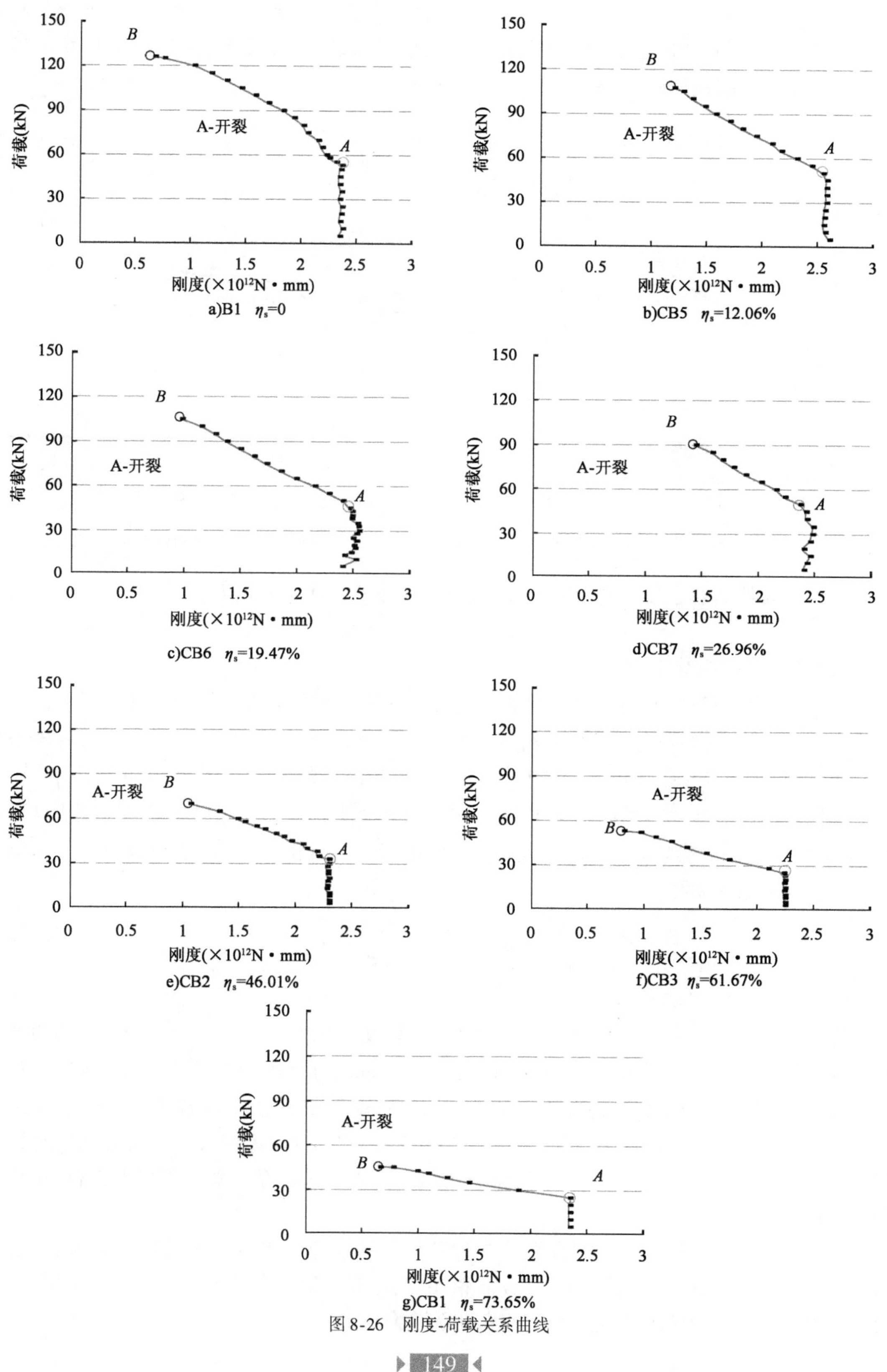

a)B1　η_s=0

b)CB5　η_s=12.06%

c)CB6　η_s=19.47%

d)CB7　η_s=26.96%

e)CB2　η_s=46.01%

f)CB3　η_s=61.67%

g)CB1　η_s=73.65%

图 8-26　刚度-荷载关系曲线

根据试验梁的实测开裂弯矩 M_{cr}^{exp} 和实测屈服弯矩 M_{ζ}^{exp} 数据，考虑锈蚀率 η_s 对刚度计算终点的影响，对不同锈蚀程度的梁进行计算，得到锈蚀预应力混凝土梁的 $\zeta = M_{cr}^{exp}/M_{\zeta}^{exp}$ 值，ζ 参数与锈蚀率的曲线如图 8-28 所示。

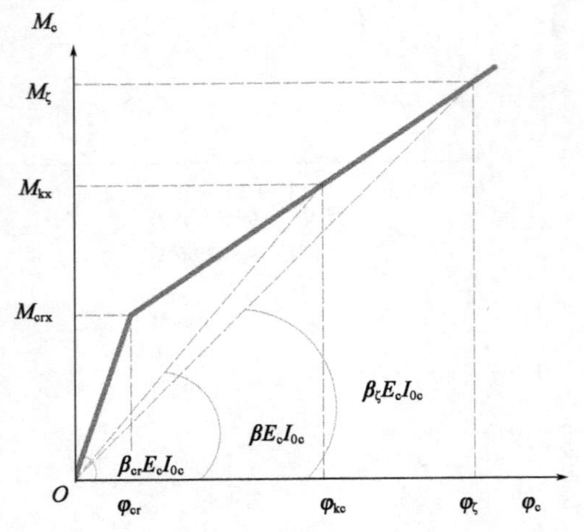

图 8-27　锈蚀预应力混凝土梁的弯矩-曲率图

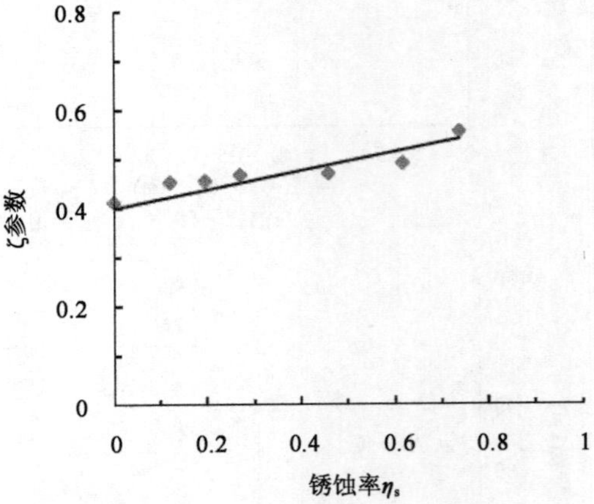

图 8-28　ζ 参数的拟合曲线图

利用试验数据对 ζ 参数进行回归分析，得到参数 ζ 的计算公式为：

$$\zeta = 0.2024\eta_s + 0.4 \tag{8-31}$$

(2)终点刚度折减系数 β_ζ

同时，试验还发现，不同锈蚀程度的梁其终点刚度折减系数 β_ζ 也有所不同，影响截面刚度的主要因素除了换算截面配筋率 $\alpha_E \rho_c$ 外，还与其锈蚀率 η_s 有关。将终点刚度折减系数 β_ζ 与锈蚀率 η_s 的关系绘于图 8-29 中，可见随着锈蚀率 η_s 的增大，刚度折减系数 β_ζ 在减小。

根据锈蚀梁的换算截面刚度 $E_c I_{0c}$ 和实测屈服截面刚度 $E_c I_{0c}^{exp}$ 的数据，终点刚度折减系数 $\beta_\zeta = E_c I_{0c}^{exp}/E_c I_{0c}$，利用试验数据对 $\alpha_E \rho_c$、η_s 参数进行回归分析，得到锈蚀预应力混凝土梁终点刚度折减系数 β_ζ 的回归公式为：

$$\frac{1}{\beta_\zeta} = 0.8 + \frac{0.04 + 0.05\eta_s}{\alpha_E \rho_c} \tag{8-32}$$

8.2.2.4　模型的验证

为验证本书提出方法的正确性，本书使用文献[104]中 5 片锈蚀预应力混凝土的原始试验数据进行验证。梁尺寸为 150mm × 200mm × 2 000mm，计算跨度为 1 800mm。混凝土设计强度等级为 C30。纵向普通受拉钢筋为 2ϕ6R235，受压钢筋为 2 Φ 12HRB335，箍筋采用 ϕ6HPB235，间距为 100mm。预应力筋采用 ϕ15.2(1 × 7)1860 级钢绞线。通电加速锈蚀得到不同锈蚀率(0、0.94%、1.12%、1.51%、1.98%)。加载试验在电液伺服机上进行，采用三分点进行加载。

利用 8.2.2.2 节提出的刚度计算公式计算出锈蚀预应力混凝土梁的短期刚度，然后使用结构力学的方法，计算文献[104]中 0.6 倍、0.7 倍、0.8 倍极限荷载下试验梁的跨中挠度。结果如下：均值为 1.07、标准差为 0.18、变异系数为 0.16。

从图 8-30 可以看出，计算值与试验值总体吻合良好，计算结果较为精确。大部分计算值大于试验值，计算结果偏于安全。

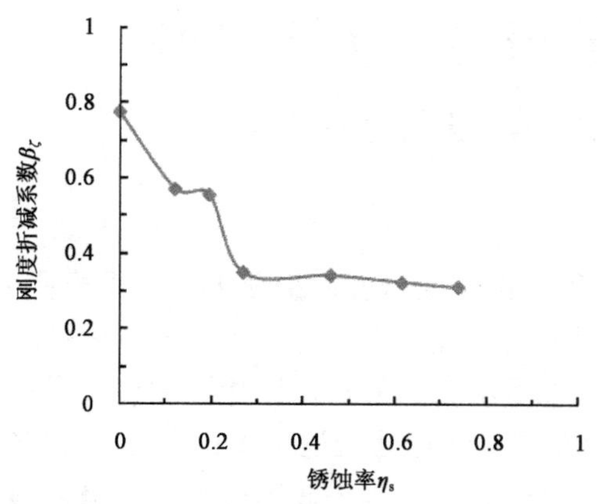

图 8-29　锈蚀率 η_s 与终点刚度折减系数 β_ζ 的关系

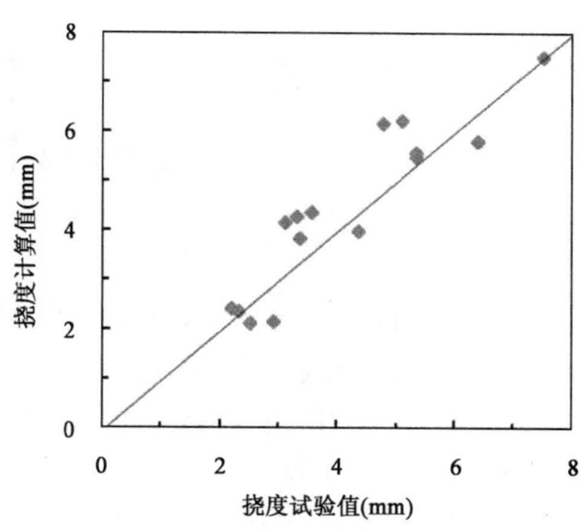

图 8-30　挠度试验值与计算值对比

8.3　本章小结

预应力筋锈蚀会引起预应力筋与混凝土之间黏结性能以及预应力混凝土梁刚度的退化，从而影响结构的正常使用性能。针对以上问题，本书开展了锈蚀影响下预应力混凝土梁抗弯性能试验研究，根据试验结果得出如下结论：

(1)在一定程度的锈蚀范围内，锈蚀基本不会影响试验梁的裂缝数量及宽度；当锈蚀率较大时，随着锈蚀率的增加，裂缝数量在减小，裂缝宽度在增大。

(2)结合锈蚀对裂缝性能退化的研究结果，基于裂缝宽度计算中的综合理论，建立了锈蚀预应力混凝土梁平均裂缝宽度的计算公式，并对公式中涉及锈蚀影响的参数计算公式进行了修订，最后通过其他试验结果对公式进行了验证，具有较高的计算精度。

(3)开裂前，锈蚀对试验梁的截面刚度基本无影响；开裂后，预应力筋对截面刚度的作用主要通过限制裂缝的扩展来实现，锈蚀造成预加力下降，会导致截面抗弯刚度显著降低。

(4)随着荷载的增加，锈蚀预应力混凝土梁的刚度变化明显的分为两个阶段：开裂前，各试验梁的刚度基本一致；开裂后，梁截面刚度近似呈直线下降。锈蚀预应力混凝土梁的荷载-挠度(弯矩-曲率)曲线仍然满足双折线变化规律，而且刚度变化规律与预应力混凝土构件十分相似。

(5)基于锈蚀预应力混凝土梁的荷载-挠度(弯矩-曲率)曲线仍然满足双折线变化规律，采用直接双线性法建立了锈蚀预预应力混凝土梁短期刚度计算模型，并对模型中涉及锈蚀影响的参数进行了确定，最后通过其他试验结果对公式进行了验证，表明其具有较高的计算精度。

第 9 章 锈蚀预应力筋与混凝土不协调变形及构件承载力计算方法

预应力筋或普通钢筋(以下合称为力筋)的锈蚀是引起结构性能退化的一个重要原因。锈蚀导致力筋截面减少,同时在力筋与混凝土之间填充锈蚀产物。锈蚀产物的体积膨胀会引起混凝土保护层开裂、剥落[77-78]。锈蚀对力筋与混凝土之间的黏结性能影响很大。一些学者发现2%的力筋锈蚀可能导致其与混凝土之间的黏结力退化到达80%以上[92]。很多学者多锈蚀后力筋与混凝土之间的性能进行了研究[85-87],并建立了一些锈蚀黏结力退化预测模型[88-91],然而,很少有学者研究锈蚀黏结退化对荷载作用下混凝土梁力筋的受力变形的影响。

荷载作用下,锈蚀黏结退化会引起力筋与混凝土间的滑移。此时,力筋与周围混凝土的变形存在不协调的差异性,力筋的受力变形无法通过传统的平截面方法进行确定。锈蚀黏结退化下力筋的不协调变形会导致黏结退化段力筋的受力趋于相等。可能会引起混凝土梁弯矩控制截面力筋的受力减小,而边支座截面力筋的受力增大。对于混凝土梁控制截面,力筋受力减少必然要求更大的力臂以抵抗外荷载作用。这必然会引起梁截面混凝土受压区高度减小,变形加剧,刚度退化,进而导致混凝土梁提前破坏。一些学者研究指出,对于锈蚀混凝土梁进行承载力计算预测时必须同时考虑锈蚀力筋截面积损失和黏结退化的影响[80,122-123]。对于前者,可以方便地采用力筋锈蚀率进行考虑;对于后者,目前尚没有有效的方法量化锈蚀黏结退化下力筋与混凝土之间的不协调变形。

一些学者对锈蚀黏结退化后力筋与混凝土间的不协调变形进行了探讨。张建仁等[140]基于试验建立了锈蚀黏结退化下力筋与周围混凝土不协调变形经验预测模型,研究发现当锈蚀率达到10%时,锈蚀力筋的受拉应变仅为周围混凝土受压应变按平截面假定计算值的30%左右。Azad 等[138]也基于试验拟合出一个考虑锈蚀黏结退化下力筋与混凝土不协调变形的经验公式。上述模型均是针对具体试验给出的经验公式,并且只考虑了力筋锈蚀水平一个变量,其适用性必然受到试验条件等方面的限制。锈蚀力筋与混凝土的不协调变形可能还会受到加载方式以及混凝土梁跨高比的影响[212]。此外,现有模型均是针对极限状态时力筋与混凝土间的不协调变形,关于正常使用状态下锈蚀力筋不协调变形的研究尚未见报道。

为此,本章基于现有的力筋锈蚀黏结退化模型,提出一种有效的锈蚀力筋与周围混凝土不协调变形量化方法。该量化方法将锈蚀黏结退化量表示为锈蚀率的函数,可以考虑部分锈蚀黏结退化的影响,并可以对不同加载状态下力筋和混凝土的不协调变形进行计算。在此基础上,将该方法应用于锈蚀预应力混凝土梁抗弯承载力计算,被证实具有较高的计算精度。

9.1　锈蚀黏结退化不协调变形量化方法

9.1.1　黏结滑移区段量化原则

一些学者对力筋与混凝土之间的黏结滑移性能进行了研究[179,186]。力筋与混凝土滑移失效前,其间的黏结力主要由胶着力和机械咬合力组成;滑移失效后,其黏结力主要由力筋与混凝土之间的摩擦力提供。前者提供的黏结力较大,定义成有效黏结力,对应的黏结长度定义为有效黏结区;后者提供的黏结力较小,定义为残余黏结力,对应黏结滑移区。图 9-1 给出了荷载作用下力筋与混凝土之间的黏结力发展和传递示意图。荷载较小时,力筋与混凝土间的黏结力随着荷载的增加而增大,有效黏结区位置不变,其间力筋与混凝土间存在很小的滑移。当外荷载大于力筋的有效黏结力时,有效黏结区位置发生转移,同时出现黏结滑移失效,残余黏结力随着黏结滑移区的增长而变大,当有效黏结力和残余黏结力的和等于外加荷载时,有效黏结区将停止转移,此时力筋受力平衡。

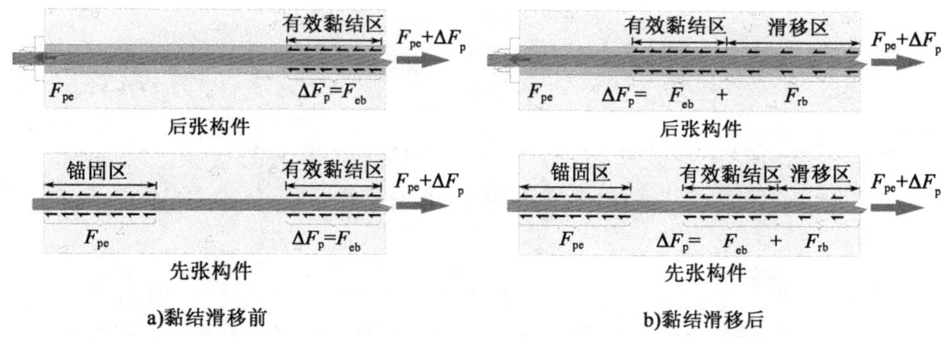

图 9-1　荷载作用下力筋与混凝土黏结滑移示意图

对于未锈蚀混凝土梁,力筋的有效黏结力很大,荷载作用下力筋所受的最大拉力小于其有效黏结力。整个加载过程中,力筋与混凝土间的滑移量很小,可以忽略不计,直接采用平截面假定进行计算具有较高的计算精度。然而,锈蚀导致力筋与混凝土间的黏结退化,力筋的有效黏结力减小。加载过程中,力筋所受的拉力可能超过其有效黏结力,导致力筋与混凝土间的黏结滑移,此时需考虑力筋与混凝土间不协调变形的影响。

图 9-2 给出了不同锈蚀水平下混凝土梁力筋与混凝土之间的黏结滑移示意图。如前所述,对于未锈蚀或轻微锈蚀混凝土梁,荷载作用下力筋所受的最大拉力(F_p)可能小于其有效黏结力和力筋有效预拉力之和($F_{pe}+F_{eb}$),整个加载过程中,力筋有效黏结区的位置都保持不变,如图 9-2a)所示。由于有效黏结区内的滑移量很小,忽略其影响,力筋与周围混凝土的变形满足平截面假定。

对于中度锈蚀混凝土梁,随着荷载的增加,跨中截面处力筋的拉力(F_p)可能大于其有效黏结力和力筋有效预拉力之和($F_{pe}+F_{eb}$)。此时,力筋的有效黏结区即会向支座方向转移,力筋与混凝土之间出现滑移变形,其相互间的变化不再满足平截面假定,如图 9-2b)所示。有效黏结区的转移会使得整个黏结滑移区力筋的拉力(F_p)相对均匀化而逐渐减小,加之黏结滑移区提供的残余黏结力对力筋拉力的部分平衡抵消作用的影响,使得有效黏结区附近力筋的拉力(F_p)进一步的减小。当有效黏结区附近力筋的拉力(F_p)减小到等于其有效黏结力和力筋有效预拉力之和($F_{pe}+F_{eb}$)时,有效黏结区便会停止转移,暂时达到平衡状态。随着荷载的增加,力筋拉力(F_p)增大,会导致有效黏结区的再次转移,然后再次达到平衡。各加载状态下,滑移区的范围可以通过有效黏结区锈蚀力筋的拉力(F_p)与其有效黏结力和力筋有效预拉力之和($F_{pe}+F_{eb}$)相等进行确定。

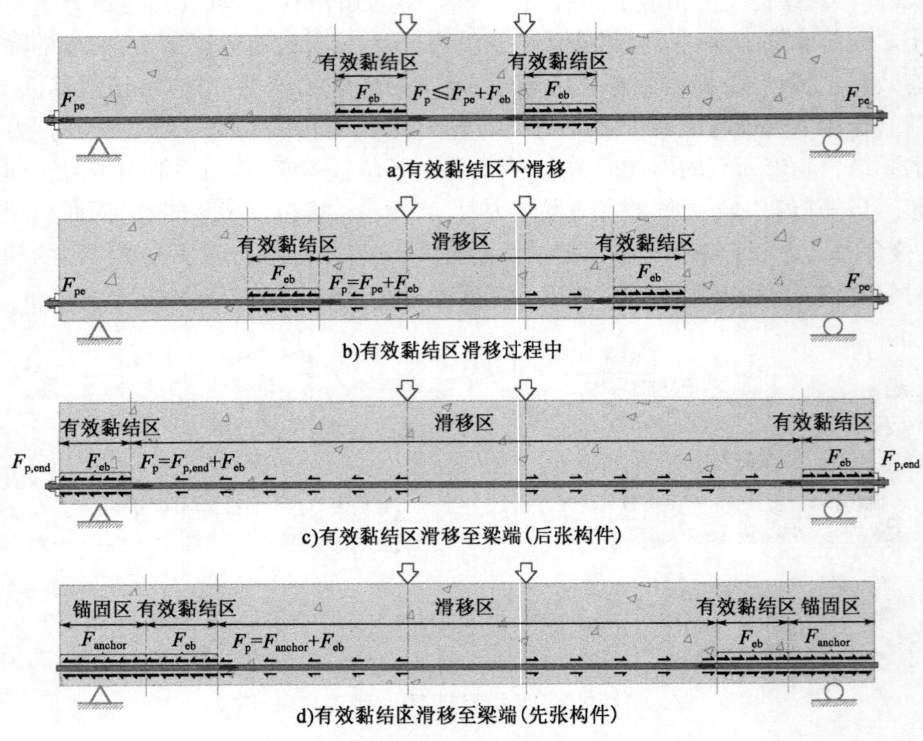

图 9-2　荷载作用下锈蚀混凝土梁黏结区滑移示意图

对于严重锈蚀混凝土梁,其黏结滑移区可能扩展到整个梁段,如图 9-2c)所示。此时,有效黏结区无法转移以减小力筋拉力。随着荷载增加,有效黏结区附近的力筋拉力(F_p)逐渐增大,由有效黏结力和力筋端锚力共同承担($F_{eb}+F_{p,end}$)。这种情况下,滑移区的范围即为梁长减去两锚固端力筋的有效黏结区长度。随着荷载的进一步增大,构件有可能发生力筋端部锚固失效破坏。

对于先张预应力混凝土结构,其力筋锚固力由端部一定长度内力筋和混凝土间的黏结力提供,如图 9-2d)所示。当有效黏结段滑移至梁端时,其滑移区的最大长度较后张构件短,为梁长分别减去力筋两端的锚固长度和有效黏结长度。此后,随着荷载的继续增加,一旦力筋受力(F_p)超过其端部锚固力和有效黏结力之和($F_{eb}+F_{anchor}$),便会发生锚固失效破坏。

9.1.2　黏结滑移区不协调变形量化求解方法

前文介绍了锈蚀混凝土梁黏结滑移区段的确定方法,本节将介绍滑移区段内力筋和混凝土之间不协调变形的量化求解方法。荷载作用下,黏结滑移区内力筋与混凝土的变形不再服从平截面假定,但是整个黏结滑移区段内力筋的总变形与相应位置处混凝土的总变形相等。根据这个原则,本节建立了锈蚀力筋和混凝土之间不协调变形的量化求解方法。该方法需对整个黏结滑移段计算计算分析，而不是单纯的某个截面，需要计算整个无压浆区内力筋和相应位置处混凝土的总变形。现以一片锈蚀预应力混凝土梁为例，对该方法进行介绍。

为简化计算，将混凝土梁划分为多个平面单元，分别进行计算，进而累积得到黏结滑移区段内力筋与相应位置处混凝土总变形，并建立整体变形协调关系，如图9-3所示。对各平面单元进行分别从 $1\sim g$ 进行编号；假设黏结滑移段长度为 L_s，黏结滑移段内的单元依次编号 $m\sim n$；跨中纯弯段内的单元编号 $e\sim f$。各平面单元长度可以相等，也可以不相等，对于任意单元 i $(i=1,2,3,\cdots,g)$，其长度记为 $l_{w,i}$。计算中采用各平面单元中截面的应力、应变值作为该单元的平均值。

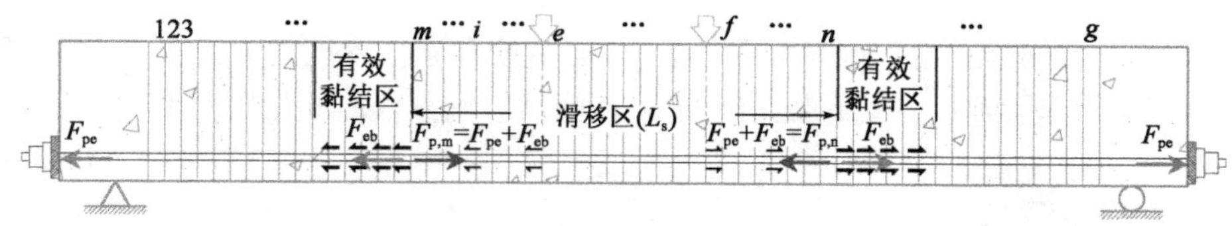

图9-3 黏结滑移区不协调变形量化求解示意图

根据9.1.1的分析可知，荷载作用 P 下，假设预应力筋有效黏结区停止转移，黏结滑移区保持稳定时，黏结滑移区段长度为 L_s。此时，必然存在有效黏结区附近力筋所受拉力（$F_{p,n}$或 $F_{p,m}$）与其有效黏结力和有效预拉力之和（$F_{pe}+F_{eb}$）相等，如图9-3所示。因此，黏结滑移区段内任意单元 i 的预应力筋受力可以计算为：

$$F_{p,i}=\begin{cases}F_{pe}+F_{eb}+\pi D l_{im}\tau_{bu\eta,r} & (m\leqslant i<e)\\ F_{pe}+F_{eb}+\pi D L_{em}\tau_{bu\eta,r} & (e\leqslant i<f)\\ F_{pe}+F_{eb}+\pi D(L_{nm}-L_{em})\tau_{bu\eta,r} & (f\leqslant i<n)\end{cases} \tag{9-1}$$

式中，$F_{p,i}$为黏结滑移区段内任意单元 i 的预应力筋力筋受力；D 为力筋直径；l_{im}为黏结滑移区段内任意单元 i 到截面 m 间的距离；L_{em}和 L_{nm}分别为单元 e 和 n 到截面 m 间的距离；$\tau_{bu\eta,r}$为锈蚀力筋滑移后的残余黏结应力值。

对于锈蚀预应力筋采用本书第2章建立的本构关系模型，可以求得黏结滑移区段内任意单元 i 的预应力筋的应变（$\varepsilon_{p,i}$）为：

$$\varepsilon_{p,i}=\begin{cases}\dfrac{F_{p,i}}{(1-\eta)A_pE_p} & [F_{p,i}\leqslant(1-\eta)A_pf_{py}]\\ \varepsilon_{py}+\dfrac{F_{p,i}}{(1-\eta)A_pE_{pp}}-\dfrac{f_{py}}{E_{pp}} & [F_{p,i}>(1-\eta)A_pf_{py}]\end{cases} \tag{9-2}$$

式中，ε_{py}、f_{py}、E_p 和 E_{pp}分别为预应力筋的屈服应变、屈服强度、弹性模量和屈服后的弹性模量；η 为预应力筋的锈蚀率；A_p 为预应力筋的截面积。

黏结滑移区段内，预应力筋的总伸长量为各单元预应力筋伸长量以及两端有效黏结段滑移量的总和，可以表示为：

$$\Delta L_p=2s_s+\sum_{i=m}^{n}[l_{w,i}(\varepsilon_{p,i}-\varepsilon_{pe,i})] \tag{9-3}$$

式中，ΔL_p 为黏结滑移区段内预应力筋的总伸长量；$\varepsilon_{pe,i}$为任意单元 i 预应力筋初始应变；s_s 为预应力筋有效黏结段内与混凝土的相对滑移量。

荷载作用 P 下，各单元的截面弯矩（$M_{s,i}$）可以通过计算得到，再根据式(9-1)计算得到各单元预应力筋拉力值 $F_{p,i}$，通过受力平衡方程可以求得各单元截面上、下缘混凝土应变值（$\varepsilon_{ct,i}$和 $\varepsilon_{cb,i}$）。计算单元应力、应变分布如图9-4所示，具体计算过程如下：

首先，假设各单元截面上、下缘混凝土应变值（$\varepsilon_{ct,i}$和 $\varepsilon_{cb,i}$）。根据平截面假定，荷载作用下单元 i 截面主筋和架立钢筋的应变可以表示为：

$$\varepsilon_{s,i}=\varepsilon_{ct,i}+\frac{\varepsilon_{cb,i}-\varepsilon_{ct,i}}{h}h_0 \tag{9-4}$$

$$\varepsilon'_{s,i}=\varepsilon_{ct,i}+\frac{\varepsilon_{cb,i}-\varepsilon_{ct,i}}{h}a'_s \tag{9-5}$$

式中，$\varepsilon_{s,i}$和 $\varepsilon'_{s,i}$分别为荷载作用下单元 i 截面主筋和架立钢筋的应变；h 为梁截面高度；h_0 为主筋重心到梁混凝土上缘距离；a'_s为架立钢筋重心到梁混凝土上缘距离。

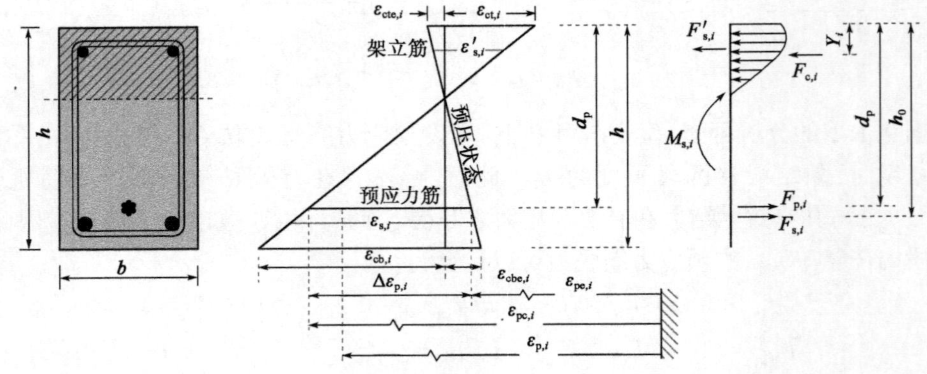

图9-4 计算单元应力、应变分布

主筋和架立钢筋的本构关系均采用 El－Tawil 等[213]提出的弹塑性模型，可表示为：

$$f_s=\begin{cases}\varepsilon_s E_s & (\varepsilon_s\leqslant\varepsilon_{sy})\\ f_{sy}+E_{sp}(\varepsilon_s-\varepsilon_{sy}) & (\varepsilon_s>\varepsilon_{sy})\end{cases} \tag{9-6}$$

式中，ε_{sy}、f_{sy}、E_s 和 E_{sp} 分别为钢筋的屈服应变、屈服强度、弹性模量和屈服后的变形模量。

单元 i 截面主筋拉力和架立筋压力可以表示为：

$$F_{s,i}=A_s f_{s,\varepsilon_{s,i}} \tag{9-7}$$

$$F'_{s,i}=A'_s f'_{s,\varepsilon'_{s,i}} \tag{9-8}$$

式中，$F_{s,i}$和 $F'_{s,i}$分别为荷载作用下单元 k 截面主筋所受拉力和架立钢筋所受压力；A_s、A'_s分别主筋和架立筋的截面积；$f_{s,\varepsilon_{s,i}}$和$f'_{s,\varepsilon'_{s,i}}$分别为主筋和架立筋所受的应力值，根据各自的应变值由式(9-6)确定。

混凝土受压的非线性变形特性通常可以采用 Collins 和 Mitchell[206]提出的抛物线本构关系模型来表征。本书忽略混凝土的受拉应力，则混凝土应力-应变关系可以表示为：

$$f_c=\begin{cases}f'_c[2(\varepsilon/\varepsilon_0)-(\varepsilon/\varepsilon_0)^2] & (\varepsilon\geqslant 0)\\ 0 & (\varepsilon<0)\end{cases} \tag{9-9}$$

式中，f'_c为混凝土抗压强度值；ε_0 为对应的混凝土应变值，一般取 0.002。

根据截面上的应变分布以及上述本构关系模型，单元 i 中截面混凝土的合力 $F_{c,i}$及其作用点到梁顶截面的距离 Y_i 可以分别表示为：

$$F_{c,i} = \int_0^h f_c b\mathrm{d}y \tag{9-10}$$

$$Y_i = \frac{\int_0^h f_c b y\mathrm{d}y}{\int_0^h f_c b\mathrm{d}y} \tag{9-11}$$

式中，y 为计算截面上任意一点到截面上边缘的距离；b 为梁截面宽度。

荷载作用下，单元 i 截面上的预应力筋拉力、主筋拉力、架立钢筋压力、混凝土合压力以及截面所受弯矩等应满足受力平衡条件和弯矩平衡条件，即：

$$F_{c,i} + F'_{s,i} + F_{s,i} + F_{p,i} = 0 \tag{9-12}$$

$$M_{s,i} = F_{c,i}(d_p - Y_i) + F'_{s,i}(d_p - a'_s) + F_{s,i}(a_p - a_s) \tag{9-13}$$

式中，a_p、a_s分别为预应力筋和主筋重心到梁混凝土下缘的距离。

根据式(9-12)和式(9-13)即可求得各单元截面上、下缘混凝土应变值($\varepsilon_{ct,i}$和 $\varepsilon_{cb,i}$)。此时，可以求得各单元预应力筋位置处混凝土的应变增量 $\Delta\varepsilon_{pc,i}$为：

$$\Delta\varepsilon_{pc,i} = (\varepsilon_{cb,i} - \varepsilon_{cbe,i}) + \frac{d_p}{h}[(\varepsilon_{ct,i} - \varepsilon_{cte,i}) - (\varepsilon_{cb,i} - \varepsilon_{cbe,i})] \tag{9-14}$$

式中，$\varepsilon_{cte,i}$、$\varepsilon_{cbe,i}$分别为预应力作用下上、缘混凝土初始应变；h 为截面高度；d_p 为钢绞线重心到梁混凝土上缘距离。

黏结滑移区段内，预应力筋位置处混凝土的总伸长量可以表示为：

$$\Delta L_c = \sum_{i=m}^{n} \Delta\varepsilon_{pc,i} l_{w,i} \tag{9-15}$$

式中，ΔL_c 为黏结滑移区段内预应力筋位置处混凝土的总伸长量。

荷载作用 P 下，预应力筋有效黏结区停止转移，黏结滑移区保持稳定时，必然存在黏结滑移区预应力筋的总伸长(ΔL_p)与其相应位置处混凝土的总伸长(ΔL_c)相等的关系。如果不相等，则需重新假设黏结滑移区段的长度(L_s)，重新进行计算，直至预应力筋的总伸长(ΔL_p)与混凝土的总伸长(ΔL_c)相等。此时，可以得到荷载 P 作用下，混凝土梁的黏结滑移区段长度，以及黏结滑移区段内各单元截面混凝土应力、应变值，预应力筋应力、应变值，普通钢筋应力应变值等，进而实现黏结滑移区段内预应力筋和混凝土不协调变形的量化。

需要指出的是，随着荷载的进一步增加，严重锈蚀混凝土梁的黏结滑移区段很可能扩展到整个梁段，如图 9-2c)、d)所示。此时，黏结滑移区段长度 L_s 为已知量，但是有效黏结段附近的预应力筋拉力值($F_{p,m}$和 $F_{p,n}$)成为未知变量，其值会随着荷载的增加而逐渐变大。对于这种情况，计算时应先假设有效黏结段附近的预应力筋拉力值($F_{p,m}$和 $F_{p,n}$)，然后分别计算黏结滑移区预应力筋的总伸长(ΔL_p)和相应位置处混凝土的总伸长(ΔL_c)，通过这两个伸长量判定假设的预应力筋拉力值($F_{p,m}$和 $F_{p,n}$)是否合理，并进行修正，直至满足条件。

综上可知，任意荷载 P 作用下，锈蚀黏结退化下预应力筋与周围混凝土的不协调变形的可以通过本书建立的方法计算得到。此外，在计算过程中还能得到各单元截面的截面混凝土受力、预应力筋受力和普通钢筋受力等数据，试验梁的极限荷载值也可由其某项指标超过允许值进行确定。当计算荷载从一个较小值逐渐增大到极限荷载时,即可得到整个加载过程中锈蚀力筋的不协调变形参数。以下将分别介绍该方法在预应力筋锈蚀混凝土梁抗弯承载力计算中的应用。

9.2 不协调变形影响下锈蚀 PC 梁承载力计算

9.2.1 锈蚀黏结退化模型

采用本书第5章建立的锈蚀预应力钢绞线与混凝土之间的黏结模型进行计算。钢绞线与混凝土间的黏结-滑移特性分为三个区段:非线性增加到最大黏结应力、线性减小段和恒定残余黏结段,如图9-5a)所示,具体表达式为:

$$\tau = \begin{cases} \tau_{\max}\left(\dfrac{s}{s_2}\right)^{\alpha} & (0 \leqslant s \leqslant s_2) \\ \tau_{\max} - (\tau_{\max} - \tau_f)\dfrac{s - s_2}{s_3 - s_2} & (s_2 \leqslant s \leqslant s_3) \\ \tau_f & (s_3 \leqslant s) \end{cases} \tag{9-16}$$

式中,$\tau_{\max}$为最大黏结应力;τ_f为残余的摩擦黏结应力,取$0.4\tau_{\max}$;s_2、s_3分别为对应最大黏结应力和残余的摩擦黏结应力的局部滑移量;α为常数参量,取0.4。

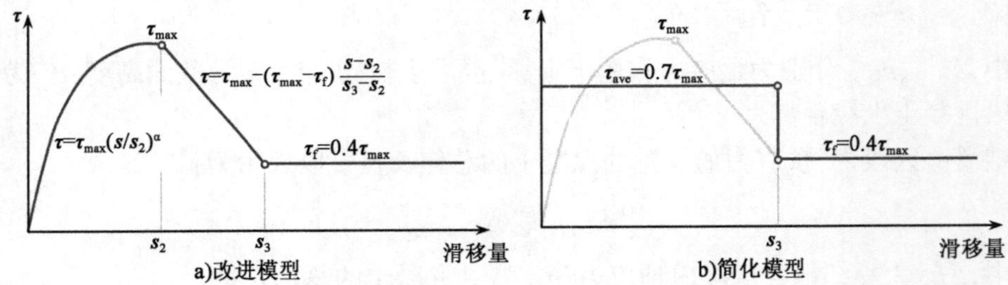

图9-5 钢绞线与混凝土之间局部黏结滑移模型

为简化计算,本章采用等效的双折线模型表征钢绞线与混凝土之间的黏结滑移特征,如图9-5b)所示。黏结应力的非线性增加段和线性递减段采用平均黏结应力表示。基于能量等效的原则,钢绞线和混凝土大滑移前的等效平均黏结应力可以表示为:

$$\tau_{\text{ave}} = \frac{\int_0^{s_2}\left[\tau_{\max}\left(\dfrac{s}{s_2}\right)^2\right]\mathrm{d}s + \int_{s_2}^{s_3}\left[\tau_{\max} - (\tau_{\max} - \tau_{\text{f}})\dfrac{s - s_2}{s_3 - s_2}\right]\mathrm{d}s}{s_3} \tag{9-17}$$

式中,τ_{ave}为钢绞线和混凝土大滑移前的等效平均黏结应力。

将$\tau_{\text{f}}=0.4\tau_{\max}$、$\alpha=0.4$带入式(9-17),可以得到:

$$\tau_{\text{ave}} = \frac{s_2}{(\alpha+1)s_3}\tau_{\max} + \frac{s_3 - s_2}{2s_3}(\tau_{\max} + \tau_f) \approx 0.7\tau_{\max} \tag{9-18}$$

可见,钢绞线和混凝土大滑移前后的等效平均黏结应力(τ_{ave}、τ_{f})均可表示为最大黏结应力($\tau_{\max}$)的函数。

锈蚀后钢绞线与混凝土之间的最大黏结应力($\tau_{\max}$)可按本书第5章建立的黏结滑移模型进行计算,如图9-6所示。当锈蚀率小于6%时,钢绞线与混凝土间的最大黏结应力($\tau_{\max}$)

保持不变;当锈蚀率大于6%时,钢绞线与混凝土间的最大黏结应力(τ_{max})按指数形式递减。具体公式表示为:

$$R(\eta) = \begin{cases} 1.0 & (\eta \leqslant 6\%) \\ 2.03e^{-0.118\eta} & (\eta > 6\%) \end{cases} \tag{9-19}$$

式中,$R(\eta)$为锈蚀拉拔试件修正最大黏结应力与对应试件未锈蚀时最大黏结应力的比值;η为钢绞线的锈蚀率。

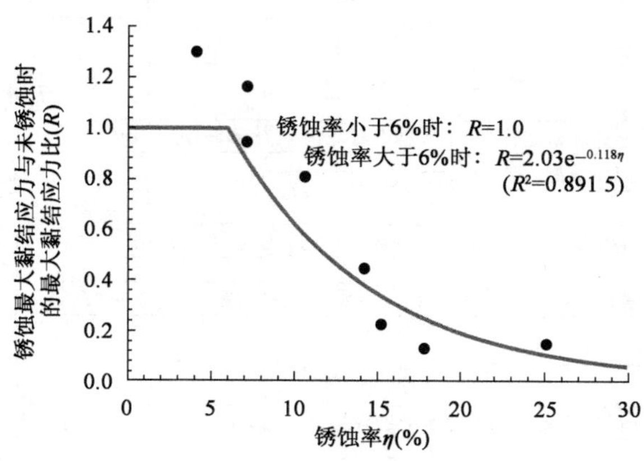

图9-6 锈蚀拉拔试件黏结退化模型

预应力筋与混凝土间的大滑移通常发生在钢绞线屈服大变形之后。根据ACI规范[131],预应力筋与混凝土间的有效黏结长度可假设为:

$$l_{eb} = \frac{f_{py} - f_{pe}}{7} d_p \tag{9-20}$$

式中,l_{eb}为有效黏结长度;f_{py}为预应力钢绞线的屈服强度;f_{pe}为钢绞线张拉后的有效应力;d_p为钢绞线的直径。

锈蚀钢绞线与混凝土间的有效黏结力可以计算为:

$$F_{eb} = R(\eta)\tau_{ave}l_{eb}L_p = 0.7R(\eta)\tau_{max}l_{eb}L_p \tag{9-21}$$

式中,F_{eb}为锈蚀钢绞线与混凝土间的有效黏结力;L_p为钢绞线截面周长。

9.2.2 计算流程

根据前文的讨论可知,锈蚀构件的黏结滑移区段范围随着荷载的增加逐渐变宽,其钢绞线与混凝土之间的不变形协调必然随着荷载而改变。为此,本书从一个较小的计算荷载开始分析,获取各加载阶段预应力混凝土梁的受力响应,明确加载过程中不协调变形的发展规律,并最终根据钢绞线极限拉应变和混凝土极限压应变确定其抗弯承载力。图9-7给出了详细的计算流程,具体介绍如下。

阶段Ⅰ:计算参数有效黏结力,划分平面单元

计算锈蚀钢筋和混凝土间的有效黏结力(F_{eb})和有效黏结长度(l_{eb})。计算锈蚀黏结滑移区最大长度($L_{s,max}$),其值约为梁长减去两倍的有效黏结长度。然后,对最大黏结滑移区进行平面单元划分。

阶段Ⅱ:有效黏结区滑移前的分析计算

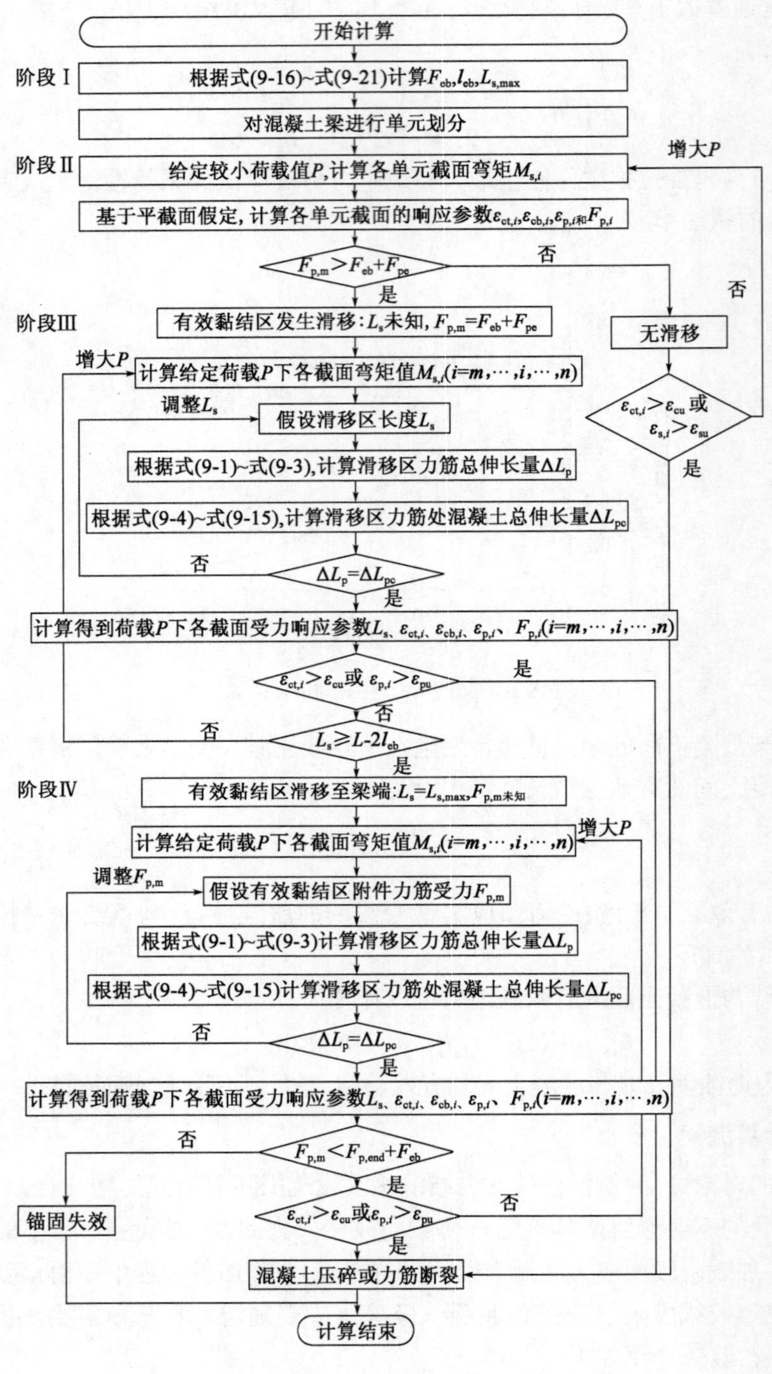

图 9-7 计算流程图

给定一个较小的计算荷载(P),计算各单元的弯矩值($M_{s,i}$)。此时,荷载值较小,预应力混凝土梁未发生黏结滑移,故根据平截面假定计算弯矩最大截面混凝土应变、钢绞线应变和所受拉力。钢绞线拉力随着计算荷载的增大而增大,当其超过有效黏结力和力筋有效预拉力之和($F_{pe}+F_{eb}$)时,则进入下一步计算,否则继续增大荷载,重复该步骤。计算过程中应检查钢绞线拉应变和混凝土压应变是否超过其允许值,进而确定其抗弯承载力。

阶段Ⅲ:有效黏结区滑移过程中的分析计算

此时,有效黏结区段附近钢绞线所受拉力已知($F_{p,m} = F_{pe} + F_{eb}$),但黏结滑移段长度 L_s 未知。因此,首先假设结滑移段长度 L_s,根据式(9-1)~式(9.3)计算黏结滑移段内钢绞线的受力变形和钢绞线的总伸长量(ΔL_p);然后,根据式(9-4)~式(9.15)计算黏结滑移段内各单元混凝土应变和混凝土的总伸长量(ΔL_c)。如果计算所得的有效黏结段内钢绞线的总伸长量(ΔL_p)与混凝土的总伸长量(ΔL_c)不等,则需重新假设黏结滑移段长度(L_s),重新进行计算直至相等。黏结滑移段长度(L_s)会随着计算荷载的增大而增大,一旦其超过其最大长度($L_{s,max}$)时,则进入下一步计算,否则继续增大荷载重复该步骤。计算过程中应检查钢绞线拉应变和混凝土压应变是否超过其允许值,进而确定其抗弯承载力。

阶段Ⅳ:有效黏结区滑移到端部时的分析计算

此时,预应力混凝土梁的黏结滑移段长度已知($L_s = L_{s,max}$)。但有效黏结区段附近钢绞线所受拉力 $F_{p,m}$ 未知。因此,首先假设端部钢绞线所受拉力 $F_{p,m}$,根据式(9-1)~式(9.3)计算黏结滑移段内钢绞线的受力变形和钢绞线的总伸长量(ΔL_p);然后,根据式(9-4)~(式(9-15)计算黏结滑移段内各单元混凝土应变和混凝土的总伸长量(ΔL_c)。如果计算所得的有效黏结段内钢绞线的总伸长量(ΔL_p)与混凝土的总伸长量(ΔL_c)不等,则需重新假设端部钢绞线所受拉力($F_{p,m}$),直至相等。端部钢绞线所受拉力($F_{p,m}$)随着计算荷载的增大而增大,一旦有效黏结力和力筋端锚力之和($F_{eb} + F_{p,end}$),则试件发生锚固失效破坏,否则,继续增大荷载重复该步骤。计算过程中检查钢绞线拉应变和混凝土压应变是否超过其允许值,以确定其抗弯承载力。

9.2.3　计算模型验证

采用上述方法对本书第6.4节中密实压浆下锈蚀预应力混凝土梁的抗弯承载力进行计算,通过与试验值的对比分析该方法的适用性。试验梁加载净跨径段划分为200个单元,各单元长度相等,均为10mm。计算初始荷载为1kN,计算过程中的荷载增量也为1kN。混凝土极限压应变取0.003,预应力筋本构关系模型采用第2章建立的简化模型式,未锈蚀预应力筋的极限拉应变取0.028。

需要指出的是,试验中的梁体一般较短,采用式(9-20)对钢绞线的有效黏结长度进行计算,得到的有效黏结长度可能太大,试验梁的整个弯剪段都可能处于有效黏结长度范围内,这种情况下无法体现有效黏结区的传递和转移。为此,需对试验条件下预应力混凝土梁钢绞线的有效黏结长度进行修正。本书将分别对黏结应力和有效黏结长度的计算分别进行考虑。未锈蚀钢绞线和混凝土间的最大黏结应力(τ_{max})取 $1.25\sqrt{f_{ck}}$ 和 $2.5\sqrt{f_{ck}}$ 中的较大值 $2.5\sqrt{f_{ck}}$;同时,参考ACI规范中钢绞线锚固长度的计算公式,对有效黏结长度进行折减,按下式计算:

$$l_{eb} = \frac{f_{py} - f_{pe}}{21} d_p \tag{9-22}$$

表9-1和图9-8给出了密实压浆试验梁抗弯极限承载力试验值(M_{exp})和计算值($M_{cal,p}$)。计算值与试验值吻合良好,除试验梁CB3的误差为15%之外,其他试验梁的计算误差均在9%以内。这可能是由于随着锈蚀率的加深,预应力筋力学性能的不确定性进一步增强导致的。此外,还可能受到混凝土材料性能的随机性、试验测量误差以及计算模型的简

化假设等方面的影响。总体而言,本书建立的抗弯性能计算方法对 PC 梁抗弯承载力具有较高的计算精度。

密实压浆下锈蚀 PC 梁抗弯极限承载力计算值与试验值对比 表 9-1

编号	f_c (MPa)	η(%)	M_{exp} (kN·m)	$M_{cal,s}$ (kN·m)	$M_{cal,s}/M_{exp}$	Ω_u	$M_{cal,p}$ (kN·m)	$M_{cal,p}/M_{exp}$
B1	34.1	0	37.8	37.5	0.99	1.0	37.5	0.99
CB1	33.7	73.7	13.5	16.5	1.22	0.67	14.7	1.09
CB2	33.7	46.0	21.0	24.6	1.17	0.68	22.2	1.06
CB3	33.7	61.7	15.9	20.1	1.26	0.66	18.3	1.15
CB4	33.7	84.7	11.7	13.2	1.13	0.66	12.0	1.03
CB5	32.4	12.1	33.0	33.9	1.03	1.0	33.9	1.03
CB6	32.4	19.5	31.5	32.1	1.02	0.79	30.9	0.98
CB7	34.3	27.0	28.8	30	1.04	0.74	29.1	1.01

为明确锈蚀黏结退化引起的不协调变形对混凝土抗弯承载力的影响,本书采用简化的方法对试验梁的抗弯承载力进行计算,计算结果($M_{cal,s}$)如表 9-1、图 9-8 所示。该方法只考虑钢绞线截面积的减小和力学性能的退化,忽视锈蚀黏结退化不协调变形的影响,采用平截面假定对其承载力进行计算。通过简化计算值与试验值的对比可以发现:锈蚀率较低时,黏结退化对抗弯承载力影响较小;当锈蚀率大于 12% 左右时,如忽略黏结退化影响,构件承载力简化计算的误差较大,且随着锈蚀率增大,误差也随之变大。可见,随着锈蚀率的加深,黏结退化对抗弯承载力影响较大,计算时应予以考虑。

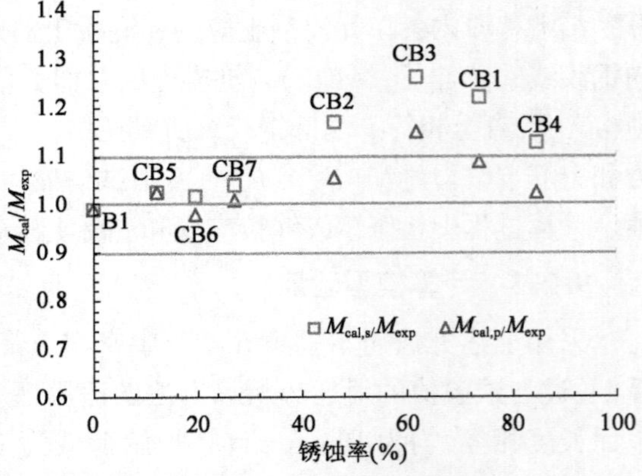

图 9-8 CB 系列试验梁抗弯承载力计算对比图

9.2.4 预应力筋锈蚀黏结退化对不协调变形的影响

如前所述,锈蚀黏结退化会引起钢绞线和混凝土之间的不协调变形,进而导致抗弯性能的退化。本节将采用上述计算模型对 PC 梁加载过程中的变形协调系数进行计算,进而分析锈蚀对钢绞线和混凝土协调变形的影响。

与本书第 6.4 节中极限变形协调系数的定义类似,本节中的变形协调系数是指在任意加载状态下控制截面处预应力筋应变实际值与其简化计算值(详见图 9-4)的比值,可表示为:

$$\Omega = \frac{\varepsilon_p}{\varepsilon_{pc}} \tag{9-23}$$

式中,Ω 为变形协调系数;ε_p 为预应力筋的应变实际值;ε_{pc} 为预应力筋应变简化计算值,$\varepsilon_{pc} = \Delta\varepsilon_{pc} + \varepsilon_{pe}$;$\varepsilon_{pe}$ 为预应力筋的预拉应变值;$\Delta\varepsilon_{pc}$ 为荷载作用下预应力筋位置处混凝土应

变增量,可通过平截面假定进行计算。

采用上述方法对各试验梁不同加载状态下钢绞线和混凝土间的变形协调系数进行计算,计算结果如图 9-9 所示,横坐标为锈蚀构件所受弯矩与未锈蚀构件极限弯矩的比值。由于试验梁锈蚀率间隔较大,为了更加全面体现锈蚀率对变形协调系数的影响,图 9-9 中还补充了锈蚀率为 15% 和 38% 的 PC 梁的变形协调系数变化曲线。由该图可知,变形协调系数、锈蚀率与加载水平密切相关。对于未锈蚀试验梁 CB0 和轻微锈蚀试验梁 CB5,整个加载过程中没有出现黏结滑移,变形协调系数始终保持为 1.0。这表明当锈蚀率小于 13% 左右时,锈蚀黏结退化对钢绞线和混凝土间的不协调变形影响很小。

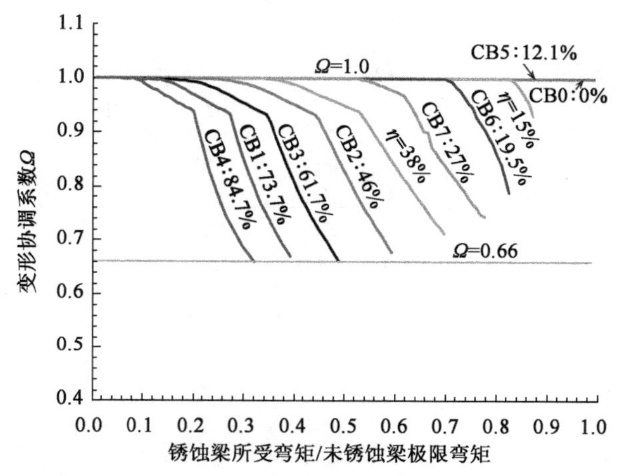

图 9-9　不同加载状态下钢绞线和混凝土间的协调系数

随着锈蚀程度的逐渐加深,当荷载水平较高时,锈蚀 PC 梁开始出现黏结滑移,变形协调系数随着荷载的增加逐渐减小,并且随着锈蚀率的增加,变形协调系数开始递减,且荷载逐渐降低。对于中度锈蚀 PC 梁 CB6、CB7,其变形协调系数退化开始于一个较高的荷载水平,这两片试验梁破坏时的极限变形协调系数随着锈蚀率的增加而呈递减趋势。对于其他严重锈蚀试验梁,其变形协调系数退化开始于一个很小的荷载水平,但是它们破坏时的极限变形协调系数基本相等,并未表现出随锈蚀率增加而递减的趋势。

极限变形协调系数是影响混凝土梁抗弯承载力的重要因素,本书对其进行详细分析。表 9-1 列出各试验梁极限协调系,图 9-10 给出了 PC 梁极限变形协调系数随锈蚀率的变化规律。根据图表可知,轻微锈蚀试验梁的极限变形协调系数保持在 1.0,直到锈蚀率大于 13% 左右时,其极限变形协调系数快速减小,直到锈蚀率接近 46% 左右时,PC 梁的极限变形协调系数又基本趋于稳定,不再随锈蚀率的增加而减小。

锈蚀影响下预应力混凝土梁变形协调系数以及极限变形协调系数的变化与锈蚀下预应力筋与混凝土间的退化规律基本一致。对于无锈蚀或轻微锈蚀的构件,预应力筋与混凝土之间能有效黏结。整个加载受荷过程中,预应力筋与混凝土之间并未出现黏结滑移现象,不会引起两者之间的不协调变形,变形协调系数在加载全过程中始终保持在 1.0。对于中度锈蚀试验梁,锈蚀导致黏结性能的退化,一旦其退化量超过一定范围,荷载作用下会引起预应力筋与混凝土之间的滑移,进而导致不协调的变形。锈蚀程度越深,黏结退化越严重,出现不协调变形时的荷载越低,并且破坏时的极限变形协调系数越小。这些现象均能通过本书建立的方法进行准确的预测。对于严重锈蚀试验梁,其黏结性能基本丧失,其受力机理与完全无黏结构件基本类似,此类构件必然存在着相近的极限变形协调系数。综上可知,本书建立的方法能够准确反映锈蚀黏结性能退化的影响,能对黏结退化引起的构件抗弯承载力退化进行有效评估。

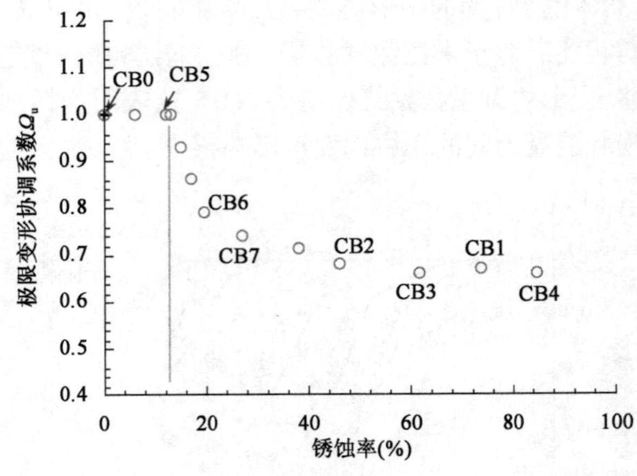

图 9-10　不同锈蚀率下极限变形协调系数

9.3　本章小结

锈蚀黏结退化会引起预应力筋与混凝土之间的不协调变形,进而引起其抗弯性能的退化。本章基于力筋锈蚀黏结退化模型,提出一种锈蚀力筋与周围混凝土不协调变形量化的有效方法。在此基础上,介绍了该方法在锈蚀影响下预应力混凝土梁抗弯承载力预测中的应用,得到主要结论如下:

(1)基于力筋锈蚀黏结退化模型,提出的锈蚀力筋与周围混凝土不协调变形量化方法具有较高的预测精度。该量化方法将锈蚀黏结退化量表示为锈蚀率的函数,能有效反映锈蚀黏结退化的影响,可以对不同加载状态下力筋和混凝土的不协调变形进行计算。

(2)考虑锈蚀预应力筋面积损失、受力性能退化以及黏结性能退化影响,对预应力混凝土梁抗弯承载力进行计算,计算结果具有较高的计算精度。锈蚀率较低时,黏结退化对抗弯承载力影响较小;当锈蚀率大于 12% 左右时,黏结退化对抗弯承载力影响较大,并随着锈蚀率的增加,影响逐渐明显,承载力计算时应予以考虑。

参 考 文 献

[1] FDOT. Corrosion evaluation of post-tensioned tendons on the Niles Channel bridge[J]. FDOT Report, Florida Department of Transportation, Tallahassee, Florida, 1999.

[2] FDOT. Mid-Bay bridge post-tensioning evaluation-Final Report[J]. Corven Engineering, Inc., Florida Department of Transportation (FDOT), Tallahassee, Florida., 2001a.

[3] FDOT. Sunshine skyway bridge post-tensioned tendons investigation[J]. Parsons Brinckerhoff Quade and Douglas, Inc., Florida Department of Transportation (FDOT), Tallahassee, Florida, 2001.

[4] Hansen B. Forensic engineering: Tendon failure raises questions about grout in post-tensioned bridges[J]. Civil Engineering-ASCE, 2007, 77(11): 17-18.

[5] Gulistani A A. Forensic Investigation of Prestressed Concrete Box Beams from LIC-310 Bridge[D]. Ohio: Russ College of Engineering and Technology, 2010.

[6] Fricker S, Vogel T. Site installation and testing of a continuous acoustic monitoring[J]. Construction and Building Materials, 2007, 21(3): 501-510.

[7] Vehovar L, Kuhar V, Vehovar A. Hydrogen-assisted stress-corrosion of prestressing wires in a motorway viaduct[J]. Engineering Failure Analysis, 1998, 5(1): 21-27.

[8] 朱尔玉,刘椿,何立,等.预应力混凝土桥梁腐蚀后的受力性能分析[J]. 中国安全科学学报, 2006, 16(2): 136-140.

[9] Raiss M E. Recent Developments in the United Kingdom in the Design and Specification of Durable Post-Tensioned Concrete Bridges[C]. Transportation Research Board 74th Annual Meeting, Washington, D. C., 1995.

[10] 张燕飞, 黄燕庆. 预制节段拼装混凝土桥梁耐久性探讨[J]. 桥梁建设, 2005(S1): 110-113.

[11] Woodward R J, Williams F W. Collapse of Ynys-Y-Gwas Bridge, West Glamorgan[C]. Proceedings of the Institution of Civil Engineers, 1988: 635-669.

[12] Proverbio E, Ricciardi G. Failure of a 40 years old post tensioned bridge near seaside[C]. Proceeding of International Conference EuroCorr 2000, London, 2000.

[13] Harries K A. Structural Testing of Prestressed Concrete Girders from the Lake View Drive Bridge[J]. Journal of Bridge Engineering, 2009, 14(2): 78-92.

[14] Carla S. An Initial Look at the Lowe's Motor Speedway Pedestrian Bridge Collapse[J]. Practical Failure Analysis, 2001, 1(2): 7-9.

[15] Goins D. Motor speedway bridge collapse caused by corrosion[J]. Materials Performance, 2000,36(7): 18-19.

[16] Naito C, Jones L, Hodgson I. Development of Flexural Strength Rating Procedures for Adjacent Prestressed Concrete Box Girder Bridges[J]. Journal of Bridge Engineering, 2011, 16(5): 662-670.

[17] 丁如珍. 后张法预应力混凝土钢束的锈蚀及其对策[J]. 华东公路, 1998, 112: 13-15.

[18] 刘玉霞. 后张预应力混凝土桥梁耐久性研究[J]. 国外公路, 1996 (6): 26-29.

[19] Mutsuyoshi H. Present Situation of Durability of Post-Tensioned PC Bridges in Japan[C]. Proceedings of Workshop on Durability of Post-tensioning Tendons, Belgium, 2001: 75-88.

[20] 刘其伟, 张鹏飞, 赵佳军. PC 连续梁桥孔道压浆调查及钢绞线力学性能研究[J]. 施工技术, 2007, 36(2): 63-66.

[21] 朱坤宁, 叶见曙. 后张法箱梁孔道压浆密实程度调查[J]. 现代交通技术, 2007, 4(1): 39-42.

[22] 吴文清, 陈小刚, 李波, 等. 预应力混凝土连续箱梁施工质量评价指标调查[J]. 建筑科学与工程学报, 2009, 26(3): 42-48.

[23] Jaeger B J, Sansalonem M J, Poston R W. Position Detecting Voids in Grouted Tendon Ducts of Post-tensioned Concrete Structures Using the Impact-echo Method[J]. ACI Structural Journa, 1996, 93(4): 462-473.

[24] Schokker A J, Breen J E, Kreger M E. Grouts for Bonded Post-Tensioning in Corrosive Environments[J]. ACI Materials Journal, 2001, 98(4): 296-304.

[25] 刘文华, 李文春, 马全声. 高强钢丝钢绞线在海洋环境中的腐蚀试验[J]. 港口工程, 1991(6): 35-42.

[26] Kovac J, Leban M, Legat A. Detection of SCC on prestressing steel wire by the simultaneous use of electrochemical noise and acoustic emission measurements[J]. Electrochimica Acta, 2007, 52(27): 7607-7616.

[27] Proverbio E, Longo P. Failure mechanisms of high strength steels in bicarbonate solutions under anodic polarization[J]. Corrosion Science, 2003, 45(9): 2017-2030.

[28] Vu N A, Castel A, François R. Effect of stress corrosion cracking on stress-strain response of steel wires used in prestressed concrete beams[J]. Corrosion Science, 2009, 51(6): 1453-1459.

[29] 李富民. 氯盐环境钢绞线预应力混凝土结构的腐蚀效应[D]. 徐州: 中国矿业大学, 2008.

[30] 肖纪美. 应力作用下的金属腐蚀[M]. 北京: 化学工业出版社, 1990.

[31] Parkins R N, Elices M, V S.-G. Environment sensitive cracking of pre-stressing steels [J]. Corrosion Science, 1982, 22: 392-405.

[32] Toribio J, Ovejero E. Microstructure-based modeling of hydrogen assisted cracking in pearlitic steels[J]. Materials Science and Engineering, A319-321(2001): 540-543.

[33] Toribio J, Ovejero E. Microstructure-based modelling of localized anodic dissolution in pearlitic steels[J]. Materials Science and Engineering, A319-321(2001): 308-311.

[34] Trejo D, Pillai R G, Hueste M B D, et al. Parameters Influencing Corrosion and Tension Capacity of Post-Tensioning Strands[J]. ACI Materials Journal, 2009, 106(2): 144-153.

[35] Sagüés A A, Powers R G, Wang H. Mechanism of corrosion of steel strands in post tensioned grouted assemblies[C]. CORROSION 2003, Houston, 2003: 1-15.

[36] Proverbio E P, Bonaccorsi L M B. Failure of prestressing steel induced by crevice corrosion in prestressed concrete structures[C]. Proceedings of the 9th International Conference on Durability of Materials and Components, Rotterdam, The Netherlands, 2002.

[37] Moser R D, Singh P M, Kahn L F, et al. Chloride-induced corrosion of prestressing steels considering crevice effects and surface imperfections[J]. Corrosion Science, 2011, 67: 1-14.

[38] 吴振,龙跃,章陈瀑. 持荷状态下钢绞线腐蚀及性能退化研究[J]. 广西工学院学报, 2011, 22(1): 23-26.

[39] Naito C, Sause R, Hodgson I, et al. Forensic Examination of a Noncomposite Adjacent Precast Prestressed Concrete Box Beam Bridge[J]. Journal of Bridge Engineering, 2010, 15(4): 408-418.

[40] 李富民,袁迎曙. 氯盐环境下混凝土内钢绞线的锈蚀特性试验研究[J]. 铁道科学与工程学报, 2006, 3(4): 23-28.

[41] Darmawan M S, Stewart M G. Spatial time-dependent reliability analysis of corroding pre-tensioned prestressed concrete bridge girders[J]. Structural Safety, 2007, 29(1): 16-31.

[42] 郑亚明, 欧阳平, 安琳. 锈蚀钢绞线力学性能的试验研究[J]. 现代交通技术, 2005(6): 33-36.

[43] William V l, Fabio M, Paul Z. Electrochemical characterization of early corrosion in prestressed concrete exposed to salt water[J]. Materials and Structures, 2016, 49(1): 507-520.

[44] González J A, Andrade C, Alonso C, et al. Comparison of rates of general corrosion and maximum pitting penetration on concrete embedded steel reinforcement[J]. Cement and Concrete Research, 1995, 25(2): 257-264.

[45] Toribio J, A V. Failure analysis of cold drawn eutectoid steel wires for prestressed concrete [J]. Engineering Failure Analysis, 2006, 13: 301-311.

[46] 戴品强,何则荣,毛志远. 珠光体裂纹萌生与扩展的TEM原位观察[J]. 材料热处理学报, 2003, 24(2): 41-45.

[47] 李富民,袁迎曙. 锈蚀钢绞线的静力拉伸断裂特性[J]. 东南大学学报(自然科学版), 2007, 37(5): 904-909.

[48] 罗小勇, 李政. 无黏结预应力钢绞线锈蚀后力学性能研究[J]. 铁道学报, 2008, 30(2): 108-112.

[49] 李富民, 袁迎曙, 杜健民, 等. 氯盐腐蚀钢绞线的受拉性能退化特征[J]. 东南大学学报(自然科学版), 2009, 39(2): 340-344.

[50] 曾严红, 顾祥林, 张伟平, 等. 锈蚀预应力筋力学性能研究[J]. 建筑材料学报, 2010, 13(2): 169-174.

[51] 刘其伟, 张鹏飞, 吴建平. 实桥预应力孔道压浆调查和钢丝性能分析[J]. 桥梁建设, 2006(5): 72-75.

[52] Castel A, Coronelli D, Vu N A, et al. Structural Response of Corroded, Unbonded Postt-

ensioned Beams[J]. Journal of Structural Engineering 2011, 137(7): 761-771.

[53] 李富民,袁迎曙,张建清. 氯盐腐蚀钢绞线的断裂抗力分布模型[J]. 土木建筑与环境工程, 2009, 31(6): 34-39.

[54] Gardoni P, Pillai R G, Hueste M B D, et al. Probabilistic Capacity Models for Corroding Posttensioning Strands Calibrated Using Laboratory Results[J]. Journal of Engineering Mechanics, 2009, 135(9): 906-916.

[55] Pillai R G, Gardoni P, Trejo D, et al. Probabilistic Models for the Tensile Strength of Corroding Strands in Posttensioned Segmental Concrete Bridges[J]. Journal of Materials in Civil Engineering, 2010, 22(10): 967-977.

[56] Li H, Lan C, Ju Y, et al. Experimental and Numerical Study of the Fatigue Properties of Corroded Parallel Wire Cables[J]. Journal of Bridge Engineering, 2012, 17(2): 211-220.

[57] 余芳, 贾金青, 姚大立, 等. 腐蚀预应力钢绞线的疲劳试验分析[J]. 哈尔滨工程大学学报, 2014, 35(10): 1487-1491.

[58] 惠云玲. 锈蚀钢筋性能试验研究分析[J]. 工业建筑, 1997: 10-13.

[59] 袁迎曙,贾福萍. 锈蚀钢筋的力学性能退化研究[J]. 工业建筑, 2000: 43-46.

[60] 张平生, 卢梅, 李晓燕. 锈损钢筋的力学性能[J]. 工业建筑, 1995, 25(9): 41-44.

[61] 马良哲, 白常举. 钢筋锈蚀后力学性能的试验研究[C]. 第五届全国混凝土耐久性学术交流会论文集, 2000: 112-118.

[62] Maslehuddin M, I M Allam, Sulaimani G J, et al. Effect of rusting of reinforcing steel on its mechanical properties and bond with concrete[J]. ACI Materials Journal, 1990, 87(5): 496-502.

[63] 范颖芳,周晶. 考虑蚀坑影响的锈蚀钢筋力学性能研究[J]. 建筑材料学报, 2003, 6(3): 248-252.

[64] 张欢喜. 氯盐环境PC结构中钢绞线的腐蚀疲劳损伤演化规律[D]. 徐州:中国矿业大学, 2014.

[65] 毛燕红. 氯盐腐蚀钢绞线蚀坑演化规律[J]. 重庆建筑, 2014: 41-44.

[66] 王旭光,李翠. 混凝土内钢绞线的蚀坑形状及分布特征[J]. 徐州工程学院学报, 2006: 37-44.

[67] Wang L, Ma Y, Zhang J, et al. Probabilistic Analysis of Corrosion of Reinforcement in RC Bridges Considering Fuzziness and Randomness[J]. Journal of Structural Engineering, 2013, 139(9): 1529-1540.

[68] Mark G S. Spatial variability of pitting corrosion and its influence on structural fragility and reliability of RC beams in flexure[J]. Structural Safety, 2004, 26(4): 453-470.

[69] Bhargava K, Ghosh A K, Mori Y, et al. Analytical model for time to cover cracking in RC structures due to rebar corrosion[J]. Nuclear Engineering and Design, 2006, 236(11): 1123-1139.

[70] Cao C, Cheung M M S, Chan B Y B. Modelling of interaction between corrosion-induced

concrete cover crack and steel corrosion rate[J]. Corrosion Science, 2013, 69: 97-109.

[71] Jaffer S J, Hansson C M. Chloride-induced corrosion products of steel in cracked-concrete subjected to different loading conditions[J]. Cement and Concrete Research, 2009, 39(2): 116-125.

[72] Zhang J, Ling X, Guan Z. Finite element modeling of concrete cover crack propagation due to non-uniform corrosion of reinforcement[J]. Construction and Building Materials, 2017, 132: 487-499.

[73] Li C Q, Yang S T. Prediction of Concrete Crack Width under Combined Reinforcement Corrosion and Applied Load[J]. Journal of Engineering Mechanics, 2011, 137(11): 722-731.

[74] Pantazopoulou S J, Papoulia K D. Modeling cover-cracking due to-reinforcement corrosion in RC structures[J]. Journal of Engineering Mechanics, 2001, 127: 10.

[75] Du X, Jin L. Meso-scale numerical investigation on cracking of cover concrete induced by corrosion of reinforceing steel[J]. Engineering Failure Analysis, 2014, 39: 21-33.

[76] Xiao P, Yi N, Su L, et al. Finite Element Analysis of ExpansⅣe Behaviour due to Reinforcement Corrosion in RC Structure[J]. Procedia Engineering, 2011, 12(0): 117-126.

[77] Li C Q, Melchers R E, Zheng J J. Analytical model for corrosion-induced crack width in reinforced concrete structures[J]. ACI Struct. J., 2006, 103(4): 479-487.

[78] Zhao Y, Yu J, Hu B, et al. Crack shape and rust distribution in corrosion-induced cracking concrete[J]. Corrosion Science, 2012, 55(0): 385-393.

[79] Li C Q, Yang Y, Melchers R E. Prediction of Reinforcement Corrosion in Concrete and Its Effects on Concrete Cracking and Strength Reduction[J]. ACI Materials Journal, 2008, 105(1): 3-10.

[80] Dekoster M, Buyle-Bodin F, Maurel O, et al. Modelling of the flexural behaviour of RC beams subjected to localised and uniform corrosion[J]. Engineering Structures, 2003, 25(10): 1333-1341.

[81] 王林科，陶峰. 锈后钢筋混凝土黏结锚固的试验研究[J]. 工业建筑，1996，26(4): 14-16.

[82] 袁迎曙，余索，贾福萍. 锈蚀钢筋混凝土的黏结性能退化的试验研究[J]. 工业建筑，1999，29(11): 47-50.

[83] Fu X, Chung D D L. Effect of corrosion on the bond between concrete and steel rebar[J]. Cement and Concrete Research, 1997, 27(12): 1811-1815.

[84] 潘振华，牛荻涛，王庆霖. 锈蚀率与极限黏结强度关系的试验研究[J]. 工业建筑，2000，30(5): 10-12.

[85] Kearsey E P, Joyce A. Effect of corrosion products on bond strength and flexural behaviour of reinforced concrete slabs[J]. J. S. Afr. Inst. Civ. Eng., 2014, 56(2): 21-29.

[86] Choi Y S, Yi S T, Kim M Y, et al. Effect of corrosion method of the reinforcing bar on bond characteristics in reinforced concrete specimens[J]. Construction and Building Mate-

rials, 2014, 54: 180-189.

[87] Fang C, Lundgren K, Chen L, et al. Corrosion influence on bond in reinforced concrete [J]. Cement and Concrete Research, 2004, 34(11): 2159-2167.

[88] Bhargava K, Ghosh A K, Mori Y, et al. Suggested empirical models for corrosion-induced bond degradation in reinforced concrete[J]. Journal of Structural Engineering, 2008, 134 (2): 221-230.

[89] Bhargava K, Ghosh A K, Mori Y, et al. Corrosion-induced bond strength degradation in reinforced concrete—Analytical and empirical models[J]. Nuclear Engineering and Design, 2007, 237(11): 1140-1157.

[90] Wang X, Liu X. Bond strength modeling for corroded reinforcements in reinforced concrete [J]. Structural Engineering and Mechanics, 2004, 17(6): 863-878.

[91] Coronelli D. Corrosion cracking and bond strength modeling for corroded bars in reinforced concrete[J]. ACI Structural Journal, 2002, 99(3): 267-276.

[92] Auyeung Y., Balaguru P., Chung L. Bond behavior of corroded reinforcement bars[J]. ACI Materials Journal, 2000, 97(2): 214-220.

[93] 王英, 郑文忠. 预应力钢绞线(束)黏结锚固性能初探[J]. 工业建筑, 1994, 24(3): 19-23.

[94] 徐有邻, 宇秉训, 姜红. 三股钢绞线基本性能的试验研究[J]. 工业建筑, 1998, 28 (9): 31-36.

[95] 杜毛毛, 苏小卒, 赵勇. 带肋钢筋和钢绞线黏结性能试验研究[J]. 建筑材料学报, 2010, 13(2): 175-181.

[96] 李方元, 赵人达. 高强混凝土与钢绞线的黏结滑移试验研究[J]. 四川建筑科学研究, 2003, 29(4): 4-6.

[97] Chao S H, Naaman A E, Parra-Montesinos G J. Bond behavior of strand embedded in fiber reinforced cementitious composites [J]. Strain, 2006, 50: 2-17.

[98] Morcous G, Hatami A, Maguire M, et al. Mechanical and Bond Properties of 18-mm- (0.7-in.-) Diameter Prestressing Strands[J]. Journal of Materials in Civil Engineering, 2012, 24 (6): 735-744.

[99] CEB-FIP(Fédération lnternationl de la Précontrainte). FIB Model Code for Concrete Structurs[S]. Lausanne, Switzerland, 2010.

[100] Dang C N, Murray C D, Floyd R W, et al. Analysis of bond stress distribution for prestressing strand by Standard Test for Strand Bond[J]. Engineering Structures, 2014, 72: 152-159.

[101] Li F, Yuan Y. Effects of corrosion on bond behavior between steel strand and concrete [J]. Construction and Building Materials, 2013, 38: 413-422.

[102] 余芳, 贾金青, 宋玉普. 钢绞线腐蚀后的部分预应力混凝土梁抗弯疲劳性能试验研究[J]. 建筑结构, 2012(42): 1.

[103] Rinaldi Z, Imperatore S, Valente C. Experimental evaluation of the flexural behavior of

corroded P/C beams [J]. Construction and Building Materials, 2010, 24(11): 2267-2278.

[104] 李富民，袁迎曙. 腐蚀钢绞线预应力混凝土梁的受弯性能试验研究[J]. 建筑结构学报，2010，31(2)：78-84.

[105] 马亚丽，张爱林. 氯离子环境下钢筋最大腐蚀深度与平均腐蚀深度比值的概率分布研究[J]. 工业建筑，2005，35(12)：11-14.

[106] 蔺恩超. 预应力筋应力腐蚀后预应力混凝土梁的受力性能试验研究[D]. 扬州：扬州大学，2006.

[107] Coronelli D, Castel A, Vu N A, et al. Corroded post-tensioned beams with bonded tendons and wire failure[J]. Engineering Structures, 2009, 31(8): 1687-1697.

[108] Zeng Y H, Huang Q H, Gu X L, et al. Experimental Study on Bending Behavior of Corroded Post-Tensioned Concrete Beams[C]. Earth and Space 2010: Engineering, Science, Construction, and Operations in Challenging Environments, 2010: 3521-3528.

[109] Minh H, Mutsuyoshi H, Niitani K. Influence of grouting condition on crack and load-carrying capacity of post-tensioned concrete beam due to chloride-induced corrosion[J]. Construction and Building Materials, 2007, 21(7): 1568-1575.

[110] Minh H, Mutsuyoshi H, Taniguchi H, et al. Chloride-Induced Corrosion in Insufficiently Grouted Posttensioned Concrete Beams[J]. Journal of Materials in Civil Engineering, 2008, 20(1): 85-91.

[111] Kiviste M, Miljan J. Evaluation of residual flexural capacity of existing pre-cast prestressed concrete panels—A case study[J]. Engineering Structures, 2010, 32(10): 3377-3383.

[112] Saliger R. High grade steel in reinforced concrete[C]. Preliminary Publication, 2nd Congress of IABSE, Berlin-Munich, 1936.

[113] Broms B B. Crack Width and Crack Spacing In Reinforced Concrete Members[J]. ACI, 1965, 62(10): 1237-1256.

[114] Base G D, Reed J B, Beeby A W, Taylor H. P. J. An Investigation of the Crack Control Characteristics of Various Types of Bar in Reinforced Concrete Beams[J]. Research Report No. 18 Part I, Cement and Concrete Association, London, 1966.

[115] Gergely P, Lutz L A. Maximunm Crack Width in Reinforced Concrete Flexural Members [J]. Causes, Mechanisms and Control of Cracking in Concrete, SP-20, American Concrete Institute, Detroit, 1968.

[116] 李国平. 预应力混凝土结构设计原理[M]. 北京：人民交通出版社，2000.

[117] 叶见曙，张峰. 预应力混凝土连续箱梁开裂后的刚度退化模型[J]. 中国公路学报，2007，20(6)：67-72.

[118] Sato R, Nakarai K, Ogawa Y, et al. An EffectⅣe Flexural Stiffness Equation for Long Term Deflection of Prestressed Concrete with and Without Cracks[C]. Ninth International Conference on Creep, Shrinkage, and Durability Mechanics (CONCREEP-9), Cam-

bridge, Massachusetts, United States, 2013: 451-458.

[119] 胡志坚, 王云阳, 胡钊芳, 等. 预应力混凝土开裂后抗弯刚度试验研究[J]. 桥梁建设, 2012, 42(5): 37-43.

[120] 李进洲, 余志武, 宋力. 疲劳重复荷载下预应力混凝土梁的刚度退化规律[J]. 公路交通科技, 2013, 30(8): 62-69.

[121] 曾严红, 顾祥林, 张伟平. 腐蚀预应力混凝土梁开裂荷载与刚度计算[J]. 结构工程师, 2013, 29(3): 65-69.

[122] Castel A, Franfois R, Arliguie G. Mechanical behaviour of corroded reinforced concrete beams - Part 2: Bond and notch effects[J]. Materials and Structures, 2000, 33(9): 545-551.

[123] Mangat P S, Elgarf M S. Flexural strength of concrete beams with corroding reinforcement [J]. ACI Structural Journal, 1999, 96(1): 149-158.

[124] Vu N A, Castel A, François R. Response of post-tensioned concrete beams with unbonded tendons including serviceability and ultimate state[J]. Engineering Structures, 2010, 32 (2): 556-569.

[125] Harajli M H. On the stress in unbonded tendons at ultimate: Critical assessment and proposed changes[J]. ACI Structural Journal, 2006, 103(6): 803-812.

[126] Baker A L L. A Plastic Theory of Design for Ordinary Reinforced and Prestressed Concrete Including Moment Redistribution in Continuous Members[J]. Magazine of Concrete Research, 1949, 1(2): 57-66.

[127] Naaman A E, Alkhairi F M. Stress at Ultimate in Unbonded Post-Tensioning Tendons: Part 2-Proposed Methodology[J]. ACI Structural Journal, 1991, 88(6): 683-693.

[128] Lee L -H., Moon J. -H., Lim J. -H. Proposed Methodology for Computing of Unbonded Tendon Stress at Flexural Failure[J]. ACI Structural Journal, 1999, 96(6): 1040-1048.

[129] Au F T K, Du J S. Prediction of Ultimate Stress in Unbonded Prestressed Tendons[J]. Magazine of Concrete Research, 2004, 56(1): 1-11.

[130] Pannell F N. Ultimate Moment of Resistance of Unbonded Prestressed Concrete Beams [J]. Magazine of Concrete Research, 1969, 21(66): 43-54.

[131] ACI. Building code requirements for structural concrete and commentary[S]. Fsrmington Hills, MI, 43: American Concrete Institute (ACI) Committee 318 2008.

[132] AASHTO LRFD Bridge design specifications and commentary, ed. Washington, D C: American Association of State Highway Transportation Official, 2007.

[133] Cavell D G, Waldron P. A residual strength model for deteriorating post-tensioned concrete bridges[J]. Computers & Structures, 2001, 79(4): 361-373.

[134] Sæther I, Sand B. FEM simulations of reinforced concrete beams attacked by corrosion [J]. ACI structural journal, 2012, 109(2): 15-31.

[135] Li C Q, Yang S T, Saafi M. Numerical Simulation of Behavior of Reinforced Concrete Structures considering Corrosion Effects on Bonding[J]. Juornal of Structural Engineering

2014, 140(12): 04014092.

[136] Coronelli D, Gambarova P. Structural Assessment of Corroded Reinforced Concrete Beams: Modeling Guidelines[J]. Journal of Structural Engineering, 2004, 130(8): 1214-1224.

[137] Val D V, Chernin L. Serviceability Reliability of Reinforced Concrete Beams with Corroded Reinforcement[J]. Journal of Structural Engineering, 2009, 135(8): 896-905.

[138] Azad A K, Ahmad S, Azher S A. Residual Strength of Corrosion-Damaged Reinforced Concrete Beams[J]. ACI Materials Journal, 2007, 104(1): 40-47.

[139] Torres-Acosta A, Navarro-Gutierrez S, Terán-Guillén J. Residual flexure capacity of corroded reinforced concrete beams[J]. Engineering Structures, 2007, 29(6): 1145-1152.

[140] 张建仁, 张克波, 彭晖, 等. 锈蚀钢筋混凝土矩形梁正截面抗弯承载力计算方法[J]. 中国公路学报, 2009, 22(3): 45-51.

[141] Eyre J R, Nokhasteh Z. Behavior of Concrete Beams with Exposed Reinforcement[J]. Proceedings of the Institution of Civil Engineers, Structures and Buildings, 1992, 94: 197-203.

[142] Cairns J, Zhao M. A. Strength Assessment of Corrosion Damaged Reinforced Slabs and Beams[J]. Proceedings of the Institution of Civil Engineers, Structures and Buildings, 1993, 99: 141-154.

[143] Maaddawy T E, Soudki K, Topper T. Analytical model to predict nonlinear flexural behavior of corroded reinforced concrete beams[J]. ACI Structural Journal, 2005, 102(4): 550-559.

[144] Posten R W, Wouters J P. Durability of precast segmental bridges[C]. NCHRP Web Document No. 15, Project 20-7/Task 92, Transportation Research Board, National Research Council, Washington, DC., 1998.

[145] Salas R M, Schokker A J, West J S. Corrosion risk of bonded, post-tensioned concrete elements[J]. PCI Journal, 2008, 53(1): 89-107.

[146] Walter P J. Corrosion of prestressing steels and its mitigation[J]. PCI Journal, 1992, (5): 34-55.

[147] Woodward R J. Collapse of a Segmental Post-Tensioned Concrete Bridge[C]. Transportation Research Board, National Research Council, Washington, D. C., 1989: 38-59.

[148] 李富民. 氯盐环境钢绞线预应力混凝土结构的腐蚀效应[D]. 徐州: 中国矿业大学, 2008.

[149] Zhang W, Liu X, Gu X. Fatigue behavior of corroded prestressed concrete beams[J]. Construction and Building Materials, 2016, 106: 198-208.

[150] 张英姿,范颖芳,赵颖华. 混凝土保护层胀裂时刻钢筋锈蚀深度的理论模型[J]. 工程力学, 2010, 27(9): 6.

[151] 王治,金贤玉,付传清,等. 基于损伤的钢筋混凝土锈胀开裂模型[J]. 建筑结构学报, 2014, 35(9): 8.

[152] Coronelli Dario C. A., Vu Ngoc Anh, François Raoul Corroded post-tensioned beams with bonded tendons and wire failure[J]. Engineering Structures, 2009, 31: 11.

[153] Liu T, Weyers R W. Modeling the time-to-corrosion cracking in chloride contaminated concrete structures[J]. Material Journal, 1998, 95(6): 7.

[154] Zhao Y, Ren H, Dai H, et al. Composition and expansion coefficient of rust based on X-ray diffraction and thermal analysis[J]. Corrosion Science, 2011, 53(5): 1646-1658.

[155] Amin Jamali U A, Bryan Adey, Bernhard Elsener. Modeling of corrosion-induced concrete cover crackin: A critical analysis[J]. Construction and Building Materials, 2013, 42: 13.

[156] Li F, Yuan Y, Li C.-Q. Corrosion propagation of prestressing steel strands in concrete subject to chloride attack[J]. Construction and Building Materials, 2011, 25(10): 3878-3885.

[157] Zhao Y, Wu Y, Jin W. Distribution of millscale on corroded steel bars and penetration of steel corrosion products in concrete[J]. Corrosion Science, 2013, 66: 160-168.

[158] Zhao Y, Yu J, Hu B, et al. Crack shape and rust distribution in corrosion-induced cracking concrete[J]. Corrosion Science, 2012, 55: 385-393.

[159] Lu C, Jin W, Liu R. Reinforcement corrosion-induced cover cracking and its time prediction for reinforced concrete structures[J]. Corrosion Science, 2011, 53(4): 1337-1347.

[160] Šavija B, Lukovi ć M, Hosseini S A S, et al. Corrosion induced cover cracking studied by X-ray computed tomography, nanoindentation, and energy dispersive X-ray spectrometry (EDS)[J]. Materials and Structures, 2014, 48(7): 2043-2062.

[161] Val D V, Chernin L, Stewart M G. Experimental and Numerical Investigation of Corrosion-Induced Cover Cracking in Reinforced Concrete Structures[J]. Journal of Structural Engineering, 2009, 135(4): 10.

[162] Jamali A, Angst U, Adey B, et al. Modeling of corrosion-induced concrete cover cracking: A critical analysis[J]. Construction and Building Materials, 2013, 42: 225-237.

[163] Otieno M B, Beushausen H D, Alexander M G. Modelling corrosion propagation in reinforced concrete structures-A critical review[J]. Cement and Concrete Composites, 2011, 33(2): 240-245.

[164] 王晓舟,金伟良,延永东. 混凝土结构锈胀开裂预测的路径概率模型[J]. 浙江大学学报(工学版), 2010, 44(6): 6.

[165] 金伟良,王晓舟. 基于锈胀开裂路径的混凝土构件耐久性能概率预测模型及应用[J]. 建筑结构学报, 2011, 32(1): 10.

[166] 吴灵杰,寇新建,周拥军,等. 既有钢筋混凝土码头保护层锈胀开裂计算时长对比[J]. 哈尔滨工业大学学报, 2016, 48(12): 5.

[167] Bažant Z. Physical model for steel corrosion in concrete sea structures—theory[J]. Structural Journal, 1979, 105: 7.

[168] Bhargava K, Ghosh A K, Mori Y, et al. Modeling of time to corrosion-induced cover

cracking in reinforced concrete structures[J]. Cement and Concrete Research, 2005, 35 (11): 2203-2218.

[169] 毛江鸿,陈佳芸,崔磊,等. 氯盐侵蚀钢筋混凝土锈胀开裂监测及预测方法[J]. 建筑材料学报, 2016, 19(1): 6.

[170] Raman A K B, Razvan K. The application of IR spectroscopy to the study of atmospheric rust systems: I standard spectra and illustrative applications to identify rust phases in natural corrosion[J]. Corrosion Science, 1991, 32: 1295-1306.

[171] Zhang R, Castel A, François R. Concrete cover cracking with reinforcement corrosion of RC beam during chloride-induced corrosion process[J]. Cement and Concrete Research, 2010, 40(3): 415-425.

[172] Wang C T Z. Principle of Concrete Reinforcement Structure, [M]. Beijing: China Architecture & Building Press, 1985.

[173] Dai L, Wang L, Zhang J, et al. A global model for corrosion-induced cracking in prestressed concrete structures[J]. Engineering Failure Analysis, 2016, 62: 263-275.

[174] JTG D62—2004 Code for design of highway reinforced concrete bridges and prestressed concrete bridges and culverts, ed. Beijing: Transport Ministry of PR China, 2004.

[175] Tasuji M E, Slate F O, Nilson A H. Stress-strain response and fracture of concrete in biaxial loading[J]. Journal of the American Concrete Institute, 1978, 75(7): 7.

[176] Li Chun-Qing, Melchers Robert E, Jian-Jun Z. Analytical Model for Corrosion-Induced Crack Width in Reinforced Concrete Structures[J]. ACI Structural Journal, 2006, 103 (4): 479-487.

[177] Almusallam A A, AI-Gahtani S A, Aziz A R, et al. Effect of reinforcement corrosion on bond strength[J]. Construction and Building Materials, 1996, 10(2): 123-129.

[178] Cabrera J G. Deterioration of concrete due to reinforcement steel corrosion[J]. Cement and Concrete Composites, 1996, 18(1): 47-59.

[179] Haskett M, Oehlers D J, Mohamed Ali M S. Local and global bond characteristics of steel reinforcing bars[J]. Engineering Structures, 2008, 30(2): 376-383.

[180] Kaushik H B, Rai D C, Jain S. K. Stress-Strain Characteristics of Clay Brick Masonry under Uniaxial Compression[J]. Journal of Materials in Civil Engineering, 2007, 19(9): 728-739.

[181] Alsiwat J M, Saatcioglu M. Reinforcement Anchorage Slip under Monotonic Loading[J]. Journal of Structural Engineering, 1992, 118(9): 2421-2438.

[182] Lowes L N, Altoontash A. Modeling Reinforced-Concrete Beam-Column Joints Subjected to Cyclic Loading[J]. Journal of Structural Engineering, 2003, 129(12): 1686-1697.

[183] Ueda T, Lin I, Hawkins N M. Beam Bar Anchorage in Exterior Column-Beam Connections[J]. ACI Journal, 1986, 83(3): 412-422.

[184] Shima H. Micro and Macro Models for Bond in Reinforced Concrete[J]. Journal of the Faculty of Engineering, 1987, XXXIX(2): 133-194.

[185] Eligehausen R, Popov E, Bertero V. Local bond stress-slip relationship of deformed bars under generalized excitations. UCB/EERC-83/23[M]. Berkeley: Earthquake Engineering Research Center, University of California, 1983.

[186] Long X, Tan K H, Lee C K. Bond Stress-Slip Prediction under Pullout and Dowel Action in Reinforced Concrete Joints[J]. ACI Structural Journal, 2014, 111(4): 977-987.

[187] Chung L, Cho S H, Kim J H J, et al. Correction factor suggestion for ACI development length provisions based on flexural testing of RC slabs with various levels of corroded reinforcing bars[J]. Engineering Structures, 2004, 26(8): 1013-1026.

[188] Woodward R J, Cullington D W, Lane J S. Strategies for the management of posttensioned concrete bridges[C]. Current and Future Trends in Bridge Design, Construction and Maintenance Thomas Telford, London, 2001: 23-32.

[189] Abraham O. ,Cote P. impact-Echo Thlckness Frequency Profiles for Detection of Voids in Tendon Ducts[J]. ACI Strural Journal,2002,99(3):239-247.

[190] Muszynski L C, Chini A R, Andary E G. Evaluating nondestructive testing techniques to detect voids in bonded post-tensioned ducts[C]. Technical Report No. DOT HS 809 412 for Florida Department of Transportation, 2003: 135-142.

[191] Muszynski L, Chini A, Andary E. Nondestructive testing methods to detect voids in bonded post-tensioned ducts[C]. Florida: Florida Department of Transportation, 2003.

[192] 王智丰, 周先雁, 晏班夫,等. 冲击回波法检测预应力束孔管道压浆质量[J]. 震动和冲击, 2009, 28(1): 166-169.

[193] 周先雁, 王智丰, 晏班夫. 预应力管道压浆质量无损检测方法[J]. 中国公路学报, 2011, 24(6): 64-71.

[194] Abraham O, Cote P. Impact-Echo Thickness Frequency Profiles for Detection of Voids in Tendon Ducts[J]. ACI Structural Journal, 2002, 99(3): 239-247.

[195] Ata N, Mihara S, Ohtsu M. Imaging of ungrouted tendon ducts in prestressed concrete by improved SIBIE[J]. NDT & E International, 2007, 40(3): 258-264.

[196] Bastien J, Dugat J, Prat E. Cement Grout Containing Precipitated Silica and Superplasticizers for Post-Tensioning[J]. ACI Materials Journal, 1997, 94(4): 291-295.

[197] Schokker A J, Breen J E, Kreger M E. Simulated Field Testing of High-Performance Grouts for Post-Tensioning[J]. Journal of Bridge Engineering, 2002, 7(2): 127-133.

[198] Park R. Evaluation of ductility of structures and structural sub-assemblages from laboratory testing[J]. Bull New Zealand Soc Earthquake Eng, 1989, 23(3): 155-166.

[199] Torres-Acosta A, Fabela-Gallegos J, Muñoz-Noval A, et al. Influence of Corrosion on the Structural Stiffness of Reinforced Concrete Beams [J]. corrosion, 2004, 60 (9): 862-872.

[200] Zghayar E E, Mackie K R, Haber Z B, et al. Secondary Anchorage in Post-Tensioned Bridge Systems[J]. ACI Structural Journal, 2013, 110(4): 629-638.

[201] Vu N A, Castel A, François R. Effect of stress corrosion cracking on stress - strain re-

sponse of steel wires used in prestressed concrete beams[J]. Corrosion Science, 2009, 51(6): 1453-1459.

[202] 李富民, 袁迎曙, 王波. 腐蚀钢绞线预应力混凝土梁受弯承载力评估[J]. 建筑结构学报, 2011, 32(2): 10-16.

[203] 韩基刚, 宋玉普, 宋世德, 等. 梁内受腐蚀预应力钢绞线应力状态研究[J]. 建筑结构, 2013, 43(21): 69-73.

[204] 王磊, 张旭辉, 马亚飞, 等. 混凝土梁后张预应力损失的概率特征及敏感性评估[J]. 安全与环境学报, 2012, 12(5): 204-210.

[205] Osborn G P, Barr P J, Petty D A, et al. Residual Prestress Forces and Shear Capacity of Salvaged Prestressed Concrete Bridge Girders[J]. Journal of Bridge Engineering, 2012, 17(2): 302-309.

[206] Collins M, Mitchell D. Prestessed concrete struture: Prentice hall, 1991.

[207] 丁霓. 钢筋混凝土结构裂缝宽度计算方法研究[D]. 天津: 天津大学, 2007.

[208] 张建仁, 邓鸣. 锈蚀钢筋混凝土梁的裂缝研究[J]. 长沙理工大学学报(自然科学版), 2007, 4(3): 23-28.

[209] 中华人民共和国国家标准. GB 50010—2010 混凝土结构设计规范[S]. 北京: 中国建筑工业出版社, 2010.

[210] 曾严红. 锈蚀预应力混凝土梁受弯性能研究[D]. 上海: 同济大学, 2010.

[211] 中华人民共和国行业标准. JGJ 92—2004 无黏结预应力混凝土结构技术规程[S]. 北京: 中国建筑工业出版社, 2004.

[212] Naaman A E, Burns N, French C, et al. Stresses in Unbonded Prestressing Tendons at Ultimate: Recommendation[J]. ACI Struct. J., 2002, 99(4): 518-529.

[213] El-Tawil S, Ogunc C, Okeil A, et al. Static and fatigue analysis of RC beams strengthened with CFRP laminates[J]. Journal of Composites for Construction, 2001, 5(4): 258-267.